机电产品设计与腐蚀防护技术

齐祥安　顾广新　陈孟成　编著

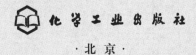
·北京·

《机电产品设计与腐蚀防护技术》以机电产品设计人员为主要读者对象,向他们进一步普及和强化防腐蚀和表面技术知识技能。全书从产品使用的腐蚀环境、产品的耐久性和使用寿命入手,阐述产品设计中如何正确确定产品形式、如何合理选择原材料、如何恰当地应用表面工程技术,对各种表面处理技术的适应性和应用要点做了详细阐述。附录中提供了大气环境中产品的腐蚀相关资料。

本书可供机电产品的设计工程师、制造工程师以及腐蚀与防护工程师阅读,也可供高等院校机电设计、材料保护等专业的师生参考。

图书在版编目(CIP)数据

机电产品设计与腐蚀防护技术/齐祥安,顾广新,陈孟成编著. —北京:化学工业出版社,2015.2
ISBN 978-7-122-22449-1

Ⅰ.①机… Ⅱ.①齐…②顾…③陈… Ⅲ.①机电设备-设计②机电设备-防腐 Ⅳ.①TH122

中国版本图书馆 CIP 数据核字(2014)第 285610 号

责任编辑:段志兵   文字编辑:孙凤英
责任校对:边 涛   装帧设计:关 飞

出版发行:化学工业出版社(北京市东城区青年湖南街 13 号 邮政编码 100011)
印　　装:北京科印技术咨询服务有限公司数码印刷分部
710mm×1000mm 1/16 印张 19½ 字数 376 千字 2015 年 6 月北京第 1 版第 1 次印刷

购书咨询:010-64518888　　　　　　　售后服务:010-64518899
网　　址:http://www.cip.com.cn
凡购买本书,如有缺损质量问题,本社销售中心负责调换。

定　价:69.00 元　　　　　　　　　　　　　　版权所有　违者必究

前 言

在三十余年的企业技术工作中,笔者经常会被产品设计工程师问到一些腐蚀防护的问题:"为什么不锈钢或不锈铝零部件会生锈?""选择何种表面处理的螺栓螺母最合适?""这个零件采用电镀、涂装还是达克罗,或者其它涂层,到底哪种涂层最好?""选择涂层体系是产品设计的内容还是工艺工作内容?""为什么工业先进国家的机电产品外观质量、色彩、图案、涂层质量明显地好于我们大多数国产的产品?"……

每当听到这些问题时,笔者作为从事腐蚀防护的工程师感到很高兴,大家已经认识到"腐蚀是从设计开始的"及腐蚀防护的重要性,这是我们国家机电产品外观质量明显提高的信号,"制造大国"的产品正在向精细化和高质量方向进步。

在回答各种腐蚀防护问题的同时也想到,如何让产品在设计时就融入腐蚀防护的理念?产品设计工程师当面请教咨询腐蚀防护专家最好,但是很难及时找到熟悉情况并适合自己的专家;配置腐蚀防护专业技术人员很重要,但是专业人才少,也不容易招聘到。让产品设计工程师有一本合适的设计用图书,随时可以查到自己急需的资料或知识,才是最佳的选择。

对于产品设计工程师来讲,各种腐蚀防护、表面工程技术的书籍有很多,并且其技术的分类越来越细,但面对"非机械、非化工"的众多技术资料,在紧张繁忙的产品设计工作中,要获得准确的信息确实非常困难。腐蚀与防护是一门边缘科学,是一个涉及知识面比较广的专业。对于机械产品设计工程师而言,要花费很多时间学习和研究腐蚀与防护专业是不现实的。

编写本书的目的,就是想为机电产品设计工程师提供一个学习基础知识、理解标准规范、查找常用技术资料的工具,提供一个在进行产品设计时可以利用腐蚀防护技术的思路。当然,腐蚀防护专业的工程师也可以将本书作为与产品设计人员接口的"知识界面",达到相互配合、相互支持的目的。

本书在编写过程中,我国著名防锈专家陈孟成先生参与编写了第2章,并提供了附录的大量资料;复旦大学国家教育部先进涂料工程研究中心的顾广新教授和研究生徐杰,编写了第9章、第10章、第11章、第12章(部分)、第13章的内容;笔者编写了其余章节,并对全书进行统稿。本书的编写和出版得到了化学工业出版社责任编辑的帮助。在本书出版之际,向为本书做出贡献的领导、专家、教授以及为本书出版做了大量工作的各位朋友,表示衷心的感谢!

由于此类图书的编写是首次,再加上笔者水平的限制以及时间的紧迫和工作的繁杂,其中可能有很多不足之处。在此恳请各位腐蚀防护专家、产品设计专家以及对本书关注的各界读者朋友,提出批评和建议,让我们共同努力,把贴有"中国制造"的机电产品,做得更完美!

齐祥安

2015 年 5 月于上海

目 录

绪言 / 1

参考文献 ·· 7

第 1 章　产品设计与腐蚀防护设计　/ 8

1.1　产品的腐蚀形态及原理 ·· 8
　　1.1.1　裸金属的腐蚀 ··· 9
　　1.1.2　涂装金属的腐蚀 ·· 11
　　1.1.3　镀覆金属的腐蚀 ·· 13
1.2　腐蚀从设计开始——腐蚀防护是系统工程 ·· 15
　　1.2.1　腐蚀防护系统的时间维度 ··· 16
　　1.2.2　腐蚀防护系统的主要影响因素 ··· 21
　　1.2.3　腐蚀防护系统的层次问题 ··· 23
1.3　产品设计与腐蚀防护设计的关系 ·· 25
　　1.3.1　腐蚀防护设计是产品设计的一部分 ··· 25
　　1.3.2　腐蚀防（保）护技术与产品设计关注的技术相互渗透 ··························· 25
1.4　产品设计与腐蚀防护设计的程序与内容 ·· 28
　　1.4.1　一般大气腐蚀防护方法的选择流程 ··· 28
　　1.4.2　新产品设计与腐蚀防护设计流程 ··· 28
　　1.4.3　产品或工程设计中的腐蚀防护设计的内容 ······································· 38

参考文献 ·· 40

第 2 章　机电产品使用中的腐蚀环境　/ 41

2.1　环境对产品设计的重要性 ··· 41
　　2.1.1　环境的概念 ··· 41
　　2.1.2　腐蚀环境的概念 ·· 42

  2.1.3 环境的重要性 ... 42
2.2 大气环境下机电产品的腐蚀 ... 43
  2.2.1 潮湿大气 ... 44
  2.2.2 工业大气 ... 46
  2.2.3 海洋大气 ... 50
2.3 淡水及海水环境下机械产品的腐蚀 ... 54
  2.3.1 淡水 ... 54
  2.3.2 海水 ... 55
2.4 土壤环境下机械产品的腐蚀 ... 56
  2.4.1 土壤腐蚀的特征 ... 56
  2.4.2 影响土壤腐蚀的因素 ... 58
2.5 微生物腐蚀 ... 59
2.6 工业介质对机电产品的腐蚀 ... 60
  2.6.1 酸、碱、盐介质及其相关的腐蚀特性 ... 60
  2.6.2 工业水及其腐蚀因素 ... 64
2.7 高温氧化（干燥气体）环境下产品的腐蚀 ... 66
  2.7.1 高温氧化的含义 ... 66
  2.7.2 影响金属高温氧化的环境因素 ... 66
  2.7.3 重要行业产品的腐蚀环境及腐蚀状况 ... 67
2.8 腐蚀环境的综合作用和变化 ... 68
  2.8.1 腐蚀环境的综合作用 ... 68
  2.8.2 腐蚀环境因素的变化 ... 70
  2.8.3 针对环境因素提高产品的耐蚀性的措施 ... 71
参考文献 ... 72

第3章 产品腐蚀防护的耐久性和使用寿命 / 74

3.1 耐久性和使用寿命的概念 ... 74
3.2 腐蚀（老化）状态分析 ... 77
  3.2.1 产品整机组成及结构的复杂性 ... 77
  3.2.2 不同材料对腐蚀环境的反应 ... 79
  3.2.3 不同形状（位置）对腐蚀环境的反应 ... 80
  3.2.4 不同厂家的零部件对腐蚀环境的反应 ... 80
3.3 腐蚀（老化）状态的检测 ... 80
  3.3.1 自然使用过程的检测数据 ... 80

3.3.2　产品或设备的整机、部件在试验场试验过程的检测数据 ……… 81
　　　3.3.3　涂装生产线上做试片在试验场（大气曝露试验场）试验的检测
　　　　　　数据 …………………………………………………………………… 81
　　　3.3.4　涂装生产线上做试片在实验室（人工环境）试验的检测数据 … 81
　　　3.3.5　使用电化学仪器测量的涂层数据及应用 ……………………………… 82
3.4　耐久性、使用寿命的判定和标准 ……………………………………………… 82
　　　3.4.1　产品整机表面的耐腐蚀（老化）评价标准 …………………………… 83
　　　3.4.2　产品整机表面的耐腐蚀（老化）评价指标 …………………………… 83
　　　3.4.3　产品整机表面的耐腐蚀（老化）状态的信息反馈 ………………… 84
参考文献 …………………………………………………………………………………… 84

第4章　产品设计结构形式与腐蚀防护　/85

4.1　总体设计（系统设计）的腐蚀防护问题 …………………………………… 85
　　　4.1.1　对不同等级腐蚀环境的对策 …………………………………………… 85
　　　4.1.2　注意室内外腐蚀环境的区别 …………………………………………… 86
　　　4.1.3　在总图、平面布置时要注意腐蚀环境的影响 ………………………… 86
　　　4.1.4　对易腐蚀部分要考虑其可分解、组合性 ……………………………… 87
　　　4.1.5　产品腐蚀防护的可达、可检、可修问题 ……………………………… 88
　　　4.1.6　外购件、标准件腐蚀防护的配套问题 ………………………………… 90
4.2　分系统（部件）设计的腐蚀防护问题 ……………………………………… 91
　　　4.2.1　产品（设备）与地基或建（构）筑物的处理 ………………………… 91
　　　4.2.2　减少积水、积尘的结构形式 …………………………………………… 92
　　　4.2.3　局部通风、除湿设计 …………………………………………………… 93
　　　4.2.4　连接（焊接）部位的处理 ……………………………………………… 93
　　　4.2.5　异种金属、非金属接触界面的处理 …………………………………… 96
　　　4.2.6　局部构件温度差别的处理形式 ………………………………………… 98
4.3　零件设计要注意的腐蚀防护问题 …………………………………………… 100
　　　4.3.1　零件边缘（棱）的处理 ……………………………………………… 100
　　　4.3.2　零件阴角、阳角的处理 ……………………………………………… 101
　　　4.3.3　零件孔、洞的处理 …………………………………………………… 102
　　　4.3.4　箱形零件、空心零件的处理 ………………………………………… 103
　　　4.3.5　零件设计与零件腐蚀防护前表面状态的关系 ……………………… 104
　　　4.3.6　设计中应注意零件的应力腐蚀问题 ………………………………… 105
　　　4.3.7　零件腐蚀疲劳的问题 ………………………………………………… 106

参考文献 · · · · · · 108

第 5 章　产品设计腐蚀防护与原材料的选择　/ 109

5.1　耐蚀金属材料的选择流程 · · · · · · 111
5.2　耐蚀金属材料选择与判定的原则 · · · · · · 112
5.3　常用金属材料的参考数据 · · · · · · 116
5.3.1　金属耐蚀性概述 · · · · · · 116
5.3.2　黑色金属 · · · · · · 119
5.3.3　有色金属 · · · · · · 128
5.4　金属或非金属材料相互接触配合的问题 · · · · · · 134
5.4.1　金属材料之间互相接触时的电偶腐蚀问题 · · · · · · 134
5.4.2　酸碱/溶剂等介质与非金属材料之间的接触腐蚀问题 · · · · · · 135
5.4.3　挥发气氛对金属产生的气氛腐蚀问题 · · · · · · 136
5.4.4　不同材料之间的不相容或发生"变性"的问题 · · · · · · 136

参考文献 · · · · · · 137

第 6 章　表面工程技术及其选择　/ 138

6.1　表面工程技术 · · · · · · 138
6.2　各类表面工程技术选择的原则与程序 · · · · · · 142
6.2.1　各类表面工程技术的选择原则 · · · · · · 142
6.2.2　各类表面工程技术的选择程序 · · · · · · 145

参考文献 · · · · · · 146

第 7 章　机械产品设计中的涂装系统及涂层体系　/ 147

7.1　涂装系统 · · · · · · 148
7.1.1　涂装系统的"五阶段" · · · · · · 148
7.1.2　涂装系统的"五要素" · · · · · · 149
7.1.3　涂装系统的"三层次" · · · · · · 150
7.2　涂料、涂层体系与涂装工艺 · · · · · · 151
7.2.1　涂料、涂层的类型及作用 · · · · · · 151
7.2.2　涂层体系的功能 · · · · · · 152

	7.2.3 涂层体系的性能指标	154
	7.2.4 涂装工艺	157
7.3	涂层体系的缺陷（弊病）	160
7.4	工业设计中的涂装技术问题	164
	7.4.1 色彩设计工作及表示方法	165
	7.4.2 光泽的选择及表示方法	167
	7.4.3 各种涂层质地纹理的选择	169
	7.4.4 产品色彩图案和标识制作的工艺方法	169
7.5	涂层体系的选择要点及 ISO 12944-5	174

参考文献 186

第 8 章 机械产品设计中的镀覆涂层体系 / 187

8.1	镀覆涂层基础知识	187
8.2	金属镀层的分类、性能及选择	191
	8.2.1 电镀层	191
	8.2.2 化学镀镀层	202
	8.2.3 机械镀镀层	204
	8.2.4 热浸镀	205
8.3	转化膜的分类、性能及选择	206
	8.3.1 磷化	208
	8.3.2 化学氧化	211
	8.3.3 阳极氧化	212
	8.3.4 金属的钝化	214

参考文献 215

第 9 章 机械产品设计中的热喷涂涂层体系 / 216

9.1	热喷涂原理与涂层体系	216
9.2	热喷涂材料、工艺及设备	217
	9.2.1 热喷涂材料	217
	9.2.2 热喷涂工艺及设备	218
9.3	产品设计与各种热喷涂类型的选择与应用	220
9.4	热喷涂常用技术标准	226

参考文献 227

第10章 机械产品设计中化学热处理的应用 /228

10.1 概念 228
10.2 防腐蚀渗氮及氮碳共渗 229
  10.2.1 防腐蚀机理 230
  10.2.2 渗氮的性能特点 233
  10.2.3 渗氮的应用 233
10.3 QPQ渗层 235
  10.3.1 QPQ渗层防腐蚀机理 235
  10.3.2 QPQ渗层性能及特点 236
  10.3.3 QPQ渗层应用 237
10.4 渗锌 238

参考文献 241

第11章 机械产品设计中锌铬涂层的选用 /242

11.1 锌铬涂层概况 242
11.2 达克罗的防腐机理 243
11.3 达克罗涂层的特点 244
11.4 达克罗处理的工艺流程 245
11.5 达克罗涂层的选择 247
  11.5.1 涂料的选择 247
  11.5.2 防护等级 249
  11.5.3 设计标注 251
11.6 达克罗涂层的检验 252
11.7 达克罗工艺的应用 254

参考文献 255

第12章 机械产品防锈与防锈包装 /256

12.1 防锈设计的重要性 256

12.2 防锈概念与原理 ·················· 258
12.3 防锈材料 ······················ 259
    12.3.1 防锈材料的分类、特点及用途 ········· 259
    12.3.2 防锈封存工艺的选择 ············· 262
12.4 防锈设计的工作流程 ················ 265
    12.4.1 设计输入需要的资料 ············· 265
    12.4.2 设计工作流程及其详细工作内容 ········ 265
    12.4.3 设计输出的文件的主要内容 ·········· 268
12.5 防锈相关标准 ···················· 270
参考文献 ·························· 273

第13章 机械产品设计中密封胶的选用 /274

13.1 密封胶的作用 ···················· 274
13.2 密封胶的种类 ···················· 275
13.3 密封胶的选用 ···················· 277
参考文献 ·························· 278

附 录 ·························· 279

    附录1 腐蚀的主要环境因素 ············· 279
    附录2 有关大气腐蚀性分类标准 ··········· 285

绪 言

(1) 设计忽视腐蚀问题会带来严重后果

无数的实例告诉我们：腐蚀往往会带来灾难性的后果，腐蚀破坏所造成的直接经济损失是巨大的，而由腐蚀引起的间接经济损失更是无法估量的。例如，腐蚀会引起设备损坏、导致停产；腐蚀会导致产品质量下降，效率降低；腐蚀会造成物质跑、冒、滴、渗损失，对环境污染以至爆炸、火灾，等等。概括起来有五个方面：

第一，腐蚀会造成国民经济的巨大损失；

第二，腐蚀会造成资源和能源的巨大浪费；

第三，腐蚀会引发事故造成人民生命财产的重大损失；

第四，腐蚀会污染环境、危害地球、影响人类的可持续发展；

第五，没有腐蚀控制技术的发展，许多高新技术产品不可能出现。

腐蚀及其危害是一种自然现象，是客观存在的，且每时每刻都在发生。腐蚀在人们生产实践和生活中是经常见到的一种现象，因此很容易"熟视无睹"和麻痹大意。但是，如果是产品设计工程师或者是工程项目设计工程师，也忽视腐蚀问题，就会造成难以预料的经济损失或社会危害。

例1：错误的设计选材"烂"掉了一个重水工厂。 美国发展原子弹的曼哈顿计划中，利用硫化氢同位素双温度交换法生产重水的第一个工厂（达纳工厂），因为主要结构材料选择错误，选择了在硫化氢水溶液中，对小孔腐蚀和腐蚀开裂非常敏感的铬钢，结果发生严重的硫化物腐蚀开裂，把整座工厂"烂"掉，因而不得不在运转了两年后报废，重新改用对这种腐蚀破坏不敏感的不锈钢作为结构材料，另建了一座萨万纳厂，才保证了利用硫化氢同位素双温度交换工艺，进行重水的正常生产。

例2：美国空军最先进 F-22 战斗机经常生锈曾导致全部停飞。 据《环球时报》2010 年 12 月 20 日报道，美国国会问责局（GAO）发布报告称，截至 2007 年 10 月，已服役的 F-22 战斗机共发生 534 起生锈（腐蚀）事件。为应对这些腐蚀，美国国防部不得不准备支付 2.28 亿美元为 185 架 F-22 战斗机除锈，每架战斗机耗资将超过 100 万美元。美国空军曾宣称 F-22 "猛禽"战斗机（图 0-1）是世界上最好的战斗机，这种每架 3.5 亿美元的战斗机，在正式交付美国空军不到 6 个月（2005 年初才服役）的时候机身铝皮就出现了锈迹，并且还有飞行员座舱

图 0-1 F-22"猛禽"战斗机

排水装置问题导致弹射座椅部件生锈。究其原因,是主导飞机设计的美国空军高层忽视了专门设置"增加防锈需求"的标准,所以在制造过程中,F-22 只遵循普通的"防锈标准";在第一次飞行测试前,也未就"防锈"这一项目进行作战测试。

例 3: 丰田再陷"生锈门",损失累计将达 50 亿美元。 据 2010 年 3 月 11 日《京华时报》报道,丰田汽车美国公司发言人布莱恩·里昂表示,将召回所有在美国市场上出售的 2000 年至 2003 年款 Tundra 并进行维修。原因在于 Tundra 外壳的后部横梁可能在某些情况下遭到腐蚀,导致后部制动回路脱落,令驾驶员难以刹车;而最坏的情况是,油箱可能拖到地上并脱离车身,有撞车或着火的风险。丰田召回损失也在不断扩大。最新数据显示,丰田累计损失达 50 亿美元。

设计中因忽视腐蚀问题而造成危害的例子举不胜举,以上所举例子,只是沧海一粟,需要引起产品设计工程师高度的重视。

当然,对于众多机电产品生产企业来说,虽然眼前(短期使用)的设备有些程度不同的腐蚀并没有形成重大事故,但涂层的破坏以及腐蚀的产物(如铁锈等)却严重地影响了设备的外观质量,影响了生产企业的形象。因此,产品设计工程师(含工业设计工程师,本书通用此概念)学习腐蚀防护知识,研究腐蚀规律,预防和解决腐蚀破坏,就十分迫切。

(2)机电产品设计工程师需要腐蚀与防护知识

任何机械产品都是从设计开始进行的。在设计时如果采取了防腐蚀技术措施,可以避免或减轻金属材料和设备的很多腐蚀现象。因此,腐蚀专家说:"腐蚀是从绘图板上开始的。"即"腐蚀是从设计开始的"。在设计时就采取技术措施避免腐蚀的发生,就是实行"预防为主"的原则。仔细察看我们周围机械设备产生的腐蚀现状,相当一部分是在产品设计时就已经潜伏了腐蚀的因素,随着设备历经时间的延长和环境的变化，就产生了腐蚀，形成了腐蚀质量问题。

产品设计工程师由于缺少腐蚀防护知识，结果做出一些不符合腐蚀防护要求的设计，致使产品从一生产出就带有"先天缺陷"，之后出现各种各样的质量问题，有的会造成不可挽回的严重后果。设计的产品不符合腐蚀防护要求的实例有很多，在此不一一列举。究其原因，是产品设计工程师缺少腐蚀防护的理念、知识和经验。

李金桂等在20世纪80年代曾对航空产品61件重大腐蚀故障进行了分析，详见表0-1。由表0-1可以看出，设计部门（或人员）直接产生的重大腐蚀故障有17件，占了各部门总数的27.9%，若再考虑上在制造过程中设计人员的批准（或会签）责任和监理责任，设计部门（或人员）对于腐蚀故障应该承担的责任会更大。

表0-1 各部门承担重大腐蚀故障件数

部门	设计	制造									管理	材料	使用维护
		锻造	铸造	加工	热处理	焊接	胶接	酸洗	电镀	装配	储存			
故障责任件数	17	2	1	6	7	2	1	2	8	3	3	2	2	5
汇总件数（共61件）	17	35										2	2	5
所占比例/%	27.9	57.4										0.3	0.3	0.8

为此，在国际上应用很广泛的国际著名标准ISO 12944-3《色漆和清漆 涂装涂层腐蚀防护系统第3部分 设计要点》中指出："结构物的形状可以影响其对腐蚀的敏感性。因此，应该对结构物进行设计，以便腐蚀难以建立一个据点（一个腐蚀陷阱）并向四周扩展。在此，我们强烈建议，设计者在设计过程的最初阶段，应该向一名腐蚀防护专家进行咨询。理论上，当时应在适当考虑结构物服务类型、使用寿命和维修要求的前提下，选择腐蚀防护系统。"并且，在该标准中使用了大量的篇幅和图表，叙述产品设计中的腐蚀防护要点和应该避免的问题。

限于各种各样的环境和条件，不一定随时能够咨询腐蚀工程师和专家，因此，需要产品设计人员学习腐蚀防护的基础知识和常用的腐蚀防护方法。同时，在进行产品设计时，要考虑：所设计的产品使用过程中将会遇到何种腐蚀环境，会出现哪些腐蚀状况？腐蚀是如何发生的？在产品设计过程中，如何进行腐蚀控制？这也是本书的主要内容。

(3) 机电产品设计工程师与腐蚀防护工程师的区别和联系

我们一般所讲的机电产品，指的是机械和电气设备的总和。广义的机电产品是泛指机械产品、电工产品、电子产品和机电一体化产品及这些产品的零件、配件、附件等等。机电产品设计工程师就是这些机电产品的设计者。

产品设计工程师：依据市场的产品需求，进行产品的初始设计，包括产品的功能，产品的特性，产品的优缺点，产品功用的原理，包括对这些方面的筛选，最终形成可用的产品。一般认为：产品设计工程师的工作，是一个创造性的综合信息处理过程，通过线条、符号、数字、色彩等把产品显现在人们面前。它将人的某种目的或需要转换为一个具体的物理形式或工具的过程，把一种计划、规划设想、问题解决的方法，通过具体的载体，以美好的形式表达出来。产品设计工程师又细分为产品规划工程师、产品工业设计工程师、产品结构设计工程师等等。

产品设计工程师的职责和工作内容是：

① 调查市场（客户）并研究对产品的功能需求，形成新产品的概念设计；

② 了解所在行业的发展方向和新工艺、新技术，负责拟订设计规划和方案；

③ 负责新产品的原型设计，为企业提供新产品的方案，包括构思、绘图、制模、定样、生产及工艺流程；

④ 组织产品开发团队，协调资源，跟进产品的开发，保证日程进度；

⑤ 分析产品运营数据，收集运营意见，及时调整产品形态，优化产品，并提出合理的运营建议，协助进行新产品的成本核算和资源分析，协调解决生产过程中的技术问题等；

⑥ 以用户体验为中心，改进现有产品或设计新产品，等等。

腐蚀防护工程师（防腐工程师）：狭义上讲，是指从事防腐蚀行业中涂装涂层防腐蚀、砖板衬里防腐蚀、橡胶衬里防腐蚀、塑料防腐蚀、纤维增强树脂防腐蚀、金属喷涂防腐蚀、非金属喷涂防腐蚀、化学清洗防腐蚀、电化学保护等方面的施工、设计、制造、产品生产、检验、使用、管理等工作的专业技术人员，往往是指防腐蚀工程中的技术人员。

广义上讲，只要利用腐蚀防护技术对产品或工程实施腐蚀防护的工作，就应该是腐蚀防护工程师，因此，机械制造行业的从事涂装、电镀、防锈技术工作的工程师，也应该都是"腐蚀防护工程师"。

腐蚀防护工程师（防腐工程师）的职责和工作内容是：

① 负责腐蚀防护系统项目准备、规划、技术方案的设计、投标（或招标）等工作；

② 负责施工现场的防腐蚀设计实施方案的制订工作；

③ 负责腐蚀调查结果并进行分析及报告编写；

④ 负责各种腐蚀防护技术资料、报告、表格、图纸的编制及整理；

⑤ 负责编写（或参与编写）国际/国家/行业/企业腐蚀防护的各类标准；

⑥ 参与腐蚀防护相关的重大技术专题研究工作；

⑦ 审查防腐设计变更文件，确保防腐设计变更文件的质量；

⑧ 负责腐蚀防护项目的实施、控制管理工作和现场施工质量控制工作；

⑨ 负责防腐蚀新材料、新设备、新工艺的沟通、检测、筛选、试用等工作；

⑩ 解决防腐蚀材料及用户现场出现的重大技术问题；

⑪ 对施工现场流程运行过程中所遇到的腐蚀等问题做前期调研，并对现场资料进行整理，做出现场调研报告；

⑫ 负责腐蚀监测技术应用、对用户技术支持、开展装置停工腐蚀调查并编写报告，开展现场腐蚀研究与提出解决方案；

⑬ 负责对现场腐蚀问题进行诊断分析，与生产人员研究制订设备腐蚀缺陷处理方案，并组织实施；

⑭ 负责现场的腐蚀问题排查及防腐蚀预防性维修的管理，对施工现场的防腐设备进行维护保养，确保其安全使用；

⑮ 负责腐蚀防护日常/大修工作准备及处理，日常巡检，协助处理现场腐蚀缺陷问题等；

⑯ 腐蚀防护技术培训等。

根据上述所列的职责和工作内容可以看出，腐蚀防护工程师与机电产品设计工程师的分工，既有重合（交集）的部分，又有相互独立的部分，均不可相互取代。这就需要腐蚀防护工程师与机电产品设计工程师互相沟通、互相渗透，进行对角度多维度的合作。

腐蚀专家认为，腐蚀科学是金属（材料）的"医学"。金属腐蚀的作用，可以使金属管道和容器发生堵塞、断裂、溃疡、穿孔等"症状"；金属（材料）的检查诊断和"疾病"的检查与医生检查诊断病人的疾病情况相似，腐蚀工程师也采用取样分析、超声和射线等仪器设备，对装备进行检查，以诊断和评价它们所患"疾病"的位置、类型及其严重程度；金属"疾病"的预防和治疗与人类的保健和预防也很相近。

经常有产品设计工程师将一个新产品比作自己的"孩子"，那么，产品设计工程师就是"父母"，腐蚀防护工程师可以比作是医生，产品从"父母怀孕"（产品设计）、生产（产品制造）、成长（产品使用），都需要"医生"的呵护、关照和治疗。

实践表明：腐蚀防护工作仅仅由腐蚀防护工程师去做是不够的，需要从事机械设计的工程师在进行产品设计时，就采取防腐蚀的技术措施。然而，腐蚀与防护是一门边缘科学，是一个涉及知识面比较广的专业。对于机械产品设计工程师而言，要他们花费很多时间进行学习和研究腐蚀与防护专业是不现实的。如果机电产品设计工程师每个问题都要与腐蚀防护工程师进行协商，就会"少、慢、差、费",也不是一个好办法。

本书的目的是构筑一个双方交流的平台,为机械产品设计工程师提供一个学习基础知识、理解标准规范、查找常用技术资料的工具,提供一个在进行产品设计时可以利用的防腐蚀技术参考资料,从而与腐蚀防护工程师形成共同语言,相互了解、理解,建立沟通的渠道,共同完成产品的腐蚀防护任务。

因此,本书在编写时就设定使用对象不是腐蚀防护专业工程师,而是对腐蚀与防腐蚀专业了解不多的机械产品设计工程师。本书根据机电产品的腐蚀特点和具体情况,主要选择大气腐蚀为主要内容,减少腐蚀防护理论方面的论述,突出实际应用方面的知识。

本书虽然是专为产品设计工程师写的,希望为产品设计工程师的作品增加一些光彩,但对腐蚀工程师、高等院校以及科研院所的腐蚀防护研究人员,也有重要的参考作用。

(4) 本书的结构

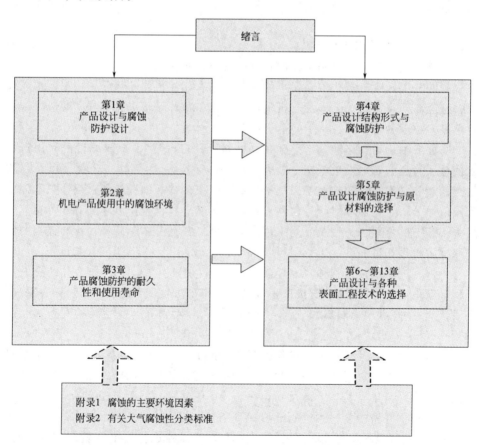

参 考 文 献

[1] 杜元龙著. 金属设备的卫士. 济南：山东教育出版社，2001.
[2] 成大先主编. 机械设计手册：第1卷. 第4版. 北京：化学工业出版社，2002.
[3] 李金桂主编. 腐蚀控制设计手册. 北京：化学工业出版社，2006.
[4] 李金桂著. 腐蚀控制系统工程学概论. 北京：化学工业出版社，2009.

第1章

产品设计与腐蚀防护设计

1.1 产品的腐蚀形态及原理

产品设计工程师所设计的产品，会出现各种各样的腐蚀（老化）问题，到底是属于哪一类腐蚀（老化）问题呢？表1-1以金属腐蚀的分类为例进行说明。

表1-1 金属腐蚀的分类

分类依据	腐蚀(老化)名称	主要特征	说明
按腐蚀破坏的形貌特征分类	全面腐蚀	是指腐蚀分布于整个金属的表面。其中又分为：①各处的腐蚀程度相同的均匀腐蚀；②不同腐蚀区腐蚀程度不同的非均匀腐蚀	在用酸洗液清洗钢铁、铝设备时发生的腐蚀一般属于全面腐蚀
	局部腐蚀	腐蚀主要集中在金属表面的某些区域称为局部腐蚀。此种腐蚀的腐蚀量不是很大，但是由于其局部腐蚀速率很大，可造成设备的严重破坏，甚至爆炸，其危害更大。金属在不同的环境条件下可以发生不同的局部腐蚀	例如孔蚀、缝隙腐蚀、应力腐蚀、晶间腐蚀、磨损腐蚀等
按腐蚀环境分类	大气腐蚀(乡村、工业、海洋)	金属在大气中的腐蚀，以及在任何潮湿的气体中进行的腐蚀，因为绝大多数金属构件在大气中使用，所以这是最常见的腐蚀	按自然环境分类
	水腐蚀(自然水、工业水、海水)	金属在淡水、海水或其它水溶液中的腐蚀	
	土壤腐蚀	土壤与金属的作用，也是很普遍的现象，在金属构件、管道的地下埋设中经常出现	
	酸碱性介质腐蚀(酸溶液、碱溶液、盐溶液)	在电解质溶液中的腐蚀也是较为普遍的腐蚀现象，往往是在天然水或水溶液作用于金属的腐蚀，根据介质的特性又分为酸腐蚀、碱腐蚀和盐腐蚀三类	按工业介质的特性分类
	液态金属腐蚀	液态金属中发生的金属腐蚀。可分为两类：①金属材料与液态金属或其中所含的杂质特别是氧、碳、氮、氢等非金属形成合金或化合物；②固态金属溶解于液态金属中	
	熔盐腐蚀(盐浴腐蚀)	金属与熔融盐液接触发生的腐蚀，例如盐熔炉热处理时对金属的腐蚀	

续表

分类依据	腐蚀(老化)名称	主要特征	说明
按腐蚀机理分类	电化学腐蚀	电化学腐蚀是金属在电解质溶液中发生电化学作用而引起的损坏,在腐蚀过程中有电流产生。引起电化学腐蚀的介质都能导电。电化学腐蚀与化学腐蚀的主要区别在于它可以分解为两个相互独立而又同时进行的阴极过程和阳极过程,而化学腐蚀没有这个特点	例如金属在酸、碱、盐、土壤、海水等介质中的腐蚀
	化学腐蚀	化学腐蚀是金属和环境介质直接发生化学作用而产生的损坏,在腐蚀过程中没有电流产生	例如金属在高温的空气中或氯气中的腐蚀,非电解质对金属的腐蚀等
	物理腐蚀	金属由于单纯的物理溶解作用所引起的破坏。许多金属在高温熔盐、熔融碱及液态金属中可发生此类腐蚀	例如用来盛放熔融锌的钢容器,由于铁被液态锌所溶解,钢容器逐渐被腐蚀而变薄
按腐蚀防护状态分类	裸金属腐蚀	金属在没有任何保护措施(保护层)的情况下所发生的腐蚀状态	很多腐蚀书籍描述的腐蚀状态,大多数是裸金属的腐蚀
	涂装金属腐蚀	金属进行了涂装并在其表面形成了保护涂层,在此种情况下发生的腐蚀状态	在涂层未被破坏以前,腐蚀速率要比裸金属慢得多,在腐蚀形态上也有其自身的特点
	镀覆金属腐蚀	金属表面进行了电镀、氧化、磷化、金属热喷涂等作业,并在其表面保护涂层,此种情况下发生的腐蚀状态	当镀覆层完好时,所发生的腐蚀是镀覆层材料的腐蚀,否则,腐蚀情况将会更复杂

在一个确定的腐蚀环境中,对于一般的金属材料来讲,其腐蚀的状况相对较为简单;当材料被制造成为零件或部件,其腐蚀的状况就复杂了很多;当零部件被装配为整机且正常使用时,其腐蚀的情况更为复杂,见图 1-1。当我们判定腐蚀状态时,不能仅仅根据有关手册上的腐蚀数据进行判定,还要考虑到零部件和整机的复杂状态,以便将腐蚀危害减少到最低程度。

1.1.1 裸金属的腐蚀

(1) 腐蚀原理（电化学腐蚀）

阳极反应：$Me \longrightarrow Me^{2+} + 2e$

阴极反应：$2H^+ + 2e \longrightarrow H_2 \uparrow$ （析氢反应）

或 $2H_2O + O_2 + 4e \longrightarrow 4OH^-$ （氧去极化反应）

在电解质溶液中：$Me^{2+} + 2OH^- \longrightarrow Me(OH)_2$

(2) 腐蚀形态

详细内容见表 1-2。

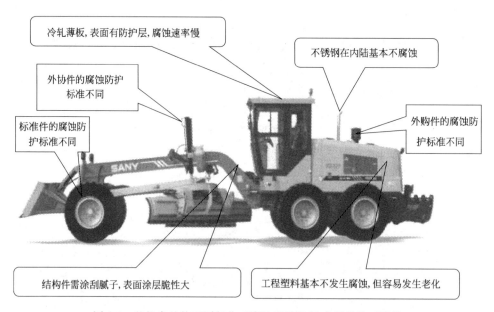

图 1-1 整机产品的不同部位对腐蚀环境的敏感程度是不同的

表 1-2 裸金属腐蚀常见形态一览表

序号	腐蚀形态	形成的原因/机理	破坏作用	备注
1	均匀腐蚀	均匀地发生在整个金属表面上。比如钢铁表面生锈、锌、铝表面布满白锈	降低材料或设备的其各项性能,且影响外观	主要的评定方法有腐蚀质量和腐蚀深度评定法
2	点蚀	可以形成大大小小的孔眼,但绝大多数情况下是相对较小的孔隙,从表面上看,点蚀互相隔离或靠得很近,呈粗糙表面	点蚀是大多数内部腐蚀形态的一种,即使是很少的金属腐蚀也会引起设备的报废	在不锈钢上最常见的是点蚀
3	电偶腐蚀(双金属腐蚀)	电偶腐蚀首先取决于异种金属之间的电位差。在电解质水膜下,形成腐蚀宏电池,会加速其中负电位金属的腐蚀	许多设备都是由多种金属组合而成的,如铝与铜、铁与锌、铜与铁等,非常容易发生电偶腐蚀	影响电偶腐蚀的因素有环境、介质导电性、阴阳极的面积比等。大阴极小阳极组成的电偶,阳极腐蚀电流密度愈大,腐蚀愈严重
4	缝隙腐蚀	一般发生在处于腐蚀液体中的金属表面或其它屏蔽部位,是一种严重的局部腐蚀	经常发生于金属表面缝隙中,如金属孔隙、缝隙、垫片表面以及在螺钉和铆钉下的缝隙内。在金属表面上所覆盖的泥沙、灰尘、脏物等界面上也会发生	几乎所有的腐蚀性介质,包括淡水,都能引起金属的缝隙腐蚀,而含氯离子的溶液通常是最敏感的介质。该种腐蚀多数情况下是宏观电池腐蚀
5	冲刷腐蚀	由于液体的高速流动或液体及气体中的料状物作用而产生,在金属表面上呈槽形、波浪态、圆形孔状或峡谷状,没有腐蚀产物的遗留	这种损伤,比冲刷或腐蚀单独存在时所造成的损伤加在一起还要厉害得多,是冲刷与腐蚀相互促进的缘故	这种腐蚀多见于有流体的管道内,泵叶的损坏也是常见的冲刷腐蚀

续表

序号	腐蚀形态	形成的原因/机理	破坏作用	备注
6	选择性腐蚀（脱成分腐蚀）	通常是多元合金中某一较为活泼的成分，溶解到腐蚀介质中去，而另一成分在合金表面富集	实际工作中最常见的是黄铜的脱锌，它发生的形式有3种：均匀的层状脱锌、带状脱锌、栓状脱锌。脱锌会使黄铜强度降低，导致穿孔	例如黄铜的脱锌（表面呈红色或棕色）、铜镍合金的脱镍、铝青铜的脱铝等
7	应力腐蚀	在一定环境中由于外加或本身残余的应力，加之腐蚀的作用，导致金属早期破裂的现象，叫应力腐蚀，通常以SCC表示。金属应力腐蚀破裂只在对应力腐蚀敏感的合金上发生，纯金属极少产生	合金的化学成分、金相组织、热处理对合金的应力腐蚀破裂有很大影响。处于应力状态下，包括残余应力、组织应力、焊接应力或工作应力在内，可以引起应力腐蚀破裂	对于一定的合金来说，要在特定的环境中才会发生应力腐蚀破裂。例如不锈钢在海水中，铜合金在氨水中，碳钢在硝酸溶液中

1.1.2 涂装金属的腐蚀

涂装金属上金属基体与涂层（有的还有磷化膜/转化膜）有效配套组合为一体，形成腐蚀防护体系。研究或叙述被涂装产品的腐蚀问题，除了金属基体的腐蚀外，还应该包括涂装涂层的失光、漆膜变色/变色、粉化、开裂/裂纹、起泡、剥落/脱落、生锈腐蚀（老化）等形态。有机涂层的老化就是腐蚀的一种，其缺陷（如失光、漆膜变色/变色、粉化、开裂/裂纹等）发展下去，也会加速或加重基体金属腐蚀。

（1）腐蚀原理

由于涂装金属的腐蚀比起裸金属要复杂得多（见图1-2），涂装金属的腐蚀与未涂装裸金属的腐蚀不同。在此仅以铁为例，介绍一种最为普遍的涂装金属的腐蚀经历的步骤。

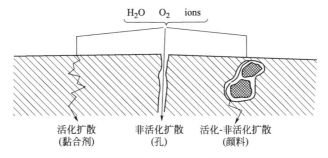

图1-2　水、氧、离子在涂层中通过三种不同途径扩散引起基体金属腐蚀示意图

① 水、离子和氧穿入涂层。涂装金属在全浸或置于潮湿的大气中时，水、离子和氧会穿入涂层，并以一定的传递速率到达涂层/金属界面，在那里形成发

生腐蚀的条件。水穿入的量和在涂层中的传递速率都比氧的大，离子可以随水一起进入涂层。过量的水（或水汽）在界面上聚集或在涂层孔隙中聚集，到一定程度便会在涂层中形成水泡，这往往是涂装金属发生腐蚀的前兆。

② 在涂层中形成导电通路。它是金属基体与本体电解液之间的低电阻通道。这种导电通道是在一定的时间后出现的，它的产生和发展与涂层的化学组成、涂膜厚度、质量以及在使用中出现的缺陷等因素有关。

③ 金属表面发生阳极反应。$Fe \longrightarrow Fe^{2+} + 2e$。

④ 在金属表面上同时发生阴极反应。$2H_2O + O_2 + 4e \longrightarrow 4OH^-$。

⑤ 当腐蚀发生时，在低电阻底部的金属表面上的小范围内的离子浓度增大，固体腐蚀产物在金属表面上生成。

⑥ 铁的溶解立即促使腐蚀区的pH值下降。

⑦ 在阴极区产生的高pH值和在阳极区产生的低pH值都将对高聚物膜层造成损害。

(2) 腐蚀形态

详细内容见表1-3。

表1-3 涂装金属腐蚀常见形态一览表

序号	腐蚀形态	形成的原因/机理	破坏作用	备注
1	生锈	漆膜下面的钢铁表面局部或整体产生红色或黄色的氧化铁层的现象（GB 5206.5—91）	破坏产品的腐蚀防护体系，加速产品的腐蚀	同义词：锈蚀，它伴随有漆膜的起泡、开裂、片落等病态
1.1	生白锈	漆膜下面的有色金属表面局部或整体产生白色粉状氧化层的现象（GB 5206.5—91）	破坏产品的腐蚀防护体系，加速产品的腐蚀	常伴随有漆膜的起泡、开裂、片落等病态
1.2	点蚀	由于涂料质量差、工件表面粗糙度过大、涂装工艺不良等原因，在涂层形成后的短期内或者涂层使用一段时间后，在涂层上出现星星点点的锈蚀痕迹	影响产品外观质量，今后会加剧腐蚀的进行，进而形成金属大面积的锈蚀和涂层的脱落	此类点蚀原因较复杂，有的是由外部引起的，有的是基体金属与涂层界面间引起的
1.3	阳极坑蚀	阳极坑蚀是指涂膜下发生了阳极溶解反应，使涂膜从金属基体上分离的一种涂装金属的腐蚀形态	它是涂装金属遭受腐蚀破坏最重要的一种形式	例如涂装镀锡铁、涂装铝板、涂装铁板发生的阳极坑蚀
1.4	丝状腐蚀	丝状腐蚀是钢铁和铝、镁等金属在涂膜下面的腐蚀，腐蚀头部向前蔓延，留下丝状的腐蚀产物。丝状腐蚀通常发生在涂膜薄弱缺损处，或者在构件的边缘棱角处发生	含有氯化钠、氯化铵等盐类会促进丝状腐蚀的发生	丝状腐蚀的气候条件通常为温湿环境，研究发现，在相对湿度为65%～95%，温度为15.5～26.5℃时，容易发生丝状腐蚀
1.5	早期锈蚀（早蚀）	是指乳胶漆在表干后，在高湿条件下发生的斑点锈蚀。早期锈蚀是在干燥速率减慢和水溶性铁盐经漆膜浸出的条件下发生的，如果在乳胶干燥过程中不存在潮湿条件，便不会发生早期锈蚀	钢材活性大的表面，早期锈蚀严重	发生早期锈蚀有3个条件：乳胶漆薄（不到40μm），基材温度低，高湿条件

续表

序号	腐蚀形态	形成的原因/机理	破坏作用	备注
1.6	瞬时锈蚀（闪蚀）	喷丸（钢丸或非金属丸粒）使金属表面留下了缝隙或在钢丸和钢基体之间形成了电偶电池，在钢表面被水基漆润湿后，就会立即使腐蚀过程活化。锈斑是可溶的腐蚀产物穿过涂层，在涂层的表面或内部被氧化而生成的三价铁化合物	在喷丸清洁的钢表面上，用水基底漆打底后不久会出现褐色锈斑	如果在喷丸处理后将留在表面的污染物除去，或在涂刷底漆前仔细清洁表面，或进行一些处理，就可一定程度上避免这种腐蚀发生
2	失光	漆膜的光泽因受气候环境的影响而降低的现象（GB 5206.5—91）	影响对产品的装饰性，且涂层劣化，逐渐失去对金属基体的保护作用	倒光。英文同义词：dulling；lost of gloss
3	变色	漆膜的颜色因气候环境的影响而偏离其初始颜色的现象。它可包括褪色、变深、黄变、漂白、变白等（GB 5206.5—91）	影响对产品的装饰性，且涂层劣化，逐渐失去对金属基体的保护作用	漆膜变色，失色
4	粉化	漆膜表面由于其一种或多种漆基的降解以及颜料的分解，而呈现出疏松附着细粉的现象（GB 5206.5—91）	影响对产品的装饰性，且涂层劣化，逐渐失去对金属基体的保护作用	
5	开裂	漆膜出现不连续的外观变化。通常是由于漆膜老化而引起。它的比较重要的几种形式如下：微裂、细裂、小裂、深裂、龟裂、鸡爪裂（GB 5206.5—91）	影响对产品的装饰作用，且加速基体金属的腐蚀	裂纹
6	起泡	涂膜脱起成拱状或泡的现象（GB/T 8264—2008）	影响对产品的装饰作用，且加速基体金属的腐蚀	起泡一般是发生腐蚀的前兆，它是常见的漆膜缺陷
7	剥落	一道或多道涂层脱离其下涂层，或者涂层完全脱离底材的现象（GB 5206.5—91）	影响对产品的装饰作用，且加速基体金属的腐蚀	同义词：脱落、脱皮

1.1.3 镀覆金属的腐蚀

（1）腐蚀原理

镀覆金属涂层，一般分为防护性镀层（约占全部电镀产品的60％以上）、防护装饰性镀层（约占全部电镀产品的30％以上）和功能性镀层。机电产品中使用防护性镀层最为常见，主要用于钢铁件在大气和其它环境中的防锈防腐蚀，其作用与涂装相似。但镀层有金属感，而且具有导电性和耐磨性。这类镀层大都为阳极性镀层，其镀层金属有锌、镉、锡及其合金（如锌镍、锌铁、锌锡、锌钛、镉钛、锡镍等合金）。

在金属镀层完好时，其腐蚀与裸金属腐蚀是相同或相近的；在发生金属镀层破坏或露出基体金属时,其腐蚀原理就会发生一些变化。

如图1-3所示,阳极保护镀层(以镀锌为例),在铁上镀锌时,由于Zn的标准电极电位比Fe负,当镀层有缺陷(针孔、划伤、碰伤等)露出基体时,如有水汽凝结于该处,则铁锌电偶就形成了的腐蚀电池。此时Zn作为阳极而溶解,$Zn-2e \longrightarrow Zn^{2+}$,而Fe作为阴极,可能是$H^+$于其上放电而析出氢气,也可能是$O_2$分子在该处还原,Fe并不遭受腐蚀。在致密无孔时,阳极镀展对基体起机械保护作用,当镀层破损时,它对基体起电化学保护作用。

阴极保护镀层(以镀锡为例)如图1-4所示,把锡镀在钢铁制品上,当镀层有缺陷时,在铁锡电偶中,Sn的标准电极电位比Fe正,它是阴极,因而腐蚀电池的作用将导致Fe阳极溶解。$Fe-2e \longrightarrow Fe^{2+}$。这时$H^+$或$O_2$分子的还原,在作为阴极的Sn上发生。这样一来,镀层尚存,而镀层下面的基体却逐渐被腐蚀坏了。因此,阴极镀层只有在它完整无损时(无针孔),才对基体有机械保护作用。一旦镀层被损伤,它不但保护不了基体,反而起了加速腐蚀的作用。

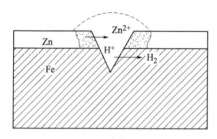

图1-3 阳极保护镀层(以镀锌为例)

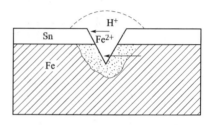

图1-4 阴极保护镀层(以镀锡为例)

(2)腐蚀形态

镀覆金属腐蚀常见形态见表1-4。

表1-4 镀覆金属腐蚀常见形态一览表

序号	腐蚀形态	形成的原因/机理	破坏作用	备注
1	起泡	在电镀层中由于镀层与底金属之间失去结合力而引起一种凸起状缺陷	是镀层与基体金属之间剥离的前兆,失去镀层的作用	
2	脱皮	某些原因(例如不均匀的热膨胀或收缩现象)引起的产品表面电镀层的破碎或易脱落。镀层与基体有剥离或镀层成片状脱离基体材料的现象	阳极性镀层失去镀层的保护作用,阴极性镀层会加速基体金属的腐蚀	亦称镀层剥离
3	麻点	在电镀加工过程中或腐蚀中,镀层表面上形成的小坑或小孔	继续腐蚀就会造成基体金属的腐蚀,且影响产品的装饰性	
4	颜色暗淡	由于腐蚀而引起的镀层表面色泽的变化(如发暗、失色等)	已经发生轻度腐蚀,影响产品的外观质量	

续表

序号	腐蚀形态	形成的原因/机理	破坏作用	备注
5	锈蚀	由于环境的腐蚀,镀层本身产生红锈(黄锈)或者白锈,失去涂层的保护或装饰作用	镀层的锈蚀会影响产品的装饰性,并失去对金属基体的保护作用	黑色金属产生红锈(黄锈),有色金属产生白锈
6	氢脆	由于扩散到金属中位错处的氢或生成金属氢化物所造成的材料脆化现象称为氢脆。它可以是由于酸洗、电镀所产生的氢造成的	通常氢脆有氢致应力开裂、氢致环境脆化和氢致拉伸延性丧失3种形式。一般说来,强度越高的钢氢脆危害性越大	通过对电镀件进行加热,可以减轻氢脆的危害

1.2 腐蚀从设计开始——腐蚀防护是系统工程

大量的事实和经验教训告诉我们,产品(包括工程设备)的腐蚀防护工作看起来不难,但是,要做好的确是一件非常困难的事情。简单分析有如下三点。

① 非主流　在一般的机械行业(汽车行业除外)腐蚀防护技术处于非主流状态,与开发新产品、改进新产品等工作相比,被认为是次要的,类似于人的主要器官与皮肤、衣服的关系;与加工、焊接、装配等专业相比,不容易被重视。

② 隐蔽性　制造过程中,不合格的工序(特别是前处理工序)不容易发现,具有"隐蔽工程"的性质。产品售出(出厂)时,不能检查长期指标,无法判定是否真正符合质量标准。客户使用时,要经过一段时间,半年以上才会发现问题。在发现问题前,又会有大批量的类似不合格产品被送到客户手中,出现新的质量问题。类似于"慢性病"潜伏期长,治愈慢。

③ 复杂性　腐蚀防护工作被分散到生产各部门、各车间,渗透到其它专业的工序之间,同时涉及政府环保、劳保、消防、安全等多部门。它"非化工、非机械",看起来简单,干起来复杂。腐蚀防护自身又有众多分支的表面工程技术,且发展变化很快,使得企业适应和管理起来非常困难。

因而,企业中的腐蚀防护工作"牵一发而动全身",是一个复杂的系统工程。"腐蚀控制系统工程"理论强调,腐蚀防护是要从产品的设计开始,贯穿于加工、制造、装配、储存、运输、使用、维护、维修全过程,进行全员、全方位的控制,研究每一个环节的运行环境和周围环境及其协同作用,提出控制大纲和实施细节,以获得最大的经济效益和社会效益的系统工程。

根据"腐蚀控制系统工程"的理论,要进行有效的腐蚀控制,必须"全过程""全方位""全员"进行控制。对企业的腐蚀防护过程进行分析,可分为产品设计阶段、工厂制造阶段、储存运输阶段、安装调试阶段、使用维护阶段,即"五阶段"。对影响因素进行分析,可分为材料、设备、环境、工艺、管理,即

"五要素",而"五要素"贯穿于过程中的每一个阶段,且随各阶段侧重点不同而不同。还可以将管理层次进行细分为:企业层次、行业(国内)层次、国际层次,即"三层次"。根据笔者在涂装系统实施方面的经验,可以将"五阶段""五要素"的分析方法,推广应用到产品腐蚀防护的分析和实施之中,建立系统模型,如图1-5所示。

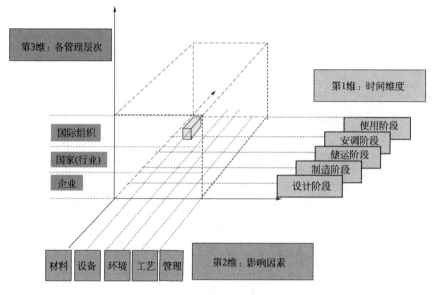

图1-5 腐蚀防护系统模型

通过对腐蚀防护系统的分析,我们大致可以观察到:腐蚀防护系统符合"人造的、比较复杂的、动态的、开放系统"的特点;该系统是由许多相对独立又相互依赖的单元构成的具有特定功能的有机整体;这个系统是一个目的明确、对输出有严格要求的系统;该系统结构层次分明、相互关系清晰。为了获得更多的信息,我们要详细分析该系统的内部各方面以及各单元之间的关系,主要有以下3个方面:①时间维度的问题——"五阶段";②影响要素的问题——"五要素";③管理层次的问题——"三层次"。

1.2.1 腐蚀防护系统的时间维度

系统工程的一个基本原理就是系统有生命周期过程,腐蚀防护系统也是一样。根据腐蚀防护系统实际运作的一般情况(行业不同、产品不同会有差别,但不会影响我们对问题的分析),可以将系统的生命周期分为"五阶段":设计阶段、制造(实施)阶段、储运阶段、安调阶段、使用阶段。这五个阶段与产品或工程的主要系统,都呈一一对应的关系,只是具体的内容不同,见图1-6。

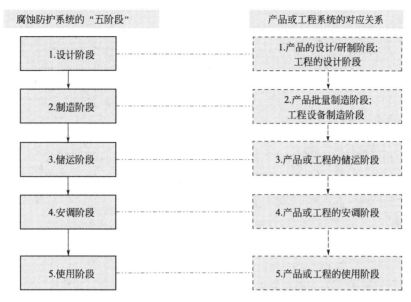

图 1-6　腐蚀防护系统的"五阶段"以及与产品（工程）主要系统的对应关系

(1) 设计阶段

产品设计工程师在产品（或工程）设计中，主要考虑客户（用户）需求、经济效益、环境因素，要考虑到产品的使用功能、结构形式（含工业设计）、材料选择、重量尺寸等，还要考虑到产品制造的工艺性（可制造性）问题，而常常被忽视的就是腐蚀防护设计的内容。

有人认为这些设计内容是制造阶段的工作，被当作工艺问题去解决；有人认为是专业公司的工作，比如表面工程公司、涂料涂装公司、防锈防腐蚀公司的工作，这些观点是片面的，是不准确的。

腐蚀及防护专家说："腐蚀是从绘图板上开始的"，即"腐蚀是从设计开始的"。在设计时就采取腐蚀防护的技术措施，从而避免腐蚀的发生，就是实行"预防为主"的原则。仔细察看正在使用的机械设备产生的腐蚀现象，相当一部分都是在产品设计时就已经潜伏了腐蚀的因素，随着设备历经时间的延长和环境的变化，就产生了腐蚀，形成了腐蚀质量事故，因此，必须将腐蚀防护设计列为产品设计的一项重要内容，设置专业的腐蚀防护工程师或者向腐蚀工程师咨询，仔细、认真研究产品在制造阶段、储运阶段、安调阶段、使用阶段可能发生的腐蚀问题，在设计阶段采取各类有效的预防措施。

设计阶段所进行的工作，就是对整个腐蚀防护涂层系统的方案进行设计。"五阶段"中，设计阶段投入的费用是比较少的，但系统在生命周期内 $50\%\sim75\%$ 的成本是由此阶段决定的，此阶段是根本性的、关键性的影响阶段。"差之毫厘，失之千里"。根据笔者的了解，相关人员现在对此阶段的重视不够，缺少腐蚀防护涂层系统的设计或根本就未进行设计,从而引起腐蚀防护质量问题的情况比较多。

在设计阶段的目的及任务就是:根据腐蚀环境的不同类别和腐蚀防护年限的要求,为产品选择最适宜的腐蚀防护技术组合,设计技术经济指标合理的腐蚀防护涂层体系(层数、厚度等各项指标),同时考虑实施的可能性即工艺、管理等方面的影响因素。

产品设计阶段存在的问题及对策:

① 相关管理、技术人员对腐蚀防护技术和防腐涂层体系需要设计认识不足,认为产品可有可无,未提高到应有的重视程度;或者虽认识到必要,但因任务时间紧迫而取消;或者在有的企业就根本就没有考虑这方面的问题,放任外协企业自行处理。

② 产品开发设计部门缺少有经验的腐蚀防护工程技术人员,亦未找有经验的工程技术专家咨询,无法在开发研究阶段进行防腐蚀涂层体系设计,因此,在制造过程中因缺少依据而随意进行。等到产品的腐蚀问题严重时,才进行事后的修补,或者相互推诿,无法从根本上防止产品腐蚀现象的发生。相当一部分腐蚀问题,都是在产品设计时就已经潜伏了腐蚀的因素,随着设备历经时间的延长和环境的变化,逐渐形成了腐蚀质量事故。

③ 盲目相信或片面理解防腐材料供应商的宣传、推荐,受商业运作的干扰,无法按正常的程序进行涂层体系的设计。选用了不符合产品使用腐蚀环境的材料,如:使用汽车修补漆代替重防腐涂料等。

④ 照抄照搬适合别人的防腐蚀的经验,未考虑到本企业此类产品的特点及使用的腐蚀环境。优质设计是优质产品的必要条件(不是充分条件),如果没有优质的防腐蚀涂层体系设计,生产(实施过程)再优秀,也无法保证产品有优质的防腐蚀涂层。防腐蚀涂层质量是任何一个机电产品质量不可或缺的组成部分之一。

(2) 制造阶段

制造阶段(实施阶段)的主要任务是:将经过验证的系统设计方案,进行从技术文件到实物的实现,产生一个与实际情况相符合的实物涂层体系。产品或工程的腐蚀防护制造阶段的流程是各种各样的,在此不一一叙述。

制造阶段的几个特点:

① 腐蚀防护的各工序与下料、焊接、加工等其它专业同步进行,而且复杂工件还有工序的交叉,对于涂层体系的质量有很大影响。

② 在整个腐蚀防护系统中,此阶段的实际使用的费用最高,是成本控制的重点。

③ "过程决定质量,细节决定成败",此阶段对过程管理(工序管理、质量

管理）的要求也最高。腐蚀防护的每一道工序都具有被后一道工序遮蔽的可能（最后的涂层除外），不合格的工序过程不容易被发现。而产品售出（出厂）时，一般进行涂层外观、厚度、光泽、硬度、附着力等简单检查，对于耐腐蚀性等长期指标不能进行检查，无法判定是否真正符合腐蚀防护的标准。客户使用时，要经过一段时间（3个月或半年以上）才会发现腐蚀问题。在发现问题前，又会有大量的同样不合格的产品被送到客户手中。

产品制造阶段存在的问题及对策：对于大批量生产的产品而言，腐蚀防护技术研究得比较充分，实施得比较彻底。问题在于批量较少的产品，大多数是多品种、小批量；定制多，换型快；周期短，任务重；外协多，控制难。基于上述特点，设备全、工艺管理好的大型企业很难承担这些产品的制作，外协制造任务就无奈地落在了中小企业之中，而在其中选择合适的外协厂非常艰难。有的外协厂设备、环境、工艺、管理落后，腐蚀防护专业的质量很难保证，其在腐蚀防护（涂装、电镀、金属热喷涂等）的硬件方面比较弱，软件方面差得较远，对于相关的技术标准常常"不知道，不理解，不会用"。再加上大部分产品都与各类工程互相嵌套、非标设备或定制设备比较普遍，使产品制造阶段的腐蚀问题愈发突出。

产品所设计的腐蚀防护期限，是靠每一道工序、每一个操作的动作建立起来的，特别是腐蚀防护，更为明显。建议采取的主要措施是：

① 通过培训普及腐蚀防护知识，提高外协企业技术人员、相关操作人员、管理人员对腐蚀防护技术的认识，加强行动的自觉性。

② 加强对外协厂在材料使用、设备维护、环境保持、工艺纪律、技术管理方面的管理，帮助外协企业整改，提高其软件和硬件方面的水平。

③ 将相关的 ISO 标准、GB 标准、企业制定的标准在企业宣贯执行，使生产中的腐蚀防护技术操作，有据可依。

④ 将过程质量检验和控制列为一个重要组成部分。严格质量检验与现场监督，控制关键工序，如：控制表面除锈等级，控制表面粗糙度达到标准要求，控制表面洁净度达到工艺要求。对于自制件的生产，每个工序要严格按照腐蚀防护工艺标准组织生产，合格后的中间产品才能转到下道工序。对于外购件、标准件，严格把关，最终合格的产品才能出厂放行。

(3) 储运阶段

储运阶段（储存运输阶段）的主要任务就是对已完成的腐蚀保护涂层体系进行各种保护，避免机械磨损、碰撞等伤害和各种腐蚀介质的腐蚀，保证涂层体系安全到达安装（客户）场地现场。

被腐蚀防护的产品或工程设备，在运输过程中会被擦伤、撞伤或划伤，这种现象经常发生；有些涂层的薄弱环节在储运过程中会发生锈蚀，特别是运往国外的出口产品，长期的海上运输或长途陆路运输，或因库存时间较长，涂层受海水、高温潮湿侵蚀而损坏的现象更为突出；被昆虫、鸟粪、周围环境所污染，造成涂层体系的破坏，直接影响商品价值。在条件比较差的安装（或使用）现场修复被损坏的涂层，是一个比较困难的问题，同时也给企业带来了一定的经济损失。长期以来，此类问题未引起足够的重视和研究。已有的防锈、防潮、防水包装国家标准，亦未列入在储运阶段对涂层保护的内容。随着我国工业企业技术水平的提高和产品的大量出口，该问题的严重性愈加明显，这是是一个不容忽视的问题。

在此阶段应该做好装箱前涂防护蜡、保护塑料薄膜、保护涂料（可剥涂料）、密封胶等；设计专用的存放、运送的工位器具和包装箱，在装卸吊装时需要专用吊具或保护措施。根据产品或工程的实际情况的不同，其保护方式会有较大差别。

另外，如果腐蚀防护过程不是在一个工厂完成的，就存在各外协厂之间进行的储存运输中的保护问题。由于是多个生产厂家分阶段周转生产，在生产中的某些工序中，就要进行储存和运输。例如，从焊接、机械加工到涂装工厂，从底漆、中涂到面漆涂装，从金属热喷涂到面漆涂装。从总装到最后的修补涂装等存在多个环节，在这些环节中，涂层损坏的问题会出现很多，更需要加以重视。

（4）安调阶段

安调阶段（安装调试阶段）的主要任务就是要避免涂层体系的安装损坏，完善设备在工厂未进行的密封等工作，同时修复已经损坏的局部涂层。

一般大型设备在安装时，都要进行运输起吊，然后安装。其中，很难避免对设备某些部位的涂层（特别是涂装涂层）造成破坏，如不进行及时的修复，将会引发腐蚀问题。另外，在设备制造过程中会产生尺寸误差，在设备基础施工时，因影响因素很多也会产生尺寸误差，这些累积的尺寸误差，将会引起设备某些部位的现场修改。因为现场腐蚀防护施工条件较差，很难处理好，或者根本未进行处理，于是便潜伏了涂层下的腐蚀隐患。还有，基础及预埋件的处理往往容易被忽视，如果无腐蚀防护技术人员的参与，这些基础、预埋件的外露部分涂层质量会受到影响，从而埋下了涂层破坏的隐患。

（5）使用阶段

使用阶段（使用维护阶段）的主要任务就是：在产品或工程投入使用后，做好日常保养、检查、维护，以提高涂层体系的使用寿命。在腐蚀防护系统的整个生命周期内此阶段时间最长，也是体系输出功能的重要阶段。按照ISO 12944标准的划分，低耐久性的腐蚀防护体系使用寿命在5年以下，中耐久性的在5~15年，高耐久性的在15年以上，甚至有的涂层体系使用寿命可以达到50~100年。

涂层体系在漫长的使用阶段，始终处在各种腐蚀环境之中，随着外界不规则的变化而缓慢损坏及老化，且不断恶化，直至失效，这也是一个动态的过程。在这个过程中，一旦局部涂层被损坏而露出基体或基体锈蚀，如得不到及时的修复，在腐蚀介质的作用之下，形成"大阴极小阳极"的腐蚀模式，该局部将会加速腐蚀。腐蚀结果使涂层损坏面积增大，同时腐蚀介质增加，局部破坏又被加速，变成了恶性循环。

所以，要求产品的设计和制造者要为客户提供"腐蚀防护使用维护说明书"；使用者在使用过程中，要按照"腐蚀防护使用维护说明书"的要求，及时除掉腐蚀性很强的介质（如局部的积水、积雪、污泥、鸟粪等），经常检查涂层体系中是否有局部的损坏，尽快对局部的损坏进行修复，以延长涂层体系的使用寿命。日常保养进行得好、维修及时的涂层体系，就会有较长的使用寿命（实际使用寿命），甚至超过设计的使用寿命（预期使用寿命）；日常保养不好、维修不及时的涂层体系，就会有较短的使用寿命，不能达到设计的使用寿命。

(6) "五阶段"之间的关系

通过以上的分析我们可以看到，"五阶段"是腐蚀防护系统的重要部分，是系统在时间维度的全过程，它描绘了系统从"出生"到"死亡"在各阶段的表现。"五阶段"环环相扣、互相制约，如同自行车的链条一般，任何一个环节出现问题，都将无法得到所需要的腐蚀防护涂层系统。"五阶段"与系统边界的各种影响要素关系密切，特别是与"产品或工程的制造系统"关系最为密切。

同时，我们还可以看出，"五阶段"又有各自的特点。设计阶段是关键，它决定了系统的大致的走向和主要方面；制造阶段要严格，它使用了系统资源中最重要的费用；储运阶段要保护，避免各种干扰因素对涂层体系的破坏；安调阶段要完善，弥补前面过程的不足，以完美的形态投入使用；使用阶段要维护，克服局部破坏带来的损失，最大限度延长涂层体系的使用寿命。

1.2.2 腐蚀防护系统的主要影响因素

(1) 腐蚀防护材料

腐蚀防护材料是指腐蚀防护生产过程中使用的化工材料及辅料，包括清洗剂、磷化液、钝化液、电镀液、各类涂料/溶剂、各种防锈材料、金属热喷涂材料等。

从腐蚀防护涂层系统的角度看，材料是系统与化工材料制造行业界面上的重要内容，没有该系统的存在，腐蚀防护化工材料的生产就没有必要；没有腐蚀防护化工材料的生产，该系统就失去了存在的基础。我们应该重点了解所使用的化工材料的各种技术性能、对腐蚀防护环境、设备的要求、需要的工艺过程，根据实际情况选择腐蚀防护化工材料和辅料。

(2) 腐蚀防护设备

腐蚀防护设备是指腐蚀防护生产过程中使用的设备及工具。包括化学前处理设备、机械前处理设备（喷抛丸设备及磨料）、各类涂装设备（喷漆室、流平室、烘干室、强冷室；浸涂、辊涂设备，静电喷涂设备，粉末涂装设备；涂料供给装置、涂装机器，涂装运输设备，涂装工位器具）、电镀设备、金属热喷涂设备、压缩空气供给设备（设施）；试验仪器设备等。

腐蚀防护设备是腐蚀防护化工材料所要求的，在系统界面上，受"其它技术层面"的影响很大，例如机械制造、自动控制、自动化输送等，对腐蚀防护设备的使用功能影响很大。

(3) 腐蚀防护环境

腐蚀防护环境是指腐蚀防护设备内部以外的空间环境。从空间上讲应该包括腐蚀防护车间（厂房）内部和腐蚀防护车间（厂房）外部的空间，而不仅仅是地面的部分。从技术参数上讲，应该包括车间（厂房）内的温度、湿度、洁净度、照度（采光和照明）、通风、污染物质的控制等。对于车间（厂房）外部的环境要求，应通过厂区总平面布置远离污染源、加强绿化和防尘，来改善环境质量。涂料、涂装设备都要求有一定的使用环境，不重视对涂装环境的技术要求，就会影响系统中其它要素的作用，特别是在制造阶段是必须特别重视的大问题。

另外，当涂层体系形成之后（即在使用阶段），涂层体系所处的外界腐蚀环境，是影响涂层体系使用寿命的重要因素。

(4) 腐蚀防护工艺

腐蚀防护工艺是指：在腐蚀防护生产过程中，对于腐蚀防护需要的材料、设备、环境等诸要素的结合方式及运作状态的要求、设计和规定。腐蚀防护工艺应该包括工艺方法、工序、工艺过程；包括腐蚀防护工艺设计及工艺试验；包括对腐蚀防护车间（腐蚀防护生产场所）的各种要素进行系统综合考虑、安排、布置；还应包括对其它相关专业提出要求，并根据法律法规提出各种限制条件等工作内容。

腐蚀防护工艺作为"软件"，将材料、设备、环境等"硬件"进行串联起来，形成有机的生产模式；同时，在"五阶段"中的每个阶段，其工艺的形式都会有不同。好的工艺，会使系统内各部分的单元更为协调地组合。

(5) 腐蚀防护管理

这里所说的腐蚀防护管理，是限于腐蚀防护车间或者专业的腐蚀防护工厂（或腐蚀防护承包公司、承包队）的管理。腐蚀防护管理，就是在特定的环境下，对组织所拥有的腐蚀防护资源进行有效的计划、组织、领导和控制，以便达成既定的腐蚀防护目标的过程。腐蚀防护管理重点强调了制造阶段的管理，实际上在设计阶段、储运阶段、安调阶段、使用阶段也有大量的管理工作，也是很重要的。管理是系统中覆盖面最大的要素，它对材料、设备、环境、工艺等要素，处于最高层次的地位。

(6) 五要素之间的关系

通过分析腐蚀防护涂层系统中五要素各自的特点，可以看出：材料、设备、环境是看得见、摸得着的有形物质和空间，是硬件；而工艺和管理是无形的、内在的，是软件；五要素是由"三硬二软"构成的。而且各个要素之间是有机联系，相互影响，不是孤立存在的。材料对于设备有功能要求；环境对于材料、设备有很大影响；工艺涵盖了"三硬"；管理是最高的层次，涵盖了其它四要素，影响范围最广，如图1-7所示。

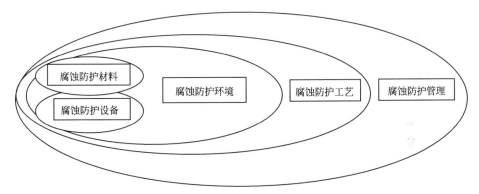

图1-7 腐蚀防护系统中的五要素及其相互关系

1.2.3 腐蚀防护系统的层次问题

使用系统工程的方法对腐蚀防护系统进行分析时，有一个重要问题是不能忽视的，这就是企业、国家、国际有关组织对腐蚀防护工作的行政管理、强制限定、一般指导等作用。企业运作模式的不同，国家及行业的不同，国际组织机构的不同，对于形成的腐蚀防护系统的影响作用也是有差别的。

(1) 企业层次

企业组织形式主要有直线制、职能制、直线职能制、事业部制、矩阵式、模拟分权组织结构等几种。各企业会根据各自的规模、特点等实际情况，合理划分管理层次和管理幅度，并由此决定腐蚀防护工作的形式和人财物的投入。

将腐蚀防护工作进行外协，就构成了我们目前比较常见的一种外协类公司组织结构。在此类组织中，设计阶段在研发部门（或技术管理部门）进行；制造阶段、储运阶段在生产部门（生产管理部门）的外协、采购、总装调试以及外协厂进行，特别是腐蚀防护工作基本上都在外协厂（或一级，或二级，或三级）进行；安调阶段在安调部门进行；使用阶段一般在用户（甲方）进行；质量管理部门进行每一阶段的质量检查和控制。由此所形成的企业管理层次就比较复杂，失控环节很容易出现，很难保证系统最优化，涂层体系的使用寿命也会受到很大的影响。但是，因为环保、劳保、消防、成本等原因，很多企业特别是在城区内的企业都在采取这种生产方式，因此更需要加强对此类问题的研究。

另外一类是比较传统的非外协类公司（工厂）组织结构，腐蚀防护的专业工作均在本企业内进行。设计阶段、制造阶段、储运阶段、安调阶段均有一个企业进行控制，腐蚀防护工作全部封闭在一个企业内进行（即使有部分外部人员承包，也是在该企业的直接控制之下），对于系统优化和涂层体系的质量控制非常有利，特别是对于需要跨车间跨工序的复杂工件更为有利。

当然，各类企业的组织模式有很多，在此不一一列举。由此可以说明，企业的不同会给腐蚀防护系统带来很大的影响。另外，企业所制定的各种企业腐蚀防护标准，也是企业管理的一个重要内容。

(2) 国家层次（或行业管理层次）

国家对于腐蚀防护行业的管理，主要是通过国家法律、法规进行鼓励、支持、约束、限制和禁止，我们常见的法规，例如：各行业腐蚀防护法规（标准）、《中华人民共和国环境保护法》、《中华人民共和国大气污染防治法》、《中华人民共和国水污染防治法》、《中华人民共和国固体废物污染环境防治法》、《中华人民共和国安全生产法》、《中华人民共和国职业病防治法》、《中华人民共和国消防法》、《危险化学品安全管理条例》等等。有的地方政府也出台了相关的地方法规文件，也应该引起我们的重视。

根据国家有关规定，行业内还设立了与腐蚀防护相关的协会、学会等组织机构，如：腐蚀与防护学会、全国涂料和颜料涂漆前金属表面处理及涂漆工艺标委会（TC 5/SC 6）、非金属覆盖层涂装工艺及设备标委会（TC 57/SC 5）、全国安全生产标准化技术委员会涂装作业安全分技术委员会（AC/TC 288/SC 6）、涂料产品及试验方法标委会（TC 5/SC 7）、钢结构防腐涂料体系标委会（TC 5/SC 9）等等。这些行业组织不断制定修改国家标准，规范涂装行业中各企业的行为，起到了很大的作用。比如 GB 7692《涂装作业安全规程　涂漆前处理工艺安全及其通风净化》、GB 6514《涂装作业安全规程　涂漆工艺安全及其通风净化》、GB 12367《涂装作业安全规程　静电喷漆工艺安全》、GB 14444《涂装作业安全规程　喷漆室安全技术规定》、GB 14443《涂装作业安全规程　涂层烘干室安全技术规定》、GB 12942《涂装作业安全规程　有限空间作业安全技术要求》等等。

行业及其产品的不同，其腐蚀防护涂层体系的质量要求就会有很大的差别，腐蚀防护系统就各具特色，我们进行系统分析时，就需要区别对待。

(3) 国际层次（国际组织管理层次）

世界各国、地区都有自己的法律法规和标准，特别是主要经济发达国家的国家标准和通行的团体标准（包括知名跨国企业标准在内的其它国际上公认先进的标准），被称为"国际先进标准"，对于腐蚀防护行业都有很大的影响，对我们从事国际商务和技术合作也非常重要。例如，欧洲 EUEE 指令（1976 年、1984 年、1993 年）、SMP（溶剂管理规划）、英国环保法（1990 年），北美清洁空气法令［Clean Air Act（1970 年制定，1997 年、1990 年修订）］，欧洲色漆和清漆技术委员会（CEN/TC 139）、颜料和体质颜料技术委员会（CEN/TC 298）、ASTM D01 委员会制定的各类标准，美国钢结构腐蚀防护协会制定的《SSPC 规范——油漆 20》，等等。

当然，国际化组织制定的有关腐蚀防护的标准和技术文件，其使用范围和影响力最大。比如，国际标准化组织涂料和颜料技术委员会（ISO/TC 35）制定的 ISO 4628-1～5：2003《色漆和清漆 涂层老化的评定 表面缺陷数量和大小以及均衡变化程度的评定》、ISO 12944-1～8《油漆和清漆 防护漆系统对钢结构进行防腐蚀保护》等标准，国际海事组织（IMO）制定的《船舶压载舱保护涂层性能标准（PSPC）》等标准，对世界各国的腐蚀防护行业均有很大的影响。

世界各国对产品涂层质量的要求有着很大的差别，同样的产品在我们国家是合格的，但到了欧美等工业先进国家就不一定是合格产品，因此，我们在分析腐蚀防护涂层系统的时候，要充分注意到这种因国家不同带来的差别。

1.3 产品设计与腐蚀防护设计的关系

在产品设计中，产品设计工程师经常会与腐蚀防护专业技术人员进行沟通或交流，如果双方对于两者的各种关系很清晰，就会有更多的共同语言，工作中就会很方便，减少很多麻烦事项。

1.3.1 腐蚀防护设计是产品设计的一部分

如图 1-8 所示，腐蚀防护设计是产品设计的一部分，相互关系比较复杂。腐蚀防护设计所考虑的内容中，有不少是产品设计时需要考虑的问题，如材料选择、结构形式选择、使用寿命等。

客观上讲，腐蚀防护设计是产品设计的一部分，应该引起足够的重视。但是，在有些企业或产品设计人员的理念中，并没有把腐蚀防护设计作为产品设计中的一部分进行重视，而是都推给工艺设计（或过程设计）部门去做，这就会带来很多产品设计方面的隐患。

1.3.2 腐蚀防(保)护技术与产品设计关注的技术相互渗透

产品设计中，产品的外观形象（工业设计）、外观质量，也是产品设计人员非常重视的一个方面。腐蚀防护、表面工程技术、涂装技术等与工业设计、外观质量有着密不可分的关系，同时也有一定的差别，以致我们在讨论某些问题时，

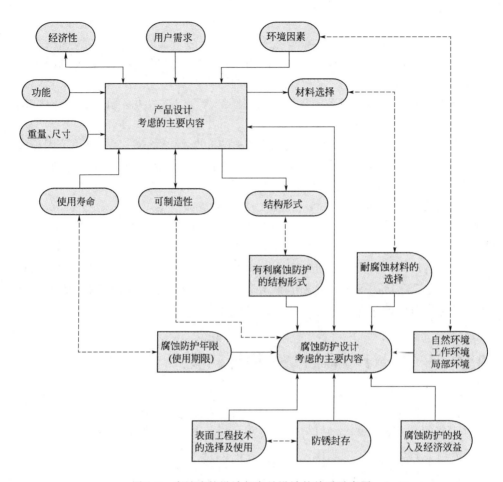

图 1-8 腐蚀防护设计与产品设计的关系示意图

常常需要分清其内部联系和区别。图 1-9 是它们关系的简单示意图。

外观质量：所谓外观质量，即实体外表状况满足明确和隐含需要的能力的特性总和，是实体质量的一个组成部分。

工业设计："设计是一种创造性的活动，其目的是为物品、过程、服务以及它们在整个生命周期中构成的系统建立起多方面的品质。因此，设计既是创新技术人性化的重要因素，也是经济文化交流的关键因素。"

腐蚀防护（corrosion protection）：改进腐蚀体系以减轻腐蚀损失（GB/T 20852—2007/ISO 11303：2002）。

表面工程技术：是将材料表面与基体一起作为一个系统进行设计，利用表面改性转化技术、涂膜技术和涂镀层技术，使材料表面获得材料本身没有而又希望具有的性能的系统工程。

涂装技术：就是在一定的涂装生产环境中，应用涂装所需要的材料、设备，

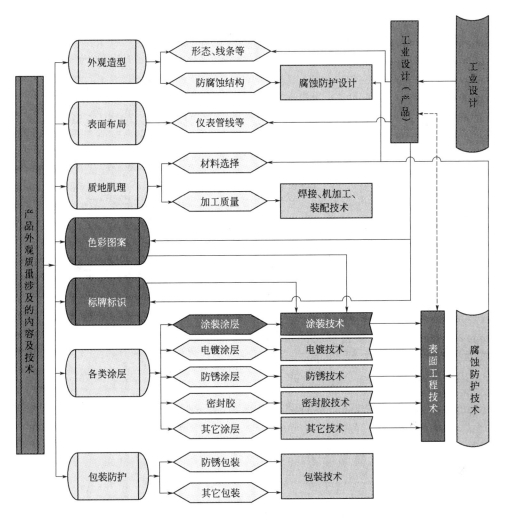

图 1-9　产品设计中的工业设计、外观质量与腐蚀防护的关系示意图

遵照涂装生产的工艺和管理方式而形成的知识体系。

电镀技术：电镀（electroplating）就是利用电解原理在某些金属表面上镀上一薄层其它金属或合金的过程，是利用电解作用使金属或其它材料制件的表面附着一层金属膜的工艺从而起到防止腐蚀，提高耐磨性、导电性、反光性及增进美观等作用。

防锈包装技术：为了减轻因金属锈蚀带来的损失，对金属制品采用适宜的防锈材料和包装方法，以防止其在储运过程中发生锈蚀而进行的技术处理，就是防锈包装技术。

根据上述工业设计、外观质量、腐蚀防护以及涂装电镀等的概念和定义可以看出：

① 它们是"相互联系"的 在进行腐蚀防护设计时，需要将几项技术密切关联，要考虑到其它相关技术对腐蚀防护设计的要求，从设计到实际使用均要做好衔接工作；

② 它们是"相互统一"的 它们均统一到产品或工程设备上，需要相互兼容或渗透；

③ 它们是"相互制约"的 腐蚀防护技术自身的要求和特点，对于其它技术的体现或实现有一定的限制作用。

因此，需要考虑各方面的限制条件，才能达到所要求的目的。

腐蚀防护设计需要考虑到：腐蚀环境（自然环境、工作环境、局部环境）、腐蚀防护目标（使用年限）、有利腐蚀防护的结构形式、耐腐蚀材料（与产品设计结合）、各种表面工程技术（表面转化改性，涂、镀、包覆和衬里，薄膜技术）选择及实施、腐蚀防护的技术经济问题（成本核算）等。腐蚀防护的方法有各种各样，根据腐蚀防护目标和实际情况，选择技术经济效益好的一种或多种表面工程技术的组合，就是腐蚀防护设计主要任务，这样，就可以克服"防护不足"和"防护过度"的问题。

1.4 产品设计与腐蚀防护设计的程序与内容

产品设计中的腐蚀防护设计是非常重要的一项工作，为便于更好地开展工作，有不少文献资料将其程序化，以便于产品设计与腐蚀防护设计工作的展开。

1.4.1 一般大气腐蚀防护方法的选择流程

一般机电产品的使用环境，大多数是大气腐蚀环境，因此，如图 1-10 所示的大气腐蚀防护方法的选择，具有普遍的意义。

GB 20852—2007《金属和合金的腐蚀 大气腐蚀防护方法的选择导则》中，就列出了大气腐蚀防护方法的工作程序，详见图 1-10。图 1-10 中除了顺序号外的数字，均为该标准中的相关章节号，读者可以根据自己的需要，查找该标准的详细内容。

1.4.2 新产品设计与腐蚀防护设计流程

图 1-11 为新产品设计开发与腐蚀防护设计流程图，对于实际应用有很好的参考价值。图 1-11 中左侧为产品设计的流程（一般流程），右侧为腐蚀防护设计的流程。从图 1-11 中可以看出，这两者之间在不同过程中的相互联系。

随着行业的不同、企业的不同、产品的不同，腐蚀防护系统设计工作流程会有很大的差别，因此，需要根据具体情况进行具体分析。而且产品类设计流程还

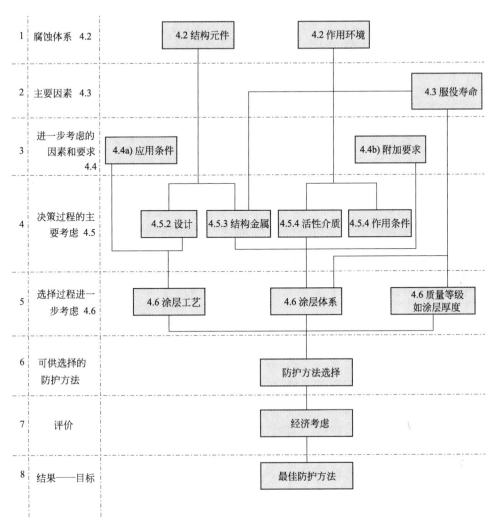

图 1-10 大气腐蚀防护方法的选择

有新产品设计和既有产品设计的区别,图 1-11 是以机电新产品的设计开发为例,绘制了设计流程以及与整个产品设计流程的关系。对于既有产品的设计,请读者参考新产品的流程和工作内容开展设计工作。下面以图 1-11 所表示的流程为顺序,介绍一下新产品的工作流程及设计内容。

"腐蚀防护系统设计流程"一般分为三个阶段:系统方案设计阶段,图 1-11 中序号(1)~(7);试验及验证阶段,图 1-11 中序号(8);标准编制及形成阶段,图 1-11 中序号(9)~(11)。后续的"工艺设计",根据具体情况的不同可分为腐蚀防护车间设计的工艺设计和生产的工艺设计。

① 综合考虑产品自身的腐蚀防护能力和涂层体系实施的可能性。

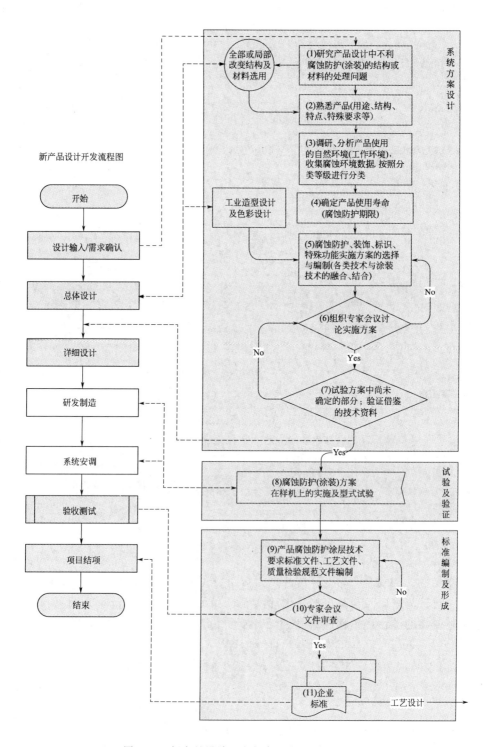

图 1-11 新产品设计开发与腐蚀防护设计流程图

当进行产品的总体设计时,特别在进行结构设计、材料选择时,必须考虑到腐蚀防护的问题。为此,ISO 12944-3《油漆和清漆——防护漆系统对钢结构进行防腐蚀保护 第三部分:设计内容》提出了可维修性、缝隙处理、防止沉淀物和水分滞留的预防措施、边缘处理、焊接表面缺陷要求、螺栓连接方法、箱式构件和空心组件的处理、凹槽的处理、加强板的处理、防止电偶腐蚀、装卸/运输和安装过程的保护等。

第一,要考虑到产品自身的腐蚀防护能力,哪些结构、哪些材料、哪些表面处理方式,容易引起或加速对涂层体系腐蚀破坏,禁止、限制、减少不利涂层体系腐蚀防护的结构形式和材料,增强产品或工程自身的"免疫力"。

第二,要考虑到哪些结构形式不便于腐蚀防护前处理、涂覆、质量检查和维修等操作的进行,以便于实施过程中的生产和维护。

表1-5列出了在大气环境中主要腐蚀因素与产品结构的设计有关问题,供读者在实际工作中参考。

表1-5 大气环境中主要腐蚀因素与产品结构的设计

序号	大气环境中的主要腐蚀因素	产品结构与腐蚀的相互作用	腐蚀形态的具体表现	结构设计中需要采取的措施、方法
1	总体环境	整体、全面影响	呈现大面积、多形式	总体设计(系统设计)
1.1	年平均温度、日照时数;年平均湿度、年80%以上湿度时数、年降雨量、年降雨日数;雨水pH、雨水中SO_4^{2-}浓度和Cl^-浓度;H_2S和NH_3浓度、Cl^-浓度,SO_2浓度,NO_2浓度;非溶性降尘、水溶性降尘;风速等	结构总体设计时,未考虑产品(设备)环境腐蚀等级的差别,低腐蚀防护等级的产品在严酷环境下使用,缺少系统化设计的考虑	产品(设备)整体上的各种材料、各类涂层发生大量、大面积的脱落、生锈,腐蚀类型多样	按照环境的腐蚀等级进行总体设计,当遇到多种环境时,要用严酷的环境等级
1.2		混淆或忽视室内/室外环境的差别,将室内产品的结构形式用到室外环境。无厂房、工棚、防护罩等保护设施	产品被风吹日晒雨淋,各种类型的腐蚀加剧。如:涂装涂层失光、失色、粉化、脱落、生锈等	要严格区分室内外的结构设计,对室外产品的腐蚀特点要有充分的认识
1.3		产品(设备)整体外观复杂,可分解性(特别是易腐蚀的部分可分解性)组合性差,无法在储运过程中进行腐蚀防护包装	因无法进行腐蚀防护,致使没有防护涂层的或不能进行防护的部分零件锈蚀	总体设计时,外形要尽量简单,必须对易腐蚀的部件提出分解组合要求,考虑储运中的腐蚀防护和包装问题
1.4		设计时未考虑今后腐蚀防护的维护台架、位置,工具和人员可进入维护性差	无法定期进行腐蚀防护的维护,对于小的腐蚀现象不能及时修补,加剧产品(设备)使用过程中的腐蚀	总体设计时要预留今后腐蚀防护维护需要的空间和构件,考虑可达、可检、可修的问题
1.5		对与产品(设备)整体配套的外购件,缺少腐蚀防护(各类涂层)的要求或设计	外购件最先被腐蚀破坏,不能达到整体产品的腐蚀防护使用寿命	整体考虑所有零部件特别是外购件,一定要与整机耐腐蚀性(使用寿命)一致

续表

序号	大气环境中的主要腐蚀因素	产品结构与腐蚀的相互作用	腐蚀形态的具体表现	结构设计中需要采取的措施、方法
2	局部环境（工作环境）	产品(设备)不同部位	呈现小面积、局部	分系统设计（部件设计）
2.1	温度,露点温度,湿度,积水 pH,水中 SO_4^{2-} 浓度和 Cl^- 浓度；H_2S 和 NH_3 浓度,Cl^- 浓度,SO_2 浓度,NO_2 浓度；非溶性降尘、水溶性降尘；风速等	产品(设备)紧靠腐蚀性物质的挥发源,处于腐蚀介质的氛围之中	因腐蚀介质的局部浓度大,致使该部分腐蚀严重	对局部腐蚀介质的处理或者避开
2.2		产品(设备)的受地基(混凝土或土壤)的影响,特别是地下部分,与基础接触的部分,比高于地面的其它部分腐蚀严重	呈现缝隙腐蚀、微生物腐蚀等各种形态。保护涂层会产生各种破坏形态	减少缝隙,密封不可避免缝隙。处理好与混凝土等材料的界面
2.3		局部未进行防水设计,造成经常性积水,加上各种粉尘(电解质)的溶解,腐蚀速率远高于其它未积水部位	呈现孔蚀(点蚀)、缝隙腐蚀、微生物腐蚀各种形态。保护涂层会产生各种破坏形态	防止积水,防止水分对内部的渗入,进行密封设计
2.4		局部未进行通风设计,造成局部湿度明显高于其它部位,使该处腐蚀加剧	呈现孔蚀(点蚀)、缝隙腐蚀、微生物腐蚀各种形态。保护涂层会产生各种破坏形态	注意零部件的结构不产生凝露、积水,使表面光滑,不易凝露
2.5	温度,露点温度,湿度,积水 pH,水中 SO_4^{2-} 浓度和 Cl^- 浓度；H_2S 和 NH_3 浓度,Cl^- 浓度,SO_2 浓度,NO_2 浓度；非溶性降尘、水溶性降尘；风速等	联结/焊接等产生的缝隙,在其局部累积众多腐蚀介质,比平面等未有缝隙处的腐蚀速率要大若干倍	呈现孔蚀(点蚀)、缝隙腐蚀、微生物腐蚀各种形态。保护涂层会产生各种破坏形态	避免或减少断续焊焊缝的数量；对联结/焊接焊缝进行密封处理
2.6		异种金属的接触面未采取绝缘措施,因电极电位的差异和电解质液体的存在,会产生电偶腐蚀	电偶腐蚀	对不同种类金属（特别是电极电位相差较大的金属)的接触面,进行绝缘处理
2.7		当局部温度高于或低于周围温度时,不同温度会形成电位差；局部冷凝液介质增加腐蚀	热电池腐蚀	对不同温度的金属部件设计隔热处理方式
3	具体环境（微观环境）	零部件的不同点、线	呈现极小面积、点或线	零件设计
3.1	温度,露点温度,湿度,积水 pH,水中 SO_4^{2-} 浓度和 Cl^- 浓度；H_2S 和 NH_3 浓度,Cl^- 浓度,SO_2 浓度,NO_2 浓度；非溶性降尘、水溶性降尘；风速等；应力,振动等	在零部件设计时,未考虑到腐蚀因素会破坏强度,造成过早失效	会有各种腐蚀状况发生,均匀腐蚀,局部腐蚀等	设计时,需要考虑到腐蚀环境的影响因素,加大安全系数
3.2		设计图纸上未对零部件的尖锐边缘、毛刺、焊接飞溅等提出处理的技术要求,埋下腐蚀的隐患	涂层的主要腐蚀破坏形式发生在边缘,而其它部位不发生腐蚀	设计图纸中一定要提出处理要求,如边缘的 $r \geqslant 2mm$,清除焊接飞溅等
3.3		对于阳角(向外凸出的角)、阴角(向内凹的角)未考虑腐蚀及防护的问题,引起角腐蚀	发生角腐蚀,局部涂层比其它部位破坏严重	设计时,要充分考虑各种角的特殊性,进行腐蚀防护处理

续表

序号	大气环境中的主要腐蚀因素	产品结构与腐蚀的相互作用	腐蚀形态的具体表现	结构设计中需要采取的措施、方法
3.4	温度,露点温度,湿度,积水 pH,水中 SO_4^{2-} 浓度和 Cl^- 浓度;H_2S 和 NH_3 浓度,Cl^- 浓度,SO_2 浓度,NO_2 浓度;非溶性降尘、水溶性降尘;风速、应力,振动等	各类孔洞(盲孔、透孔、螺纹孔等等),容易积累、残留腐蚀介质,在制造、储运、安调、使用过程中,易产生早期的锈蚀	各类涂层对于孔洞处理有一定的难度,内部及边缘常常发生严重腐蚀	设计时,尽量减少孔洞的数量。不可避免时,图纸上要注明使用何种材料(如塑料、橡胶、密封胶等)进行密封处理
3.5		不完全密封的箱形件,制造时影响涂装、电镀等工艺的实施;使用时,容易积累各类腐蚀介质,加速局部的腐蚀。密封的空心件,制作时如果密封措施不当,会产生缝隙腐蚀	各类腐蚀现象均可发生,特别是缝隙腐蚀、小孔腐蚀等现象较多	对于箱形件和空心筒的设计要考虑到制造时的腐蚀防护工艺的实施,同时要有一定的密封措施
3.6		机械应力或残余应力在一定的腐蚀环境中均会引起应力腐蚀破裂。如,拉伸应力、焊接应力等与腐蚀环境共同作用,就会引起更大的破坏作用	在腐蚀过程中,只要微裂纹一旦形成,其扩展速度要比其它类型局部腐蚀快得多,而且材料在破裂前没有明显征兆,所以是腐蚀中破坏性和危害性最大的一种	设计中使用耐应力腐蚀的材料;避免应力集中;严格控制残余应力;选择合适的表面工程技术对表面进行保护
3.7	温度,露点温度,湿度,积水 pH,水中 SO_4^{2-} 浓度和 Cl^- 浓度;H_2S 和 NH_3 浓度,Cl^- 浓度,SO_2 浓度,NO_2 浓度;非溶性降尘、水溶性降尘;风速、应力,振动等	金属材料在循环应力或脉动应力的腐蚀介质的联合作用下引起的断裂。设计中,如果不能注意交变应力与环境介质共同作用,就会造成腐蚀疲劳的问题,影响零部件的使用寿命	疲劳裂纹通常呈现为短而粗的裂纹群,裂纹多起源于蚀坑或表面缺陷处,大多为穿晶粒而发展,只有主干,没有分支,断口大部分有腐蚀产物覆盖,断口呈脆性断裂	设计中,要根据使用环境正确选用耐腐蚀疲劳的材料;注意结构平衡,防止颤动、振动或共振出现;采用表面防腐层(涂层、镀层等),注意涂层的完整性和光洁度
3.8		腐蚀介质与金属构件之间的相对运动,会引起金属构件遭受严重的腐蚀损坏。如运动部件的腐蚀磨损,就是金属构件表面与周围环境(液固气)发生相对运动而引起的。腐蚀磨损与环境、温度、滑动速度、载荷和润滑条件有关,相互关系极为复杂	腐蚀磨损既不同于单纯的腐蚀,也不同于单纯的磨损,其破坏作用大大超过单纯的腐蚀或磨损。材料的腐蚀磨损失效形式经常发生在腐蚀介质中服役的摩擦副(如动密封面及轴承等零部件)中,以及齿轮、导轨等运动机构摩擦面	正确地选择耐磨损腐蚀的材料;合理设计以减轻磨损腐蚀破坏;对腐蚀介质进行处理,去除对腐蚀有害的成分(如去氧)或加入缓蚀剂;采用阴极保护与涂装涂层联合保护等

② 熟悉产品的用途、结构、特点、特殊要求。

即使在相同的外界腐蚀环境条件下,由于产品或工程设备的不同部位因受力、积水、通风的不同,会对涂层体系产生不同的腐蚀影响;即使同一台产品或设备,在不同的腐蚀环境条件下,涂层体系所产生的腐蚀结果是不一样,因此,我们要熟悉产品或工程的用途、结构、特点、特殊要求,以便对症下药,使用涂装涂层与电镀涂层、金属热喷涂涂层、密封胶、防锈油等技术组合进行腐蚀防护，避免单独使用涂装涂层而产生不良后果的产生。

③ 调研、分析产品或工程使用的自然环境和工作环境，收集腐蚀环境数据，进行腐蚀等级分类。

对于腐蚀环境的分类，有不少可供参考的标准，如：ISO 12944-2《油漆和清漆——防护漆系统对钢结构进行防腐蚀保护 第2部分 环境分类》；GB/T 15957—1995《大气环境腐蚀性分类》；GB/T 19292.1—2003《金属和合金的腐蚀 大气腐蚀性 分类》；BS EN 12500—2000《金属材料的防腐蚀 大气环境下的腐蚀概率 大气环境腐蚀性的分类、测定和评估》；ISO 9223—1992《金属和合金的耐腐蚀性 大气腐蚀性 分类》（详见表1-6），等等。当然，在实际使用时如果有实际测得的腐蚀数据，会有重要的参考价值，可以从有关腐蚀试验数据中心查找，如："国家材料环境腐蚀试验站网""材料环境腐蚀数据积累及规律性研究的试验数据"，世界各国腐蚀试验站的腐蚀试验数据等。

表1-6 大气腐蚀性类别和典型环境实例

腐蚀等级分类	单位面积质量失重/厚度减薄（曝晒一年）				温带气候下典型环境实例(供参考)	
	低碳钢		锌		外部	内部
	质量失重/(g/m²)	厚度减薄/μm	质量失重/(g/m²)	厚度减薄/μm		
C1 非常低	≤10	≤1.3	≤0.7	≤0.1		用清洁大气供暖的建筑物，例如办公室、商店、学校和宾馆
C2 低	200≥C2>10	25≥C2>1.3	5≥C2>0.7	0.7≥C2>0.1	低污染的大气。主要在农村地区	可能会发生冷凝现象的不供暖的建筑物，例如仓库和体育馆
C3 中	400≥C3>200	50≥C3>25	15≥C3>5	2.1≥C3>0.7	城市大气和工业大气，二氧化硫中度污染。含盐量低的沿海地区	湿度高且有一定空气污染的生产车间，例如食品加工厂、洗衣店、酿酒厂和牛奶场
C4 高	650≥C4>400	80≥C4>50	30≥C4>15	4.2≥C4>2.1	工业地区和含盐量适中的地区	化工厂、游泳馆、沿海船只和造船厂
C5-I 非常高（工业）	1500≥C5-I>650	200≥C5-I>80	60≥C5-I>30	8.4≥C5-I>4.2	湿度高且具有腐蚀性大气的工业地区	具有几乎永久性凝露且高污染的建筑物或地区
C5-M 非常高（海洋）	1500≥C5-M>650	200≥C5-M>80	60≥C5-M>30	8.4≥C5-M>4.2	含盐量高的沿海地区和近海地区	具有几乎永久性凝露且高污染的建筑物或地区

注：1. 用于腐蚀性类别的失重值等同于ISO 9223号标准所规定的值。

2. 在热带和湿润带的沿海地区，质量失重或厚度减薄可以超过C5-M的限值。因此，在这些地区为钢结构选择防护涂层体系时，必须特别注意。

另外，可考虑年潮湿时间、二氧化硫的年平均浓度和氯化物的年平均沉淀物的共同影响，来评估环境因素的腐蚀性类别。

对于产品（设备）腐蚀环境而言，仅仅了解在大气腐蚀环境分类还是不够的，必须知道产品（设备）所处的工作环境（局部环境）和具体环境（图1-12）。当分析产品（设备）腐蚀状态时我们可以看到：

a. 同一类产品，处在大气腐蚀环境恶劣的分级条件下（如 C5-I，C5-M），比条件好的（如 C2，C3）腐蚀要严重得多。

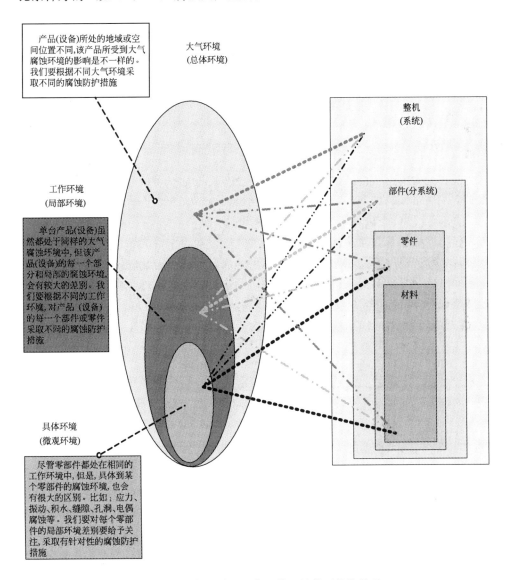

图1-12 大气环境、工作环境、具体环境的关系

b. 处在某大气腐蚀环境下的某台产品，即使是相同的材料（金属或非金属），其腐蚀的程度是不一样的。例如，处在靠地面、易积水的局部的零部件的腐蚀程度，比处在有一定高度且通风好的零部件的腐蚀程度要严重。

c. 呈现腐蚀状态的零部件在大多数情况下不是均匀腐蚀，总是在该零部件的某点、线或面积很小的部位发生，除了该零部件的内因（合金成分、组织结构、表面状态等）外，该零部件的具体部位所受的腐蚀环境影响也是不同的。例如，孔洞、缝隙、异种金属的接触、应力等，将引起此部位的腐蚀，而其余部位受影响较少。

④ 确定产品或工程腐蚀防护耐久性和使用寿命（腐蚀防护期限）。

由于现有研究对象的复杂性和技术水平滞后的限制，人们还不能非常精确（比如精确到月、天）地设定和判定腐蚀防护耐久性、使用寿命，但可以大致判断一个范围。ISO 12944 将涂装涂层的耐久性设定为三个档次：低耐久性 2~5 年；中耐久性 5~15 年；高耐久性 15 年以上。该分类的时间跨度太大，在实际使用过程中会遇到诸多问题，建议读者要根据自己的实际情况参考该标准进行详细划分。

值得说明的是，设计耐久性、使用寿命与实际耐久性、使用寿命是不同的，有时会发生很大的偏差，其中有各种影响因素会加大或缩小这种偏差，主要看是否"合理设计""正确施工"和"正常使用和维护"。

任何涂层体系在使用环境中，在各种腐蚀因素的作用下都会发生不同程度的降解，如涂装涂层出现粉化、失光、退色等现象。只要这些现象处于设计所定的保证期以内，并且未对涂层体系的四种功能作用造成本质的影响（通过标准的技术参数进行界定），那么这种质量的降低应该称为涂层体系质量的正常递减。

在所设定的期间内，使涂层体系的物理化学性能和力学性能引起不可逆的变化，最终导致涂层的破坏，则称之为涂层失效。涂装涂层体系失效的外观表现为起泡、开裂、软化、脱落、变色、粉化等现象。质量控制的目的就是要在所设定的涂层体系耐久性期间内控制涂层体系失效的发生。

详细内容请参考本书"第 3 章产品腐蚀防护的耐久性和使用寿命"的有关内容。

⑤ 系统分析腐蚀防护、装饰、标识、特殊功能，全面考虑涂层系统生命周期内的各种因素，确定系统设计方案。

系统设计方案要描述出腐蚀防护系统生命周期内"五阶段"（即：设计阶段、制造阶段、储运阶段、安调阶段、使用阶段）中的过程及工作内容，特别要强调对于生产制造的指导作用；要将"五要素"（即：材料、设备、环境、工艺、管理）进行具体分析并落实到位，特别是涂层体系的选择和配套，要综合技术、经济的可行性确定最佳方案；要对"三层次"（即：企业层次、国家行业管理层次、国际组织管理层次）进行分析，选择何种执行方式，适用何种标准（ISO、

ASTM、GB等），以保证系统的实施和质量。

同时，要考虑系统的边界问题：要解决好与产品或工程大系统的协调及接口的关系问题，特别要避免对涂层体系不利的各种材料和结构问题，能够对于机械设计的人员给予腐蚀防护（涂装）方面的指导和限定；认真分析使用环境的大气腐蚀、水下腐蚀、土壤腐蚀、磨损、损伤、老化等因素的变化和规律，使所选定的涂层体系以及今后的维护措施有更强的针对性；对于涂料制造企业乃至所涉及的精细化工行业，要有深入细致的了解，以避免因这些企业的非技术因素造成对系统的干扰；对于涂装设备（生产线）所涉及的机械制造、自动控制、自动化输送支持性的技术要有了解，以便减少实施时的困难；涂层体系在生产和使用过程中，会向环境排放污染物、产生火灾、使现场操作人员中毒等现象，在系统设计方案中要充分考虑。

腐蚀防（保）护与涂装技术、表面工程技术、工业设计、外观质量有着密不可分的关系，同时也有一定的差别，在系统设计方案中一定要充分兼顾。例如，工业设计中的造型设计、色彩设计等内容，在系统设计方案中要结合具体情况予以体现和融合，以避免相互脱节引起涂装工作量的增加和产品涂装质量的失控。

⑥ 组织专家会议讨论系统设计方案。

与机械制造等专业相比，腐蚀防护（涂装）专业的应用技术人才比较缺少，在每个企业中都不会太多。邀请国内专家对系统设计方案进行讨论和评审，可以用最小的投入获得高水平的设计方案，减少企业自己摸索的时间和成本。

⑦ 试验验证系统设计方案中尚未确定的部分。

在进行系统设计方案的过程中，总会碰到各种难以确定的问题或者各方争论比较大的问题，这时一定要进行试验验证，绝不能将没有把握的方案直接使用在生产制造（研发制造）中，以避免产品生产出来之后再进行修复而造成更大的损失。

⑧ 系统设计方案在样机上的实施及型式试验。

"型式试验"和"样机实施"是对系统设计方案的一个实际的检验，是必须进行的一个环节。否则，将无法证实设计涂层体系是否正确、合理。将未经过验证的涂层体系直接进行批量生产，有造成重大经济损失的可能；如果产品在客户手中出现重大涂层的质量问题，将无法证明是涂层体系设计本身的问题，还是在涂层实施过程中出现的问题，使质量问题的解决更加困难。

⑨ 产品涂层技术要求文件、工艺技术要求文件、质量检验规范文件编制。

系统设计方案只是指导新产品研制过程中的重要技术文件，对于今后如果要进行定型、批量生产，则需要将系统设计方案转化为企业技术标准文件。产品的技术文件主要有如下三类：

a. 涂层技术要求文件 通过"型式试验"和"样机实施"对所设计的涂层体系进行验证后，要将各类涂层（包括涂装涂层、金属涂层等）的技术参数、涂层体系的组成、不同部位的差别等，编制成涂层的技术标准文件。

b. 工艺技术要求文件　为了达到设计的涂层体系的技术标准，必须将主要材料、设备、工序过程（工艺方法）、组织模式等形成工艺技术要求文件，以便于生产部门根据这些技术文件进行细化（如编制零件明细表、工艺卡、操作规程等）。

c. 涂层质量检验规范文件　为了检验经过生产系统制造的涂层体系是否达到了涂层体系的技术标准，必须为质量检验（控制）部门编制质量检验规范文件。鉴于涂层质量检验中的"隐蔽性"，不仅对最终的涂层体系进行检验，还必须对涂装过程中的关键工序（质量控制点）进行检验。

⑩ 专家会议文件审查。

为了保证产品涂层技术要求文件、工艺技术要求文件、质量检验规范文件的正确性、规范化和实用性，一定要进行技术文件的审查。

⑪ 形成"企业技术标准"文件。

按照企业标准化管理、"ISO 9000 贯标""Q、E、S 三标一体化"的要求和流程，形成企业技术标准文件。

1.4.3　产品或工程设计中的腐蚀防护设计的内容

腐蚀防护技术有很多种，图 1-13 简要汇总了各种各样的腐蚀防护技术，在实际使用中，需要根据具体情况进行选择和应用。

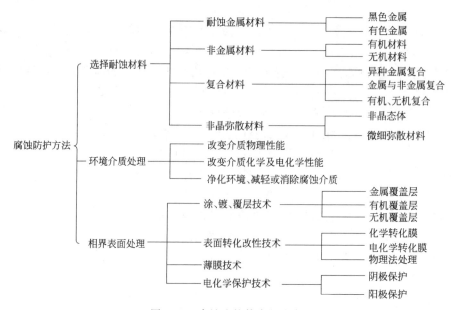

图 1-13　腐蚀防护技术的分类

腐蚀防护设计的内容和流程在实际应用中会有多种形式，参见表 1-7 和图 1-14。

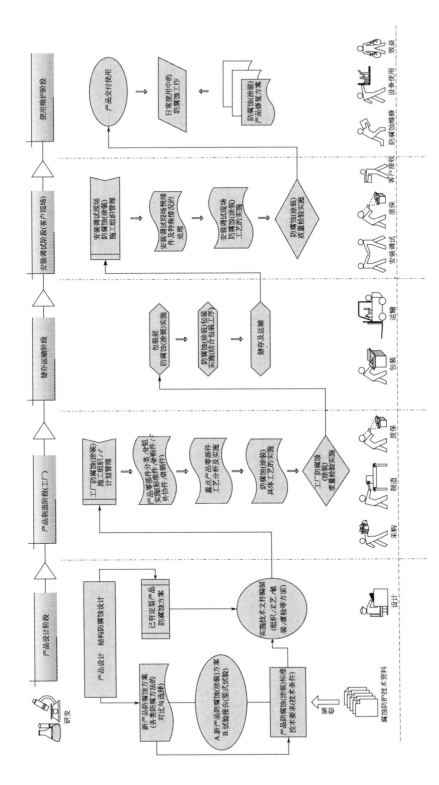

图 1-14 腐蚀防护系统工程在企业实施中的细化

表 1-7 产品或工程设计中的腐蚀控制（防护）设计的内容

序号	设计考虑的项目	腐蚀防护的设计内容	设计文件的体现
1	结构形式（含工业设计的造型）	钢结构件、运动部件、外购件设计选择中，考虑腐蚀防护的合理性等	设计图纸体现
2	各类材料的选择	考虑金属材料、非金属材料的耐腐蚀性、选择及搭配的禁忌等	设计图纸、设计文档体现
3	表面涂层的选用（含色彩设计）	根据腐蚀防护表面涂层的特点及使用环境，选择合适的涂层体系。对于不能使用的长期保护涂层的运动部件、局部表面，实施各种硬膜、软膜防锈油、防锈蜡等防锈措施	设计图纸、设计文档全部体现或部分体现
4	工艺性（各类制造工艺可实施性）	机加工、焊接、装配、腐蚀防护（表面工程）技术等工艺实施中的问题及解决方法。工序间防锈问题，工序交叉问题等	设计图纸、设计文档体现。（编写制造技术要求及质量检验规范文件）
5	储存运输安调简单方便性（含防锈封存）	工件存放形式及防锈封存方法，工序间、仓库、运输途中的防锈可能性及防锈封存方法	设计图纸、设计文档（制造技术要求文件）体现
6	使用维护方便性（含防锈封存）	产品运行中的防锈，产品维修时的防锈封存，产品关停期间的防锈封存	使用维护手册体现

参 考 文 献

[1] 高瑾，米琪编著. 防腐蚀涂料与涂装. 北京：中国石化出版社，2007.
[2] 黎完模，宋玉苏，邓淑珍编著. 涂装金属的腐蚀. 长沙：国防科技大学出版社，2003.
[3] 郭鹤桐，等. 电镀工艺学. 天津：天津科学技术出版社，1985：472.
[4] 齐祥安. 涂装涂层系统与系统工程. 现代涂料与涂装，2009.
[5] 李金桂主编. 腐蚀控制设计手册. 北京：化学工业出版社，2006.

第 2 章
机电产品使用中的腐蚀环境

产品设计工程师在设计新产品的开始,就应认真调查产品在生产、储运、使用各个阶段的环境状况,特别是可能的腐蚀环境状况,了解各种环境因素对产品的影响,有针对性地采取措施,使产品能抵抗环境因素的影响,达到设计要求的使用寿命。

2.1 环境对产品设计的重要性

2.1.1 环境的概念

环境定义为:在任一时刻和任一地点产生或遇到的自然和诱发条件的综合体。另外一个定义是:环境为描述某一给定地点情况的气候、土壤、生物和地理因素的复合体。

环境的描述是为某一特殊的考虑服务的,因此,人们可以认为环境具有 $(n+4)$ 个参数,此处,4 个参数是指三个空间坐标和一个时间,再加上 n 个因素,这些 n 个因素描述的对象包括气候、土壤、生物以及地理方面。然而,如果仅考虑某一特定类型的产品,则必定有许多环境因素显得不太重要,因此,用较为更有限数量的一组环境因素就能充分的描述其环境。

某一局部地区的环境因素的值与其它时间是不同的,在某一给定地区、某一给定时间的痕迹与其它时间也是不同的。不同的环境中,各痕迹因素的变化是很大的。如在某一地区固体沉降物是一个很重要的因素,而在另一个地区这一因素却不存在。同样在温带地区的户外环境中降雨是一个重要的因素,但在库房中则不是重要因素。(本书附录中,列出了主要环境因素,可以参考。)

除了获得准确的环境定义外,很好地理解与"环境"有关的名词术语的意义也非常重要,如"环境控制"意味着改变某一环境因素的影响,从而降低其对产品或人员施加应力。"环境设计准则"是使各环境因素能代表设备或产品经受到的某一确定的应力严酷度。"环境工程"是对有关环境因素进行控制和产品设计，从而使产品能在各种环境条件下正常地工作的工程的一个分支。"环境保护"是为人和产品提供的，而性能鉴定则是要在各种环境工作条件下进行。

2.1.2 腐蚀环境的概念

按我国国标 GB/T 10123《金属和合金的腐蚀 基本术语和定义》中所述，"腐蚀环境"定义为："含有一种或多种腐蚀介质的环境"，这里的腐蚀介质即为"与给定金属接触并引起腐蚀的物质"，而腐蚀的发生又这样描述：金属与环境间的物理-化学相互作用，其结果使性能发生变化，并可导致金属、环境或由它们作为组成部分的技术体系的功能受到损伤。

如前所述"环境"的内容，在绝大多数情况下，环境与产品的腐蚀是密切相关的；而有些情况环境与人体本身的关系更为重要，如污染物的毒性、操作方式的影响等；另外有些环境因素对产品和人体是有好的作用的。

在古代，人们将腐蚀环境归纳为四个方面，即水、土壤、空气和火。现代，人们对腐蚀环境因素有了扩展，把主要的腐蚀环境因素分为水、土壤、大气和干燥气体，其与古代人们的理解基本是一致的，而作为干燥气体的许多问题都与高温有关。

按照"腐蚀环境"的定义，并根据实际应用情况，人们一般常把腐蚀环境分类为自然环境、工业介质环境、使用工作环境。为了便于有关部门和行业选择腐蚀环境因素和进行腐蚀环境分类，并采用防护措施解决产品锈蚀问题，本章将腐蚀环境分类如下：大气环境、淡水和海水环境、土壤环境、微生物环境、工业介质和高温氧化环境（干燥气体）。

2.1.3 环境的重要性

环境对于产品的重要性主要可以从以下几方面来说明：
① 环境影响能导致产品外观变差及性能下降，大大增加维修费用；
② 环境影响会使许多产品使用寿命缩短，增加单位经费开支；
③ 环境因素引起产品的腐蚀或其它损伤可能引发事故甚至重大人员伤亡事故；
④ 环境的变化对产品设计师及使用状况提出更高要求，增加材料及加工生产成本；
⑤ 环境的苛刻要求需制定更严格的标准。

有关各种环境因素的重要性是随具体的情况而变化的。通常人们认为产品的寿命期应包括储存、运输和使用，实际上原材料存放、产品加工装配都与环境因素相关。所以机械工程师在设计新产品的开始就应认真的调查产品在生产、储运、使用各个阶段的环境状况，使产品能抵抗环境因素的影响，达到要求的使用期。表 2-1 为各环境因素的重要性与环境的关系。

表 2-1　各环境因素的重要性与环境的关系

环境区		环境因素																				
		地表	温度	湿度	压力	太阳辐射	淋雨	固体沉降物	雾	风	盐	臭氧	生物	微生物	大气污染物	沙尘	振动	冲击	加速度	噪声	电磁辐射	核辐射
储存		O	A	A	C	O	O	O	O	O	C	C	B	B	C	C	C	B	O	O	O	O
运输	公路	A	B	B	O	C	B	B	B	C	O	O	O	O	O	C	A	A	C	O	O	O
	铁路	A	B	B	O	C	C	B	C	C	O	O	O	O	O	C	A	A	C	O	O	O
	船	O	C	B	O	C	C	C	B	C	O	B	O	O	O	O	B	C	B	C	O	O
	飞机	O	B	O	O	C	C	C	A	B	O	O	O	O	O	O	B	B	B	B	O	O
实际使用	冷区	A	A	A	O	B	A	B	B	C	O	C	C	C	O	C	B	B	O	C	B	C
	热区	A	A	A	C	B	A	O	B	O	B	C	C	C	O	A	O	O	B	B	O	C
	干区	A	A	O	O	A	O	O	B	B	O	C	C	C	O	A	B	B	O	C	B	C
	适中	A	A	A	C	B	A	B	B	B	B	C	C	C	O	B	B	B	O	C	B	C
	户外使用	O	B	B	O	O	O	O	O	O	O	C	C	C	O	O	C	B	C	O	O	C
	使用存放	O	A	A	O	B	B	B	B	B	O	B	B	B	C	O	C	O	O	O	C	C

注：A 表示最重要；B 表示重要；C 表示不重要；O 表示不会遇到此环境。

2.2　大气环境下机电产品的腐蚀

人们研究得最多、应用得最多的当属大气腐蚀环境，在分类时按温度来分，可以分为高、中、低温；按相对湿度来分，可以分为干燥带、湿带、湿热带；按气体污染物含量又可以分为乡村大气、城市大气、工业大气和海洋大气等。

大气环境因素是表 2-2 中的一部分，而这些因素引起的材料和产品的破坏即为大气腐蚀，一般来说都是指在常温下金属受不同潮湿空气的作用（常与其它因素协同）而产生的锈蚀。根据大气中水汽的含量可以将大气腐蚀分为 3 个类型：

① 干的大气腐蚀　即氧化和低温下的腐蚀。
② 潮的大气腐蚀　包括中等湿度和高湿度下的腐蚀。
③ 湿的大气腐蚀　包括雨中和户外腐蚀。

有时为了方便，也把这三种类型笼统的分为"干燥大气腐蚀"和"潮湿大气腐蚀"。

按大气的温度和湿度的不同组合，又可分为"高温高湿""低温高湿"和

"高温低湿"等类型；按不同气候、不同地区还可分为"热带"、"亚热带"、"温带"和"寒冷带"等区域的腐蚀。

在干燥大气中，空气中的氧一般在常温特别在较高温度时，在金属表面上发生氧化作用而使金属失去光泽，形成氧化膜或是在工业大气和有机气氛中的二氧化硫、低分子酸类等有害气体与金属表面直接作用产生化合物而受破坏。而在潮湿大气中，则是水汽的凝结形成水膜产生了对腐蚀过程的主要影响，对于干、潮、湿三种大气腐蚀，产生腐蚀的主要危险是后两者，这两种大气腐蚀产生的必要条件是：①金属表面有湿膜或水汽膜，统称为液膜；②有腐蚀性物质；③金属表面有阴极区、阳极区，即能产生电位差。

大气腐蚀受气候的影响很大，随地理位置、季节不同而异，包括湿度、温度、温差、风、雨、雪等。大气中的污染物对大气腐蚀的影响在特定的地区也很严重，其中如二氧化硫、硫化氢和氨以及酸、碱蒸气等。

海洋地区具有海洋性气候，大气中含有大量的盐雾，同时，氯离子也是很强的腐蚀剂。

在实际应用中，我们通常按大气成分的差别把大气腐蚀分为普通潮气腐蚀（潮湿大气腐蚀）、工业大气腐蚀和海洋大气腐蚀。（在本书附录中，列出了有关大气腐蚀性分类标准，可以参考。）

2.2.1 潮湿大气

(1) 气候分类

我国的户外气候类型分为寒冷、寒温、暖温、干热、亚湿热、湿热等6种气候类型。

表2-2为日平均值划分的各种气候类型；表2-3为年极值划分的各种气候类型；表2-4为绝对极值划分的各种气候类型。

表2-2 日平均值划分的各种气候类型

气候类型	日平均温度或湿度的年极值平均值			
	低温/℃	高温/℃	RH≥95%时的最高温度/℃	最大绝对湿度/(g/m³)
寒冷	−40	25	15	17
寒温Ⅰ	−29	29	18	19
寒温Ⅱ	−26	22	6	10
暖温	−15	32	24	24
干热	−15	35	—	13
亚湿热①	−3	35	25	25
湿热	7	35	26	26

① 接近于IEC 721-2-1中的中等干热。

表 2-3 年极值划分的各种气候类型

气候类型	温度和湿度的年极值平均值			
	低温/℃	高温/℃	RH≥95%时的最高温度/℃	最大绝对湿度/(g/m³)
寒冷	−50	35	20	18
寒温Ⅰ	−33	37	23	21
寒温Ⅱ	−33	31	12	11
暖温	−20	38	26	26
干热	−22	40	15	17
亚湿热①	−10	40	27	27
湿热	5	40	28	28

① 接近于 IEC 721-2-1 中的中等干热。

表 2-4 绝对极值划分的各种气候类型

气候类型	温度和湿度的年极值平均值			
	低温/℃	高温/℃	RH≥95%时的最高温度/℃	最大绝对湿度/(g/m³)
寒冷	−55	40	23	22
寒温Ⅰ	−40	40	26	25
寒温Ⅱ	−43	34	15	15
暖温	−30	45	28	29
干热	−30	45	20	20
亚湿热①	−15	45	29	29
湿热	0	40	29	29

① 接近于 IEC 721-2-1 中的中等干热。

(2) 潮湿大气腐蚀及临界相对湿度

潮湿大气腐蚀是金属在大气中锈蚀的主要类型。在干的大气中，常温下几乎所有的金属都会产生一层看不见的氧化膜，而这层氧化膜往往对金属起着保护作用，所以在这种情况下金属几乎不会腐蚀。而随着大气中湿度的不断增大或经受风雨，金属的腐蚀速率就会加快，大量的试验数据表明，相对湿度（RH）变化对金属腐蚀有很大影响。

潮湿大气腐蚀并不是单纯水汽或雨水所造成的腐蚀，而同时存在着温度和大气中所含有害气体的综合影响。如在纯净的空气中。湿度对金属锈蚀的影响并不严重，也无速率突变的现象，而大气中含有 SO_2 时，则当 RH 超过 70%时，金属锈蚀就急剧增加。这种现象就是所谓的临界相对湿度。

大部分金属在相对湿度较低时，腐蚀速率非常缓慢，而到达临界相对速率时则腐蚀速率会突然加大，这一临界值由于金属的种类和金属表面状态以及环境气氛的不同而有所不同，大多数金属和合金存在着两个临界相对湿度。

一般来说，金属的临界相对湿度在70%左右，而在某些情况下如含有大量的工业气体时，临界湿度要低得多，这一概念对于评定产品的长期封存方法有着重要意义。

2.2.2 工业大气

(1) 大气的自然成分

地球表面上自然状态的空气称为大气。大气是组成复杂的混合物。影响空气组成的因素很多很多，有自然的，有人为的，有人们生活造成的，有动植物活动造成的，还有来自大量的工业、农业生产造成的。但总体来说，大气的主要成分几乎是不变的大气的基本组成见表2-5，大气的自然化学组成列于表2-6。

表 2-5 大气的基本组成（不包括杂质，10℃）

成分	质量组成	成分	质量组成
氮(N_2)	70%	氖(Ne)	12×10^{-6}
氧(O_2)	23%	氪(Kr)	3×10^{-6}
氩(Ar)	1.26%	氦(He)	0.7×10^{-6}
水汽(H_2O)	0.70%	氙(Xe)	0.4×10^{-6}
二氧化碳(CO_2)	0.04%	氢(H_2)	0.04×10^{-6}

表 2-6 大气的自然化学组成①

组分	大气中的总量/t	大气中的含量 体积分数/%	浓度/($\mu g/m^3$)
氮	4×10^{15}	78.084	—
氧	1.2×10^{15}	20.9576	—
水蒸气	1.4×10^{14}	3～4	—
氩	0.6×10^{14}	0.934	—
二氧化碳	2.3×10^{12}	3.14×10^{-2}	—
氖	3×10^9	1.818×10^{-3}	—
氦	8.9×10^{10}	523.0×10^{-2}	—
氪	0.65×10^{10}	1.14×10^{-4}	—
氢	3×10^9	50.0×10^{-6}	—
氙	2.2×10^9	8.7×10^{-6}	—
臭氧	3.2×10^9	夏季 7.0×10^{-6} 冬季 2.0×10^{-6}	—
氡	0.0035	50×10^{-6}	—
一氧化氮	4×10^6	2.0×10^{-6}	1～2
二氧化氮	4×10^6	—	1～6
一氧化二氮	2×10^6	—	5×10^2
二氧化硫	4×10^7	0.1×10^{-3}以下	10～50
一氧化碳	4×10^7	—	10～20
硫化氢	4×10^7	—	10～30
氨	2×10^7	—	5～15
甲烷	3.4×10^9	0.2×10^{-3}	8.5×10^2
甲醛	2×10^7	—	5～15
总计	5.3×10^{15}	—	—

① 浓度系按干燥空气计算。

由表 2-5 和表 2-6 可以看到，其中参与金属大气腐蚀过程的主要成分是氧和水汽，而水汽的含量是随着地域、季节、时间等条件而变化的。氧在大气腐蚀中主要是参与电化学腐蚀过程，空气中的氧溶于金属表面存在的电介液薄层中作为阴极去极化剂，而金属表面的电介液主要由大气中的水汽所形成，所以必须在具备了电化学腐蚀条件时氧才能与金属产生腐蚀。二氧化碳虽参与锌和铁等某些金属的腐蚀过程，形成腐蚀产物的碳酸盐，但它的作用是很次要的。

(2) 工业大气组成

在评述大气的时候，按大气可能含有的污染物的多少往往把大气区域分为工业大气、城市大气和乡村大气，实际上城市大多是人口和工业单位的密集区，我们可以把城市大气和工业大气都视为工业大气。工业大气是在自然大气中混入了很多杂质，这些杂质不但会腐蚀金属材料，也可能损害人体的健康。这里我们主要介绍工业大气的有关情况。

容易引起金属腐蚀的工业大气污染物绝大多数来源于人为因素，表 2-7 列出了有关污染源及其产生的污染物组分，表 2-8 和表 2-9 是大气杂质组分和含量，表 2-10 是主要类型化工厂的排放物。

表 2-7 工业大气有关污染源及其产生的污染物组分

污染物产生地	排放形式	主要成分
热电厂(生活用炉等)	煤、石油、天然气等排放的烟尘、废气	粉尘、SO_2、CO、氢氧化物、3,4-苯并芘等
有色、黑色冶炼厂等	各种燃料排放的废气、废物，处理用液的挥发物	粉尘、SO_2、CO、氢氧化物、碳氢化合物
化工、制药厂等	化工原料、中间物和产品的低分子挥发物，燃料废气	各种酸性气体，氯、氮、硫、磷化合物等，粉尘
交通运输	各种车辆排放的废气，轮胎摩擦物	CO、氢氧化物、碳氢化合物、橡胶粉尘

表 2-8 大气杂质组分（大气污染物质）

固体		灰尘、沙粒、$CaCO_3$、ZnO、金属粉或氧化物粉、NaCl
气体	硫化物	SO_2、SO_3、H_2S
	氮化物	NO、NO_2、NH_3、HNO_3
	碳化物	CO、CO_2
	其它	Cl_2、HCl、有机化合物

表 2-9 大气杂质的典型浓度

杂质	浓度/$(\mu m/m^3)$
二氧化硫(SO_2)	工业大气：冬季 350，夏季 100 农业大气：冬季 100，夏季 40
三氧化硫(SO_3)	与 SO_2 相关

续表

杂质		浓度/($\mu m/m^3$)
硫化氢(H_2S)		工业大气:1.5～90 城市大气:0.5～1.7 农村大气:0.15～0.45
氨(NH_3)		工业大气:4.8 农村大气:2.1
氯化物	空气样品	内陆工业大气:冬季9.2,夏季3.7 沿海农村大气:平均值5.4
氯化物	雨水样品	内陆工业大气:冬季7.9,夏季5.3 沿海农村大气:冬季57,夏季18
尘粒		工业大气:冬季250,夏季100 农村大气:冬季60,夏季15

表 2-10 主要化工生产排入大气的典型排放物

生产种类	排入大气的有害物质
硝酸	NO,NO_2,NH_3
硫酸	
硝化法	NO,NO_2,SO_2,SO_3,H_2SO_4,Fe_2O_3(粉尘)
接触法	SO_2,SO_3,H_2SO_4,Fe_2O_3(粉尘)
盐酸	HCl,Cl_2
草酸(乙二酸)	NO,NO_2,$C_2H_2O_4$(粉尘)
氨基磺酸	NH_3,$NH(SO_3NH_4)_2$,H_2SO_4
磷和磷酸	P_2O_5,H_3PO_4,HF,$Ca_5I(PO_4)_3$(粉尘)
乙酸	CH_3CHO,CH_3CO_2H
复合化肥	NO,NO_2,NH_3,HF,H_2SO_4,P_2O_5,HNO_3,肥料(粉尘) NH_3,CO,$(NH_2)_2CO$(粉尘)
尿素	CO,NH_3,HNO_3,NH_4NO_3(粉尘)
硝酸铵	H_2SO_4,HF,过磷酸钙粉尘
过磷酸钙	NH_3
氨水	NH_3
碳化氨水	HCl,H_2SO_4,$CaCl_2$(粉尘)
氯化钙	HCl,Cl_2,Hg
液氯	Cl_2,$CaCl_2$(粉尘)
漂白粉	Hg,$HgCl_2$,NH_3
聚氯乙烯树脂	Cl_2,$NaOH$
食盐电解制氢氧化钠、氯气	HCl,Cl_2
四氯代乙烯	CH_3CHO,$(CH_3)_2CO$
丙酮	NH_3,CO
氨	CH_3OHCO
甲醇	NO,NO_2,SO_2,H_2S,CO
己内酰胺	钛铁矿,TiO_2,FeO,Fe_2O_3
二氧化钛	C_2H_2
乙炔	SO_2,P_2O_5,H_2S,马拉硫磷粉尘
马拉硫磷(农药)	CO
一氧化碳和甲烷转化法制氢	NO,NO_2,催化剂粉尘
催化剂	H_2S,CS_2
人造纤维	Fe_2O_3,$FeSO_4$
无机颜料	

(3) 工业大气组分对金属腐蚀的影响

工业大气中各种有害气体杂质对金属的腐蚀程度与湿度有很大的关系，在大多数情况下含有各种杂质的工业大气对金属并没有多大影响，而只有在湿气存在甚至只有微量的湿气存在时金属腐蚀活性才很快上升。在工业大气中，SO_2、H_2S、CO_2、NH_3、Cl_2 和 HCl 等杂质较为普遍，且对金属的腐蚀性也较为突出，在这里分别予以介绍。

① 二氧化硫（SO_2） 在工业大气中，SO_2 对金属腐蚀的影响最大，一般认为，SO_2 在金属表面的催化作用下氧化生成 SO_3，因而在液膜下生成 H_2SO_4，进而对金属产生腐蚀，周而复始则腐蚀进程就会不断加剧。

从大气暴露试验可以知道，铜、铁、锌等金属的腐蚀速率与空气中所含 SO_2 量近似的成正比。铅、铝、不锈钢等在工业大气中的腐蚀速率较慢，而铁、锌、镉的腐蚀速率则较快，在 SO_2 含量高时，锌的腐蚀产物没有防护性，腐蚀速率几乎不变，剧烈时可达到 $5\sim10\mu m/a$，故镀锌层的工件不宜用在含 SO_2 浓度较高的工业区。

大气中 SO_2 的含量对铝比较特殊，在干的大气中影响很小，而在湿度高的大气中（如 $RH=98\%$），SO_2 的含量仅只有 0.01%，铝的腐蚀速率就会急剧上升，而当 SO_2 的含量达到 0.1% 时，腐蚀速率会成倍的增长，然而，当 SO_2 含量增至 1% 时，其腐蚀速率的增长趋势又变得缓慢，但仍比含量为 0.1% 时要大 $2\sim4$ 倍。可以看出，在含 SO_2 的工业大气中湿度较高时铝的抗蚀性并不强。表 2-11 为硫化氢、二氧化碳和二氧化硫对铝和铝合金的影响。

表 2-11 硫化氢、二氧化碳和二氧化硫对铝和铝合金的影响

合金	腐蚀速率/($\mu m/a$)	
	水溶液	水蒸气大气
硫化氢-96h		
铝(99%)	7.6	12
LF_{21}	7.6	16
二氧化碳气体-96h		
铝(99%)	23	16
LF_{21}	7.6	23
二氧化硫气体-32h		
铝(99%)	845.0	855
LF_{21}	977.0	1290

② 硫化氢（H_2S） 在干燥条件下，H_2S 对金属的腐蚀程度不大，通常只引起金属的表面变色（干的大气腐蚀），即生成硫化物膜，其中铜、黄铜、银、铁的变色最为明显，而镁、铝、铁、锌、铅、银、镍、铜、黄铜、不锈钢和硬铝的

腐蚀增重，经 150 天后也不超过 $0.001g/cm^2$。

水分对 H_2S 的腐蚀随金属的种类而异，如锌、锡、银等金属由于硫化物膜的防护性能较好，虽然变色较快，但失重不多，对铜、镍、黄铜，特别是铁和镁则影响较大。

H_2S 溶入水膜后，腐蚀作用主要通过使水膜酸化，导电度上升，阳极去极化容易和使 H_2 去极化成分上升等方式来实现的。对于稀的 H_2S 液膜来说，由于阻碍了 O_2 的扩散，腐蚀程度反而会下降，而浓的 H_2S 液膜特别是饱和的 H_2S 液膜的腐蚀性最大。当空气中湿度上升时，腐蚀性也随之增加，在空气中水分过饱和时则腐蚀最厉害，甚至在空气中含 H_2S 1%～2%时腐蚀性就会十分强烈。

H_2S 对不锈钢的腐蚀性不大，但在 H_2S 的作用下有产生点蚀和裂纹的危险性，如在饱和 H_2S 和 0.5%NaCl 溶液中经 500h 左右一般即出现点蚀，因此在设计和使用时必须予以考虑。

③ 二氧化碳（CO_2） 关于 CO_2 对金属腐蚀的影响，尚有不同的看法，有些认为 CO_2 溶解后生成 H_2CO_3，促进了金属的腐蚀，而有的曾证明，有 CO_2 存在时铁和铜的腐蚀略有下降，认为这是由于其锈蚀产物呈胶状结构而阻止了金属进一步腐蚀的结果。

④ 氨气（NH_3） 由于氨极易溶于水，所以当空气中含有 NH_3 时会使潮湿处的 pH 值迅速变化，液膜中含 NH_3 在 0.5%时，pH 值即上升到 8，而 NH_3 浓度达到 13%～25%时，pH 值可增至 9～10，在这种碱性溶液中铁能得到缓蚀，而有色金属的腐蚀加快，其中对铜的影响特别大，NH_3 能剧烈地腐蚀铜、锌、镉等金属，生成络合物。NH_3 也是促进黄铜季裂（应力腐蚀破裂）的主要条件之一，所以黄铜在大气中工作时必须防止 NH_3 的侵蚀，以避免产生裂纹。

⑤ Cl_2 和 HCl 这两种剧烈腐蚀性气体溶解在水膜中，都会形成强腐蚀性的盐酸。

2.2.3 海洋大气

(1) 海洋大气环境状况

人们可能在海洋的水面上、水面下或海上或海岸附近生活、作业，而这些不同的海洋地区其环境气氛是不一样的，因此对人们生活、作业所使用的生活用品、工具、设施、交通用具也会产生影响，除了如暴雨、台风等破坏性影响外，主要的就是对金属材料产生锈蚀的影响。通常将海洋腐蚀环境分为 5 个区带，即：海洋大气区、海洋飞溅区、海水潮差区、海水全浸区和海底泥土区，这些区域的环境状况特点和材料腐蚀行为见表 2-12。对于金属产品的防锈封存来说，最为关心的应该是海洋大气的环境状况。

海水中的含盐（以 NaCl 为主）量为 3%左右，是天然的电解质，其海面上的大气即海洋大气中,也存在着对金属容易产生腐蚀的盐雾气氛。海水的组成见表 2-13。海平面附近清洁的干燥空气的成分列于表 2-14,离海岸距离不同时空气中氯离子和钠离子浓度见表 2-15,海南榆林地区盐粒度、东南沿海盐雾含量年平均值和盐雾沉降量年平均值分别列于表 2-16、表 2-17 和表 2-18。

表 2-12 海洋环境条件和腐蚀行为

海洋腐蚀环境区分	环境特点	材料的腐蚀行为
海洋大气区	由风带来的微小海盐颗粒。影响腐蚀性的因素是距离海面的高度、风速、风向、温度、太阳辐射、尘埃、季节和污染等	阴面可能比阳面损坏得更快,雨水能把顶面的盐冲掉。珊瑚粉尘和盐一起也可能对钢铁设备有特殊的腐蚀性,离开海岸腐蚀迅速减弱
海洋飞溅区	潮湿、供氧充分的表面,无海生物污染	许多像钢铁这样的金属在这个区的浸蚀最严重。在该区服役的钢铁材料需要良好的防护,保护涂层通常易损坏
海水潮差区	随潮水涨落而干湿交替,通常有充足的氧气	在整体钢桩的情况下,位于潮差区的钢可充当阴极(充分充气),并可对处于潮差区以下钢的腐蚀提供一定程度的保护,在潮差区,单独的钢样板有较严重的腐蚀性
海水全浸区	在岸边的浅海海水通常为氧所饱和。污染沉积物、海生物污损、海水流速等都可能起重要作用 深海区的氧含量往往比表层低得多	在浅海腐蚀可能比海洋大气更迅速。可采用保护涂层和阴极保护来控制腐蚀。在多数浅海中,有一层硬壳及其它生物污损防止氧进入表面从而减轻腐蚀。保护涂层在本区最严重,在深海区钢的腐蚀较轻
海底泥土区	往往存在硫酸盐还原菌等细菌。海底沉积物的来源、特征和性状不同	海底沉积物通常是腐蚀性的。有可能形成沉积物间隙电池。部分埋设的钢样板有加速腐蚀趋势,硫化物和细菌可能是影响因素

表 2-13 海水的组成

离子类型	浓度(35‰的水中)/(g/kg)	离子类型	浓度(35‰的水中)/(g/kg)
Cl^-	19.350	HCO_3^-	0.142
Na^+	10.762	Br^-	0.0673
SO_4^{2-}	2.709	Se^{2-}	0.0079
Mg^{2+}	1.293	Br^-	0.00445
Ca^{2+}	0.411	F^-	0.00128
K^+	0.399		

表 2-14 海平面附近清洁的干燥空气的成分

组成的气体和分子式	体积分数/%	相对分子质量
氮(N_2)	78.084	28.0134
氧(O_2)	20.9476	31.9988
氩(Ar)	0.934	39.948

续表

组成的气体和分子式	体积分数/%	相对分子质量
二氧化碳(CO_2)	0.0314	4.00995
氖(Ne)	0.001818	20.183
氦(He)	0.000524	4.0026
氪(Ke)	0.000114	888.80
氙(Xe)	0.0000087	131.30
氢(H_2)	0.00005	2.01594
甲烷(CH_4)	0.0002	16.04303
一氧化二氮(N_2O)	0.00005	44.0128
臭氧(O_3)	夏天：0~0.000007 冬天：0~0.000002	47.9982 47.9982
二氧化硫(SO_2)	0~0.0001	64.0628
二氧化氮(NO_2)	0~0.000002	46.0055
氨(NH_3)	0~微量	17.03061
一氧化碳(CO)	0~微量	28.01055
碘(I_2)	0~0.000001	253.8088

表 2-15 离海岸距离不同时空气中的氯离子和钠离子的含量

离海岸距离/km	离子含量/(mg/L)		离海岸距离/km	离子含量/(mg/L)	
	Cl^-	Na^+		Cl^-	Na^+
0.4	16	8	48.0	4	3
2.3	9	4	86.0	3	—
5.6	7	2			

表 2-16 海南榆林地区盐雾粒度

采集地点	离海岸距离/m	百分数/%	
		盐雾直径1~5μm	盐雾直径>5μm
海边	5	92.1	7.9
海边	50	98.3	1.7
海边	250	99.5	2.4

表 2-17 东南沿海各地盐雾含量年平均值（以 NaCl 计）

地点	含量年平均值/(mg/m³)	地点	含量年平均值/(mg/m³)
广州	0.01729	舟山	0.4802
汕头	0.4161	陵水	0.1480
湛江	0.3774	海口	0.2794

表 2-18　东南沿海各地盐雾沉降量年平均值（以 NaCl 计）

地点	沉降量年平均值/[mg/(m³·d)]	地点	沉降量年平均值/[mg/(m³·d)]
舟山	21.59	广东汕头	38.01
上海金山嘴	19.25	广东宝安	10.47
江苏松山	8.293	广州	12.52
江苏青浦	11.0	海南莺歌海	40.35
广东湛江	28.13	海南陵水	12.15
海口	33.07		

(2) 海洋大气对金属腐蚀的影响因素

随着时代的发展和科学技术的进步，工业和能源的资源已经向海洋扩展。我国是一个海洋大国，而且我国的海洋几乎跨越了所有的海域带，因此，在这么广阔而又复杂的海域工作，可想而知，金属的腐蚀和防护会是多么的重要。

海洋大气对金属腐蚀的影响除了盐雾以外，还受到很多其它因素的影响，如大气的潮湿程度、温度、风速和尘埃等，综合起来主要有以下几个方面：

① 盐雾　在有水汽或液膜存在时，其主要成分 NaCl 是一种很好的电解质，在金属表面形成很好的电化学反应，从而使金属产生锈蚀。但金属物件离海面的高度、离海岸的距离以及暴露时间的长短不同，其锈蚀状况也不一样。一般离海面越高、离海岸越远、暴露时间越短，金属的锈蚀程度会相对较轻。

② 温度　大多数情况下，温度越高，金属的腐蚀也越严重。

③ 大气湿度　海洋大气的湿度升高，导致金属腐蚀加重。通常温度在冰点以上，相对湿度超过 70% 时，金属腐蚀会快速发展。

④ 降水量　这是一种特殊情况，大量的雨水会冲刷掉金属表面沉积的污染物和盐类，因此使金属腐蚀减轻。

⑤ SO_2 等有害气体　工业气体与海洋大气的联合作用会使金属腐蚀严重加快。

⑥ 微生物的沉积物　海洋大气中，金属表面常含有真菌和霉菌的沉积物，也会加速金属腐蚀。

⑦ 尘埃　大气中的尘埃包括固体颗粒、液体和气体微小粒状物，这些物质会使污物更好凝聚，也会使污染物与金属表面的附着更加牢固。进而使金属腐蚀更加快。

(3) 海洋大气对金属的腐蚀

国内外很多科研工作者已经做了大量的海洋大气中的金属暴露试验，取得的数据为耐蚀金属和镀涂层的研究以及产品设计提供了可靠的依据。表 2-19 给出了几种金属在海洋气候条件下 8 年的腐蚀试验结果，表 2-20 是部分金属在海洋大气、工业大气和乡村大气中腐蚀速率的比较。

表 2-19　几种金属在海洋气候条件下的腐蚀行为（试验时间为 8 年）

单位：mm

金属	铁	低碳钢	铜钢	低合金钢
平均厚度减少	0.562	0.518	0.447	0.228～0.267
20 个最深坑的平均值	0.737	0.865	0.815	0.305～0.458
最深的坑	1.55①	1.70②	1.68	0.432

① 已穿透。
② 接近穿透。

表 2-20　几种金属材料在海洋大气、乡村大气和工业大气中腐蚀速率比较

金属	厚度/mm	腐蚀速率/(mm/a)		
		乡村大气	海洋大气	工业大气
Al	0.32	0.001	0.11	0.08
Cu	0.32	0.023	0.023	0.045
Pb	0.85	0.019	0.020	0.022
Fe	0.018	0.150	0.20	0.50

2.3　淡水及海水环境下机械产品的腐蚀

很多重要的构件暴露到水中，如热和冷的自来水管道（管子、管接头、泵和阀门等）、水冷却系统（管子、热交换器、泵等）、中央加热系统（管子、散热器、阀和泵等）、蒸汽动力装置（锅炉、蒸汽发生器、过热装置、蒸汽涡轮、冷凝器、管子、阀和泵等）、舰船（船体、螺旋桨等）、港湾设施（许多同钢桩、锁合装置和闸门等），关系到腐蚀的两种水是淡水和海水，此外，在纯水中的腐蚀是比较特殊的。

2.3.1　淡水

淡水的腐蚀性依赖于这些因素，如氧浓度、pH 值、水的硬度以及 HCO_3^-、Cl^- 和 SO_4^{2-} 的浓度。淡水一般指河水、湖水、地下水等含盐量少的天然水，表 2-21 为世界河水溶解物的平均组成。淡水中的腐蚀，受金属内因影响是次要的，而受环境因素的影响较大，因此，下面介绍影响腐蚀的主要环境因素。

① 氧含量的影响　淡水的腐蚀受阴极过程所控制，所以，除了酸性强的水以外，腐蚀速率与溶氧量及氧的消耗成正比。而当氧超过一定值时，由于淡水中高浓度的溶氧，金属形成钝态，使腐蚀速率急剧下降，酸性水和含盐分多的水则难以钝化。

表 2-21 世界河水溶解物的平均组成

成分		CO_3^{2-}	SO_4^{2-}	Cl^-	NO_3^-	Ca^{2+}	Mg^{2+}	Na^+	K^+	$(Fe,Al)_2O_3$	SiO_2	总计
平均值	%	35.13	12.14	5.68	0.90	20.39	3.14	5.76	2.12	2.75	11.57	100.00
	$\times 10^{-6}$	28.3	11.2	7.8	1.0	15.9	4.1	6.3	2.3	0.96	13.1	90.0

② pH 值的影响　水在 pH 值较低（如 pH=4）即使在没有氧存在的情况下，对钢 H^+ 也可能作为氧化剂而使钢本身腐蚀。在 pH=7~8 时，则有可能在钢件表面形成 $CaCO_3$ 而免于腐蚀。当碱浓度很高时，如锅炉的高纯水场合，pH>13，钝化膜重新破坏，铁生成可溶性的 $NaFeO_2$，因而腐蚀速率加快。

③ 酸性物的影响　酸性物水主要来自酸雨，随着水中缓冲物（主要是 HCO_3^-）的耗尽和 pH 值的降低，使金属的腐蚀性增加。

④ 碱性物的影响　在水中存在某些碱性物质［如 $NaOH$、$Ca(OH)_2$］，使水的 pH 值保持在 7~9，可以降低水对金属的腐蚀性。

⑤ 流速的影响　一定的流速下，水存在合适的缓蚀剂有利于保护金属。流速影响金属腐蚀，在稳定的水中可能产生点蚀，水速太高，可能产生磨蚀。

⑥ 温度的影响　通常温度升高，金属的腐蚀性会增加，对铁而言（如 3% NaCl 溶液），水温每增加 10℃，腐蚀速率增加 30%~100%。大多数情况下，水温达到 80℃时，腐蚀速率最快，进一步提高温度，由于氧的减少，腐蚀速率会降低，甚至停止。

2.3.2　海水

大洋中清洁的海水成分及海水的腐蚀性几乎没有什么变化。海水的 pH 值通常为 8.1~8.3，盐的浓度大约为 3%（质量分数），主要的盐是 NaCl。而随着海洋深度的变化，盐的浓度也有变化。如果水中植物非常茂盛，CO_2 减少，溶氧浓度上升到 10%~20% 时 pH 值接近 9.7，当有厌氧细菌繁殖的情况下，CO_2 减少，而且含有 H_2S，pH 值常低于 7。因为河水倒流或倾入有毒的污物，港湾和靠近陆地的海水成分也会有些差别。海水中可能产生海生物附着物，阳光存在下会产生海藻，这些统称为海洋污物，能产生沉积腐蚀，还可能产生摩擦腐蚀。

海水是一种复杂的多种盐类的平衡溶液，因而不能如简单的盐溶液一样容易搞清楚影响腐蚀的每个因素的作用。由于海水中还含有生物、悬浮物、溶解的气体和腐败的有机物，金属的腐蚀行为与这些因素的综合作用有关。

海水环境中的各个因素及其对腐蚀的影响简述如下：

① 盐度　对钢来说，海水中 3.5% 的 NaCl 溶液浓度刚好接近于最大腐蚀速率范围的浓度。溶盐超过一定值后，由于氧的溶解度降低，使金属腐蚀速率也

下降。

② pH 值　海水中 pH 值一般处于中性，对腐蚀影响不大。在深海处 pH 值略有降低，此时不利于在金属表面生成保护性碳酸盐层。

③ 碳酸盐饱和度　在海水的 pH 值条件下，碳酸盐一般达到饱和，易于沉积在金属表面而形成保护层，当施加阴极保护时更易使碳酸盐沉积析出。河口处的稀释海水尽管电解质本身的腐蚀性不强，但是碳酸盐在其中并非饱和，不易在金属表面析出形成保护层致使腐蚀增加。

④ 含氧量　海水中含氧量增加，可使金属腐蚀速率加快。这是由于局部阳极腐蚀速率取决于阴极反应，去极化随着到达阴极氧量的增加而加快。海水中含氧量随流速和深度也有很大的变化。

⑤ 温度　与淡水作用类似，提高温度通常能加速反应。但随温度升高，氧的溶解度随之下降，又削弱了温度效应。一般来说，铁铜和它们的合金在炎热的环境或季节里海水腐蚀速率要快些。

⑥ 流速　碳钢的腐蚀速率随流率的加快而增加，但对海水中能钝化的金属则相反，有一定的流速能促进钛、镍合金和高铬不锈钢的钝化和耐蚀性。当海水流速很高时，金属腐蚀急剧增加，与淡水一样，由于介质的摩擦冲击等机械力作用，出现了磨蚀、空蚀和冲蚀。

⑦ 生物　生物因素对腐蚀影响很复杂。有时表现出减少金属腐蚀的有利影响，但大多数情况下还是增加了金属腐蚀，尤其是局部腐蚀。

2.4　土壤环境下机械产品的腐蚀

金属在土壤中的腐蚀属于最重要的实际腐蚀问题之列。随着工业现代化的发展，在地下铺设了越来越多的地下油管、水管和燃气管道，由于交通、工业、商业用地的大量需求，也大量的发展地下设施和大量的铺设电缆、通信设施。这些有如"地下动脉"的管道和众多的地下设施埋在地下，它们与土壤紧密接触，一旦因为材料发生腐蚀，轻则需承受昂贵的维修费，重则将会引起重大的事故甚至人员伤亡，损失严重，所以人们对关于金属在土壤中的腐蚀环境及其防护给予了更多的重视。

2.4.1　土壤腐蚀的特征

(1) 土壤电解质的特点

土壤的组成、性质和结构复杂多变，在不同的时间、季节和不同的地点，土壤作为一个重要的环境因素都有很大的差别，其对金属的腐蚀原理和腐蚀形式也是不一样的。

① 土壤的多相性　土壤由土粒、水和空气组成，具有复杂的多相结构，土壤中又包含着多种有机和无机物。且由许多不同粒径的粒子以不同比例混合而成，如砂砾土的颗粒大小为 0.07～0.2mm，粉砂土为 0.005～0.07mm，而黏土的颗粒尺寸则小于 0.005mm。

② 土壤具有毛细管多孔性　其常形成胶体体系。在土壤的颗粒间形成大量的毛细管微孔或空隙，空隙中充满空气和水。水在土壤中能以多种形式存在，可直接渗进空隙或在孔壁上形成水膜，也可以形成水化物或者以胶体状态存在。土壤的空隙度和含水量，又影响着土壤透气性和电导率的大小。

③ 土壤的不均匀性　对于土壤各种微粒子组成的土粒、气孔、水分的存在以及结构的紧密程度的差异，和不同性质的土壤交替更换，都使土壤的各种物理-化学性质，尤其是与腐蚀有关的电化学性质，也随之发生明显的变化。

④ 土壤的相对固定性　土壤的固体部分对于埋在土壤中的金属表面可以认为是固定不动的，仅土壤中的气相和液相可做有限的运动，如土壤孔穴中的对流或定向流动，以及地下水的移动等。

(2) 土壤腐蚀的电极过程

① 阳极过程　对金属在土壤中腐蚀时的阳极行为研究，将有助于电化学保护时阳极材料的选择。

② 阴极过程　钢铁等常用金属在土壤腐蚀时的阴极过程主要是氧的去极化。在强酸性土壤中，氢去极化过程也能参与进行。在某些情况下，还有微生物参与的阴极还原过程。

根据对土壤腐蚀的阳极、阴极过程的分析，可以预测在不同土壤条件下腐蚀电池的控制特征。大多数土壤中微电池腐蚀（阴极控制）；疏松干燥土壤在微电池腐蚀（阳极控制）；长距离宏电池腐蚀（阴极-电阻控制）。

(3) 土壤中的腐蚀电池

土壤腐蚀和其它介质中的电化学腐蚀过程一样，都是因金属和介质的电化学不均一性所形成的腐蚀原电池作用所致，这是腐蚀发生的基本原因。但因土壤介质具有多相性和不均匀性等特点，所以除了有可能生成和金属组织不均匀性有关的腐蚀微电池外，土壤介质宏观不均一性所引起的腐蚀宏电池，在土壤腐蚀中往往起着更大的作用。

在土壤中起作用的腐蚀宏电池有下列类型：
① 长距离腐蚀宏电池。
② 因土壤的局部不均匀性所引起的腐蚀宏电池。
③ 埋设深度不同及边缘效应所引起的腐蚀宏电池。
④ 金属所处状态的差异所引起的腐蚀宏电池。

2.4.2 影响土壤腐蚀的因素

(1) 土壤性质的影响

与腐蚀有关的土壤性质主要是空隙度（透气性）、含水量、电阻率、酸度和含盐量，这些性质的影响又是相互联系的。

① 空隙度（透气性） 较大的空隙度有利于氧渗透和水分保存，而它们都是腐蚀初始发生的促进因素。在各种因素的影响下，情况比较复杂，造成情况复杂的因素在于有氧浓差电池、微生物腐蚀等因素的影响。在浓差电池主导下，透气性差的区域也将成为阳极而严重腐蚀。

② 含水量 土壤中含水量对腐蚀的影响很大，在实际情况下，如对钢管，埋的较浅的含水量少的部位的管道为阴极，埋的较深接近地下水位的管道，因为土壤湿度大，成为氧浓差电池的阳极而被腐蚀。

③ 电阻率 土壤电阻率与土壤的空隙度、含水量及含盐等许多因素有关，一般认为，土壤电阻率越小，土壤腐蚀也越严重，因此，可以把土壤的电阻率作为估计土壤侵蚀性的重要参数，但这种估计并不符合所有情况，因为电阻率并不是影响土壤腐蚀的唯一因素。表 2-22 是根据土壤的电阻率评价土壤的侵蚀性。

表 2-22 土壤电阻率与腐蚀性的关系

土壤电阻率/$\Omega \cdot cm$	0~500	500~2000	2000~10000	>10000
土壤腐蚀性	很高	高	中等	低
钢的平均腐蚀速率/(mm/a)	>1	0.2~1	0.05~2	<0.05

④ 酸度 土壤酸度的来源很复杂，有的来自土壤中的酸性矿物质，有的来自生物和微生物的生命活动所形成的有机酸和无机酸，也有工业污水等人类活动正常的土壤污染。大部分土壤为中性，pH=6~8 或 8~10 为碱性土壤（如盐碱地），pH=3~6 为酸性土壤（如沼泽地、腐殖土）。随着土壤的酸度增高，土壤腐蚀性也增加。而当在土壤中含有大量的有机酸的时候，其 pH 值虽然近于中性，但其腐蚀性仍然很强。

⑤ 含盐量 通常土壤中含盐量为 $80 \times 10^{-6} \sim 1500 \times 10^{-6}$，在土壤电解质中的阳离子一般是钾离子、钠离子、镁离子、钙离子等，阴离子是碳酸根离子、硫酸根离子和氯离子。土壤中含盐量大，土壤的电导率也增加，因而土壤的腐蚀性也会增加。

(2) 杂散电流和微生物对土壤腐蚀的影响

在很多情况下杂散电流导致地下金属设施严重腐蚀破坏。当杂散电流流过埋在土壤中的管道、电缆时，在电流离开管线进入大地处的阳极端就会受到腐蚀。杂散电流腐蚀的破坏特征是阳极区的局部腐蚀，在管线的阳极区外绝缘涂层的破损处，腐蚀尤为集中。

(3) 微生物对土壤腐蚀的影响

在缺氧的土壤条件下，如密实、潮湿的黏土深处，金属腐蚀过程似较难进行，但是这样的条件下却有利于某些微生物的生长，常常发现硫酸盐还原细菌的活动而引起强烈的腐蚀。据估计，地下埋设的金属构件腐蚀有一半可归咎于微生物腐蚀。

2.5 微生物腐蚀

微生物腐蚀是指在微生物生命活动参与下所发生的腐蚀过程。凡是同水、土壤或湿润空气相接触的金属设施，都可能遭到微生物腐蚀，地下管线、油田汽水系统、深水泵、循环冷却系统、水坝码头、海上采油平台、飞机燃油箱等一系列装置都曾发现过受到微生物腐蚀的危害。

(1) 微生物腐蚀的特征

① 微生物的生长繁殖需具有适宜的环境条件，如一定的温度、湿度、酸度、环境含氧量及营养源等。微生物腐蚀显然与上述条件紧密相关。

② 微生物腐蚀并非是微生物直接食取金属，而是微生物生命活动的结果直接或间接参与了腐蚀过程。

③ 微生物腐蚀往往是多种微生物共生、交互作用的结果。

微生物主要由以下4种方式参与腐蚀过程：

a. 微生物新陈代谢的腐蚀作用，腐蚀性代谢产物包括有机酸、无机酸、硫化物、氨等，它们能增加环境的腐蚀性。

b. 促进了腐蚀的电极反应动力学过程，如硫酸盐还原菌的存在能促进金属腐蚀的去极化过程。

c. 改变了金属周围环境的氧浓度、含盐量、酸度等而形成了氧浓差等局部腐蚀电池。

d. 破坏保护性覆盖层或缓蚀剂的稳定性。例如，地下管道有机纤维覆盖层被分解破坏，亚硝酸盐缓蚀剂因细菌作用而氧化等。

(2) 与腐蚀有关的主要微生物

与腐蚀有关的微生物主要是细菌类，因而往往也称为细菌腐蚀，其中最主要的是直接参与自然界硫、铁循环的微生物，即硫氧化细菌、硫酸盐还原菌、铁细菌等，此外某些霉菌也能引起腐蚀。上述细菌按其生长发育中对氧的要求分属嗜氧性和厌氧性两类。前者需有氧存在时才能生长繁殖，称为嗜氧性细菌，如硫氧化菌、铁细菌等。后者主要在缺氧条件下才能生存和繁殖，称为厌氧性细菌，如硫酸盐还原菌。它们的主要特性列于表 2-23。

表 2-23 与腐蚀有关的主要微生物的特性

类型	对氧的需要	被还原或氧化的土壤成分	主要最终产物	生存环境	活动的 pH 值范围	温度范围/℃
1. 硫酸盐还原菌（Desulfovibrio desulfuricans 脱硫弧菌）	厌氧	硫酸盐、硫代硫酸盐、亚硫酸盐、连二亚硫酸盐、硫	硫化氢	水、污泥、污井、油井、土壤、沉积物、混凝土	最佳 6～7.5 限度 5～9	最佳 25～30 最高 55～65
2. 硫氧化菌（Thiobacilusthioxidans 氧化硫杆菌）	嗜氧	硫、硫化物、硫代硫酸盐	硫酸	适肥土壤含有及磷酸盐矿石，氧化不完全的硫化物土壤污水、海水	最佳 2.0～4.0 限度 0.5～6.0	最佳 28～30 限度 18～37
3. 铁细菌（Crenothrixand leptothrix 铁细菌属）	嗜氧	碳酸亚铁、碳酸氢亚铁、碳酸氢锰	氢氧化铁	含铁盐和有机物的静水和流水		最佳 24 限度 6～40

2.6 工业介质对机电产品的腐蚀

本节所述工业介质包括两个内容：一部分为酸、碱盐介质中的腐蚀；另一部分为工业水介质中的腐蚀。

2.6.1 酸、碱、盐介质及其相关的腐蚀特性

在石油、化工、化纤、湿法冶金以及其它许多工业部门的生产过程中都离不开酸、碱、盐，由于它们对金属材料的腐蚀性极强，如果在设计、选材操作中稍不合理，都会导致金属设备的严重腐蚀。在机械制造行业中，大量的工艺用液如切削液、金属清洗剂和防锈包装材料都与酸、碱、盐对金属件和机械设备的腐蚀、防锈问题密切相关，其对保证产品加工质量、安全正常生产和延长设备使用寿命也是非常重要的。因此，了解酸、碱、盐介质中的金属腐蚀特性和规律，应该引起机械工程师的严重关注。这里就主要的酸（无机酸和有机酸）、碱、盐类做一些简单介绍。

(1) 无机酸

大多数严重的腐蚀都涉及无机酸及其衍生物，无机酸中以硫酸、硝酸和盐酸三种用量最广，由它们引起的破坏和损失也最重要。

① 硫酸　纯净的硫酸是无色、无臭、黏滞状的液体，市售浓硫酸通常浓度

为 98%，密度为 1.84g/mL。高浓度的硫酸是一种强氧化剂，它能使不少具有钝化能力的金属进入钝态，因而这些金属在浓硫酸中的腐蚀率很低。低浓度的硫酸则没有氧化能力，仅有强酸性作用，其腐蚀性很大。硫酸的腐蚀性取决于许多因素，最主要的是温度与浓度，然而其它的一些因素如氧化还原剂的存在、流速、悬浮固体物等，也能影响硫酸对各种材料的耐蚀性。

铅和铅合金以及碳钢是被广泛采用的耐硫酸材料，它们的耐蚀性范围，刚好可以相互补充其不足，分别使用这两种材料就可以适应硫酸广泛的浓度和温度范围。高硅铸铁是另一种常用耐硫酸材料，Durimet20 铸态合金（其成分为 <0.07%C、29%Cr、20%Ni、3.25%Cu、2.25%Mo），它可用于硫酸的全部浓度范围。不锈钢在硫酸中的耐蚀性取决于不锈钢本身的阳极溶解行为及共存的氧化剂的阴极还原行为的相对关系。在中等浓度的稀硫酸中，对不锈钢而言，只有含 Mo 的奥氏体不锈钢才是可用的，其中性能较好的有 0Cr23Ni28Mo3Cu3Ti。

② 盐酸　盐酸是对材料腐蚀性最强的强酸之一，其为一种无色透明液体，暴露在空气中会冒烟，有着强烈的刺激性气味，常用浓度为 5%~15%，工业盐酸的浓度为 36%~38%，密度约为 1.18g/mL。多数常用金属和合金对其都难以适用。盐酸中如果同时存在空气或其它氧化剂，腐蚀环境条件就变得更为恶劣。含有一定量的三氯化铁（或氯化铜）的热浓盐酸已成为工业金属和许多非金属材料不易解决的难题。

金属和合金在盐酸中的腐蚀性及其应用一般可以分为三类：a. 可以适用于大多数盐酸介质条件的材料，如哈氏合金 B 和 C、Chlorimet2 镍钼合金、钽、锆、钼等；b. 可在特殊条件下使用，用时要慎重，如铜、青铜、Monel 合金、镍、Inconel 合金、高硅铁、316 不锈钢这些材料仅能在一定条件下使用，不能用于热盐酸；c. 一般不适用于盐酸介质，只在酸浓度极低的情况下使用，如碳钢、铸铁、铝和铝合金、铅和铅合金、黄铜以及只含铬的不锈钢等材料，它们很少用于盐酸介质中。

③ 硝酸　硝酸是一种氧化性的强酸，在全部浓度范围内均显示氧化性。通常商品浓硝酸的质量分数为 65%~68%，密度为 1.40g/mL，为无色透明液体，在空气在冒烟，有刺激性气味。

耐硝酸的材料仅限于钝态金属，而一些热力学性质比较稳定的金属（铜、镍、银等）几乎都不耐硝酸腐蚀，但由于硝酸的氧化能力随浓度下降而变小，所以对于钝化能力弱的金属来说，随着硝酸浓度的变化，其腐蚀特性也就发生相应的复杂的变化。

不锈钢在硝酸中有较好的耐蚀性，成为硝酸中常用的金属材料，18-8 不锈钢是在硝酸中应用最广的钢种。高硅铸铁有突出的耐蚀性，但只能用于铸件，而且力学性能相当差。铝和某些铝合金对于中等温度的发烟硝酸有良好的耐蚀性，钛对于一切浓度及温度高于沸点的硝酸有突出的耐蚀性，是制造加热硝酸溶液的优良材料，但当酸中含水量低于 1.5%、二氧化氮含量高于 2.5%时，一般不推荐用钛。

钽、铂、金对所有浓度硝酸的耐蚀性均优良，但因价格贵而很少采用。铜、镍、银、铅及以它们为基的合金，一般都不耐硝酸腐蚀。

④ 磷酸 磷酸为无色黏稠状液体，工业磷酸的浓度一般为 85%，密度为 1.685g/mL。

磷酸的腐蚀性与硫酸相类似，但比硫酸小。对于磷酸，314 不锈钢耐蚀性好，用得较多，在 85%浓度以下和 93℃的磷酸中腐蚀较轻微。铅和铅合金可用于 200℃以下、浓度 80%以下的磷酸中。铜及铜合金、铝铸铁、碳钢、铁素体及马氏体不锈钢在磷酸中的耐蚀性都不好。

⑤ 氢氟酸 工业用氢氟酸的密度为 1.14g/mL，无色发烟液体，有刺激性气味，有毒，不能接触皮肤。

相对来说，氢氟酸是一种较弱的酸，其腐蚀性与盐酸很相似，但在某些情况下，金属表面生成的氟化物膜具有一定的保护作用，这又与盐酸不同。铜、镍、钼合金在不含氧化剂的氢氟酸中有较好的耐蚀性。如果酸溶液中含有氧、过氧化氢、二氧化硫等氧化性杂质时，腐蚀速率会增加。铜镍合金、Monel 合金在脱气条件下能够用于各种浓度的氢氟酸中。当温度高于 65℃时，一般采用铜镍合金。含 67%Ni、33%Cu 的 Monel 合金是在氢氟酸中广泛采用的材料。奥氏体不锈钢在氢氟酸中不稳定，锆、钽在氢氟酸中均不耐腐蚀。

(2) 有机酸

工业材料中经常遇到的有机酸有甲酸和乙酸，还有乳酸、柠檬酸、马来酸、环烷酸、脂肪酸和酒石酸等。

① 甲酸 甲酸是有机酸中酸性最强的一种，腐蚀性也最大。

普通钢材和铝都不适用于甲酸溶液。除了黄铜外，其它铜和铜合金都是甲酸介质中广泛应用的金属材料，其耐蚀性很好。304、316 不锈钢对于室温下各种浓度甲酸都有极好的耐蚀性。

② 乙酸（醋酸） 乙酸是一种非氧化性有机酸。乙酸的腐蚀性在常温下并不大，但随温度上升，腐蚀性急剧上升，其另一个特点是杂质存在对乙酸腐蚀性有显著影响。除碳钢以外，很多铝、铜及其合金、不锈钢对乙酸都耐蚀，但使用或选材时应注意乙酸中杂质对金属腐蚀的影响。

(3) 碱溶液

碱溶液一般比酸对金属的腐蚀性小，主要有两个方面的原因：一是在碱溶液中，金属表面易生成难溶性的氢氧化物或氧化物，对金属有保护作用，使腐蚀减缓；二是在碱溶液中，氧电极电位与氢电极电位要比在酸介质中的电位负，即腐蚀电池"推动力"要小一些，腐蚀速率也会小一些。

高温碱溶液对铁的腐蚀按碱金属种类不同而变化，一般为碱金属的原子量越大，腐蚀越激烈，即腐蚀性按锂、钠、钾、铷、铯的顺序而增加。镍及其合金对于高温、高浓度的碱耐蚀性很好，但在高浓度（如75%～98%的NaOH）、高温（>300℃）的苛性碱中，最好使用低碳镍，否则会发生晶间腐蚀和应力腐蚀。奥氏体不锈钢在碱溶液中耐蚀性很好，随着钢中镍含量的增加，其耐蚀性更为提高，钢中含钼是有害的。铸铁对于范围很宽浓度和温度的NaOH是耐蚀的。铝、锌、锡、铅等两性金属在碱溶液中有显著的腐蚀性。钛、锆、铌、钽等特殊金属在碱溶液中并不具有良好的耐蚀性。

(4) 盐类水溶液

水溶液中盐类对金属腐蚀过程的影响是比较复杂的，一般认为影响发生腐蚀的原因有：

a. 某些盐类水解后使溶液pH值发生变化。

b. 某些盐类具有某种程度的氧化还原性。

c. 某些盐类的阴、阳离子对腐蚀过程有特殊作用。

d. 盐溶于水使溶液导电度增大。

在很多情况下，盐类水溶液对金属腐蚀往往是两个以上的因素的联合作用。

① 使溶液pH值发生变化的盐　按照溶于水溶液后pH值发生的变化可将盐分为3类。

a. 显示酸性的强酸-弱碱盐　包括：$AlCl_3$、NH_4Cl、$MnCl_2$、$FeCl_3$、$FeSO_4$、$NiSO_4$、NH_4NO_3以及$NaHSO_4$等。酸性盐溶于水，使溶液呈酸性，并表现出与之相对应的酸类时的腐蚀作用，一般将对腐蚀过程起促进作用。

b. 弱酸-强碱盐　它包括Na_3PO_4、$Na_4P_2O_7$、Na_2SiO_3、Na_2CO_3等。它们溶于水呈碱性，有时也作为缓蚀剂使用。

c. 强酸-强碱、弱酸-弱碱的中性盐　如它们不具有氧化性，也没有别的阴阳离子效应，则仅有电导率和溶解度方面的影响。

② 氧化性盐　按产生氧化作用的离子的种类以及是否含有卤素离子，可分成以下四类：

a. 不含卤素的阴离子氧化剂，如$NaNO_2$、Na_2CrO_4等。

b. 不含卤素的阳离子氧化剂，如$Fe_2(SO_4)_3$、$CuSO_4$等。

c. 含有卤素的阳离子氧化剂，如$FeCl_3$、$CuCl_2$等。

d. 含有卤素的阴离子氧化剂，如$NaClO_3$等。

通常，对于以氧化性盐的还原反应作为阴极反应的腐蚀过程来说，盐浓度的增加将促进腐蚀。但是，当盐浓度超过某一临界值后，使钝化型金属钝化，抑制了腐蚀。含有卤素的氧化剂，特别是阳离子氧化剂（如$FeCl_3$、$CuCl_2$、$HgCl_2$等），几乎使所有的工业金属都急剧腐蚀。

③ 卤素盐 含卤素的盐对金属材料有极大的腐蚀性。卤素离子对钝化膜有特别的局部破坏作用。其中氧化性卤素盐的这种破坏作用最大，即使是非氧化性卤素盐，如 $NaCl$、KCl、$MgCl_2$、$CaCl_2$ 等盐类，如果和溶解氧等其它氧化剂共存时其结果也相同，卤素离子能使钝化金属不锈钢等产生点蚀、缝隙腐蚀、应力腐蚀等局部腐蚀，对点蚀来说卤素离子对金属的破坏作用顺序如下：$Cl^->Br^->I^-$。

④ 具有络合能力的盐 含有 NH_4^+、CN^-、SCN^- 等这样一些具有络合能力离子的盐，将促进某些金属的腐蚀。

2.6.2 工业水及其腐蚀因素

工业水按其用途可分为冷却水、锅炉用水及其它工业用水。工业水的水源有地下水、地表水（河水、湖水）、海水等，因此，工业水的组成不仅随水源的不同而异，而且也随水处理的不同方法而变化，其含盐量可从低于每升几个微克直至高达数十克以上。

在全世界的用水量中，工业用水所占的分量为 60%～80%。工业水对金属设备的腐蚀普遍存在，不仅会造成资源、能源、材料的极大浪费，而且常常威胁着生产和生活安全，影响正常的生产秩序，甚至危及人的生命。冷却水和锅炉用水是工业用水的大户，这些水源又是导致产品腐蚀的重要环境因素。

(1) 冷却水

淡水和海水都可以作为冷却水。冷却水系统普遍存在的腐蚀、结垢和微生物滋长等一系列问题，并且会互相影响，如腐蚀产物可加剧结垢，结垢又可促成了垢下腐蚀，微生物又往往助长腐蚀和促进污垢的发展。冷却水的腐蚀性与水中含有的腐蚀性因素有关，其腐蚀性影响因素主要有：

① pH 值 如果形成可溶性酸的金属氧化物，则当 pH 值降低时金属腐蚀会增加。对于两性金属氧化物，在 pH 值为中等时有利于金属保护，过低和过高的 pH 值都会加速腐蚀。

② 水中的盐类 氯化物的存在能破坏金属氧化膜，促进腐蚀，而钙、镁、铝的某些盐类沉淀后能生成保护性沉积层。

③ 水中的溶解气体 水中溶氧起阴极去极化作用，可促进腐蚀；二氧化碳溶于水中生成碳酸会促进腐蚀；由污水引入的氨对铜为基体的金属材料将引起选择性腐蚀；H_2S 如进入水冷却系统，引起 pH 值下降加速腐蚀，同时对铁会导致电偶腐蚀而加快腐蚀速率；作为抑止水中微生物而加入的氯气由于生成次氯酸和盐酸使 pH 值下降，促进腐蚀增加。

④ 悬浮物 它来自于空气中带来的污染物，或冷却水系统的补冲水带来的泥沙、灰尘和其它微粒。在这些物质的沉积部位可以形成差异充气电池而加速

腐蚀。

⑤ 微生物　在水冷却系统中常见的嗜氧菌有硫氧化菌、铁细菌、真菌、硝化细菌等，厌氧菌有中温型和高温型硫酸还原菌。微生物的作用是堵塞水流通道，增加水流阻力，降低热交换效率，引起腐蚀穿孔。

实际上，还有许多其它因素，而影响冷却水腐蚀性的通常也是由多个因素同时参与的，所以产品设计和操作使用应多方面考虑。

(2) 高温高压水

通常把温度超过100℃的水称为高温水。水的沸点随压力升高而升高，故液态水的高温与高压紧密相关，高温水实际就是高温高压水。在现代工业中，有不少装置以高温高压水作为工作介质，例如高压锅炉、水冷却原子能反应堆等，为了提高热效率，这些装置的工作压力已达到9.8MPa（100kgf/cm^2）以上，少数称为临界锅炉的压力则达到29.4MPa（300kgf/cm^2），如果在这样高温工业条件下工作，一旦设备腐蚀后果会非常严重。如这些设备使用完全纯净的水，腐蚀性可能不严重，但工业用的高温水中多少会含有氧、盐类等杂质，其腐蚀性会明显加剧。

影响高温水的腐蚀因素很多，主要的有溶氧量、pH值、过热、CO_2含量等。

① 溶解氧　水中溶解氧是高温水腐蚀的首要影响因素，有溶氧存在时还常会形成点蚀、缝隙腐蚀等局部腐蚀，因此，在实际操作中，必须尽可能降低水中含氧量。

② pH值　在室温下，钢的腐蚀速率随水的pH值增加而显著减少；同样，在高温下，若提高水溶液的pH值，钢铁就会形成稳定的Fe_3O_4表面保护层而减少腐蚀。

③ 过热　在蒸发管那样一些传热面上，由于水在表面沸腾并伴随有大量蒸汽泡产生，金属表面附有蒸汽泡后，热传导性变差，易于进一步造成局部过热。当气泡离去时因溶液流入又会使该处温度下降，气泡急剧生成和破坏，使金属表面处于温度的急剧交变状态（温差为10～15℃），金属表面的氧化膜层由此受到破坏，腐蚀加速。造成过热状态的另一个重要原因是垢层和腐蚀产物层附着于金属表面，使传热恶化，管壁温度上升，甚至发生管道爆破事故。局部过热，还会使水中的盐、碱浓缩，引起碱腐蚀。

④ CO_2含量　二氧化碳溶于水后，pH值便会下降，当pH值降至5.5时，铁的腐蚀速率开始剧增，高温水中的碳酸盐受热分解后也会生成二氧化碳，而在蒸汽动力设备中，二氧化碳的主要来源为碳酸盐的热分解。二氧化碳所造成的腐蚀，多为均匀腐蚀，腐蚀产物被水流或气流带走，使水汽的品质降低。

2.7 高温氧化（干燥气体）环境下产品的腐蚀

2.7.1 高温氧化的含义

金属高温氧化从狭义方面来理解，仅指金属与环境中的氧化合，在高温下形成氧化物的过程。从广义方面来理解，金属高温氧化还应包括硫化、卤化、氮化、碳化等高温腐蚀现象。

如将金属腐蚀按干、湿气体环境条件分为两大类，通常可以分为水溶液腐蚀（湿气腐蚀）和高温氧化腐蚀（干气腐蚀）。干气腐蚀虽然没有湿气腐蚀那么普遍，但随着科学技术和现代工业的迅速发展，干气腐蚀，即高温氧化作为一门独立的技术分支在先进的制造工艺技术中显得越来越重要。

金属的高温氧化首先是从气体分子吸附于金属表面开始，此时气体分解为原子被金属所吸附，一般把这种现象称为化学吸附或活性吸附。产生吸附后，被吸附的气体原了，可能在金属晶格内发生扩散、吸附或溶解等现象。当金属和气体的亲和力大时，且气体溶解量达到饱和时将生成化合物。例如，固态铁，当温度在 800～1000℃ 时，氧在铁中的溶解度为 0.01%～0.1%，当氧的含量超过此溶解度后，就会生成铁的氧化物。由于金属表面容易达到氧饱和，就在表面上生成固体的化合物膜，参加反应的气体将以化合物膜的形式固定在金属表面。因此，单分子层的氧化膜就可能把金属表面遮盖起来，使金属表面与气体脱离直接接触。为使氧化继续进行，金属或氧，或者两者必须在氧化膜中扩散并到达反应位置，此为氧化膜的形核反应。

2.7.2 影响金属高温氧化的环境因素

影响金属高温氧化造成腐蚀的过程和原因非常复杂，应该说比湿腐蚀的情况会更加严酷和复杂。金属高温氧化的环境因素很多，这里仅简单介绍如下。

① 温度　首先是环境的温度很高，对产品不同的使用要求，高温的含义也不同，如下例。

α-Fe：熔点 909℃，>450℃ 为高温。

Al：熔点 660℃，>200℃ 为高温。

β-Ti：熔点 1660℃，>500℃ 为高温。

Nb：熔点 2470℃，>500℃ 为高温。

通常也可以这样说，金属在某一温度下发生了明显的氧化反应，那么这一温度对这种金属材料的氧化而言就属高温。

一般来说，温度越高，金属的氧化或腐蚀会越严重，且不同的金属和合金对于不同的气体腐蚀性介质来说,在不同的温度,其氧化和腐蚀速度也不一样。

② 气体腐蚀性介质　广义的金属高温氧化是指金属与氧、硫、碳、卤素及氮等气体介质反应形成金属氧化物的过程,实际的高温环境可能还包含灰分/沉积盐、熔融盐、液态金属等,因此,金属材料在高温下与各种腐蚀性介质的反应被称作高温腐蚀。

这里所述腐蚀性介质中主要的物质形式见表 2-24。

表 2-24　高温氧化气体和污物及主要腐蚀性介质

类别	主要腐蚀性介质
含硫气体	SO_2、SO_3、H_2S
含氮气体	空气、NH_3
含碳气体	CO、CO_2、CH_4
卤素	Cl_2、HCl
熔融盐	Na_2SO_4、K_2SO_4、$NaCl$、KCl、Na_2CO_3、K_2CO_3(在它们的熔点以上)
灰分/沉积盐	V_2O_5、MoO_3、Na_2SO_4(固态)
液态金属	铝在 660℃、钠在 >97.8℃

③ 其它环境因素　在高温氧化的过程中,还有一些其它重要的腐蚀环境因素,如气体成分、气体含量、压力、流速等。

2.7.3　重要行业产品的腐蚀环境及腐蚀状况

重要的国民经济和国防部门的很多重要产品和设备都在高温下操作,也就是说存在高温环境,而高温环境下控制高温腐蚀往往是保证设备正常运行和避免事故发生的关键。

表 2-25 列出了重要行业产品及部件的腐蚀环境和可能产生的腐蚀行为。

表 2-25　重要行业设备和产品的高温腐蚀环境及腐蚀行为

行业	腐蚀环境及产生的腐蚀现象
电力工业	锅炉过热器管温度约为 600℃,其火焰侧介质有 CO、CO_2、SO_2、SO_3 等及多种杂质,还有含钒的低熔点化合物,可发生高温氧化、硫化、渗碳、熔融灰分腐蚀 过热管的蒸汽侧温度约为 570℃,主要发生水蒸气导致的氧化 汽轮机叶片工作温度也在 570℃ 左右,发生水蒸气导致的氧化 空气预热器、再热器等温度较低,约为 200℃,但由于燃气中的 SO_2 被氧化成 SO_3,其与水蒸气结合并在低温部件上凝结会造成硫酸露点腐蚀
航空、航天、舰船工业	在燃烧重油的燃气轮机或航空发动机中,涡轮动叶片温度已可达 800~1100℃ 以上,燃气中含有 O_2、H_2O、CO、SO_2 等气体,且在叶片上可能形成熔融 Na_2SO_4 灰分附着物,可导致高温氧化、硫化及热腐蚀 燃气轮机高温部位及尾喷管还会因高强气流夹带着一些杂质和细小颗粒引起氧化-冲蚀及磨蚀

续表

行业	腐蚀环境及产生的腐蚀现象
煤炭、民生工业	煤的液化、气化装置：煤的液化装置温度约为450℃，气化装置温度约为1000℃，环境气氛中含有H_2O、CO、H_2、H_2S等，同时还存在固体颗粒。极易产生高温硫化、热腐蚀和磨蚀-腐蚀作用 垃圾焚烧炉过热器：燃烧室温度为750～950℃，燃气（少量SO_2，HCl，Cl_2显著增多，形成局部还原气氛）。复杂气氛中高温氧化，特别是由HCl、Cl_2引起的加速氧化，熔融碱盐引起的热腐蚀、磨蚀。某些部位产生氧化-冲蚀
汽车工业	排气用加热反应器：温度约为1100℃，燃气（铅、磷、硫、氯、溴等化合物存在），反应加热，冷却，振动，复杂气氛中高温氧化，PbO引起加速腐蚀 CO催化剂：温度约为850℃。复杂气氛中高温氧化
石油化工工业	原油常减压蒸馏：设备温度为300～450℃，含H_2S、HCl气氛，产生硫化 加氢脱硫装置：温度为200～500℃，腐蚀介质为H_2、H_2S及烃类，引起硫化、氢损伤 乙烯裂解炉装置：温度为700～900℃，腐蚀介质为H_2O、H_2、C_2H_4及其它烃类，主要发生氧化和氢损伤，也会产生硫化 流化床装置：在高温下固体颗粒高速流动冲击金属材料表面，易产生氧化-冲蚀腐蚀
化学、冶金工业	许多反应炉、冶炼设备：腐蚀介质以化学气体为主，如CO、CO_2、HCl、Cl_2、SO_2、SO_3、H_2S、水蒸气、水煤气等，环境温度和介质组成往往变化很大。腐蚀形式主要是高温氧化和硫化
核工业	原子反应堆热交换器 轻水冷却：温度为260～300℃，介质为水和水蒸气，高温水引起的应力腐蚀 液体金属冷却：温度为400～700℃，腐蚀介质为液态钠，产生脱碳及碱腐蚀 氦冷却：温度为750～1000℃，有不纯氦，氦中微量杂质引起氧化（内氧化），脱碳

2.8 腐蚀环境的综合作用和变化

2.8.1 腐蚀环境的综合作用

机械产品或器材一般要经过运输、储存、使用几个过程，期间也就可能经受或遭遇各种环境。通常器材不可能只遇到一种环境因素，而是会遇到两个或多个环境因素。所以，我们在产品设计、制造、包装、储运时应该考虑到各种可能遇到的环境因素，当然，其中会是一种或两种是主要的。这样的考虑目的是保证产品和器材的质量和最大限度地正常使用。在产品和器材设计中的选材、工艺及大量数据往往需从长期的试验、经验和标准中获得。

对于各类环境中，考虑气候、地表和诱发环境因素的综合作用应予十分重视。气候类型对产品和器材的影响、对协同作用的影响、对产品和器材环境条件（包括运输、储存和工作）的影响是确定环境综合作用的依据。在环境影响和暴露于此环境中产品的反应之间实际上可能存在着无数的可能综合，确定合乎逻辑的环境综合和这些综合对产品一般特性的影响之间的关系是必要的。另外，在考虑环境因素的强度和频率的时候,也应认识到考虑环境综合环境因素的目的并不在于了解综合因素出现的频率和每一个因素的强度,而主要目的是确定这些条件是否对某一给定产品和器材产生影响。

(1) 环境因素程度的描述

一切环境因素均能对产品产生有害影响,但在大多数环境中,实际上只有一部分因素起作用。这是因为许多因素或是在某些特定环境中不存在,或是不太严酷,不会产生重大影响。每一个环境因素都有表示其对产品影响可能的严酷程度的术语,如在自然环境因素中。描述温度采用的术语为低、中、高等三种,其它情况与此类似。表2-26列出了描述每一种环境因素的术语(或程度),这样,就可以使我们在选择影响产品腐蚀因素的时候带来很大方便。

表2-26 描述环境因素的术语

环境因素		术语(或程度)
地表	地形	山脉、丘陵、平原
	水文	冻土地或沼泽地、湖泊、河流、干旱地区
	植被	森林、森林和灌木的混合带、灌木、草原、无
温度		高、低、中等、温度变化、范围
湿度		高、低、中等
压力		高、低、中等、变化
太阳辐射		强、弱、中等、无
雨		暴雨/经常的、中雨/不经常的、小雨、稀少的
固体沉降物		常年积雪、季节性积雪、季节性存在、无
雾		重/经常的、轻/不经常的、无
风		强、中等、弱
盐分		重、轻
臭氧量		高、正常
生物		存在、不存在
微生物		活动性差的、活动性强的
大气污染		存在(类型)、不存在
沙尘(悬浮空气中的)		重、轻、无
振动		严重、中等、无
冲击		强、弱、无
声辐射		响、弱、无
电磁辐射		强、中等、弱
核辐射		强、中等、一般

(2) 两环境因素综合

在实际情况中，经常出现两因素综合，并且两个因素综合总是对许多产品或器材产生有害的影响，所以规定或推荐了许多重要的两因素综合。表 2-27 给出了两因素综合一览表，表 2-27 是依据综合因素对产品的影响给出的。当然，我们还可以设计成三因素、四因素，甚至更多因素的综合。但是因素愈复杂、愈多，可能会愈不利于问题的解决和产品质量及使用性能的保证。

表 2-27 对产品（器材）有重要影响的两因素（A 与 B）综合

环境因素 A	环境因素 B
高温	湿度、盐雾、微生物、低气压、阳光、沙尘、振动、冲击、加速度
低温	湿度、盐雾、低气压、沙尘、振动、冲击
温度	低气压、阳光、振动、臭氧
低气压	振动
阳光	沙尘、振动、臭氧
沙尘	风
振动	加速度

(3) 与活动有关的环境因素综合

对于产品或器材在储运、使用时跟随着人们的活动，遭遇到的环境因素也会更加复杂，但是也只有不多几种重要环境因素起重要，然而又必须考虑到，以使我们设计的产品和器材的应用范围不致因环境而受到过度限制。与各种活动有关的环境因素综合列于表 2-28。

表 2-28 与各种活动有关的环境因素的综合

活动方式及区域	重要的环境因素
一般地面	地表、温度、湿度、太阳辐射、雨、固体沉降物、雾、风、沙尘
极地地面(南、北极)	地表、温度、太阳辐射、固体沉降物、雾、风、污染物、振动
热带地区	温度、湿度、太阳辐射、雨、风、盐、微生物、振动
物资空运	压力、雾、风、振动、冲击、加速度
陆地运输(火车、汽车)	温度、湿度、太阳辐射、雨、风、沙尘、振动
海上运输	温度、湿度、盐雾、风、太阳辐射
仓库长期储存	温度、湿度、盐、臭氧、生物、微生物、污染物

2.8.2 腐蚀环境因素的变化

大多数环境因素既不是静止不变的，但也不是到处都存在的。环境因素的出现和消失，也会因时间改变或重大事故的发生而被历史记录下来。我们将某些环境因素的各种特性的变化范围划分的地理区,如极地、湿热带、热带或和温带,如湿热带的特点是有暴雨、空气湿度高、环境温度不太高、生长着大量的植物、并有大量的微生物,然而却不会出现沙尘、固体沉降物和雾。而特别是具有诱发因素特征的一切环境因素主要都是由人类的活动引起的。在所有情况下,在确定某一给定区的各种特定环境因素时,必须非常注意,因为随一年中季节或气候条件的变化,这些因素也会出现很大的变化。

环境因素的变化会给我们设计、生产和使用的产品带来很多意想不到的结果,小到日常生活,大到国防或战争的胜败,所以我们必须对腐蚀环境因素的变化给予足够的了解和重视。

(1) 腐蚀环境因素变化的可能性

① 产品制造加工环境的变化,如在某产品加工车间附近新建了可能产生腐蚀性气氛的厂房,必然会增加金属的腐蚀因素。

② 产品运输方式、路线改变及其途中状况引起环境的变化。如空运改为汽车,甚至是无遮盖卡车,增加了温度、风沙等腐蚀环境因素。

③ 储存方式、地点的不同,如将产品从北方转到南方,将室内库房改为大棚或露天存放。

④ 产品包装件破损,使腐蚀性气体或潮气、风沙与产品表面直接接触。

⑤ 产品使用地点、方式的改变,腐蚀环境因素发生了变化。

⑥ 产品使用的季节、气候有周期性或不规则的变化,产品同一个部件或同一种材料的不同部位承受不同介质的接触或侵入。

(2) 腐蚀环境因素变化的危害

这里一般指环境因素的变化程度趋于严酷。

① 产品表面外观失去原貌或受损伤,降低质量及价值。

② 多数情况下温、湿度增加,引起金属腐蚀和非金属腐败也加重。

③ 介质酸碱度的改变,介质中腐蚀性气体的进入、沙尘的落入等也会引起产品的锈蚀和破坏。有时会引起产品表面保护层损伤或脱落。

④ 产品和器材的使用性能降低或失效,如电性能、润滑性能等,造成质量降低和其它事故。

2.8.3 针对环境因素提高产品的耐蚀性的措施

环境因素的变化可能加速其对储运和使用中的产品的锈蚀,但是我们也可以通过改变或消除腐蚀环境因素使产品不容易或降低这些因素对产品的侵蚀。这样的认识不但在产品的设计阶段就应该考虑到,就是在产品的使用期间也应该考虑,并根据实际情况不断地做出更改和采取切实可行的措施。这里列出一些包括耐蚀性材料的选择、改变腐蚀环境和保护材料以降低或不受环境影响的三个方面的建议。

(1) 采用更加耐腐蚀的材料

① 金属

a. 有针对性地采用如不锈钢等耐腐蚀材料。

b. 对普通材料有针对性地采用更耐腐蚀的电镀工艺。

c. 采用其它表面处理工艺，如钝化和阳极化工艺。

d. 避免不同类金属接触。

e. 避免有残余应力。

② 非金属

a. 采用不霉性材料。

b. 采用具有低吸湿性材料。

c. 采用耐臭氧的橡胶。

d. 采用耐老化材料。

(2) 降低环境严酷程度

a. 设备或包装件内抽真空，排除空气和有害气体。

b. 充惰性气体（如氮气）代替空气。

c. 利用过滤、干燥剂及设计排除湿气。

d. 降低环境温、湿度，如空调、除湿剂、除湿机等。

e. 冷却使用设备；远离或消除腐蚀性环境。

f. 向环境介质（如水、空间、工作液、接触面等）添加有效的缓蚀剂。

g. 采用杀菌剂、防霉剂等，消除或抑制微生物等的生长。

h. 避免腐蚀蒸气源。

i. 隔离或消除尘埃和污染。

(3) 保护材料不受环境影响

a. 永久密封元件或器件。

b. 组件加密封或加密封垫。

c. 包封、嵌入、置于密封罐中。

d. 涂覆表面涂层。

e. 加入绝缘壁垒。

参 考 文 献

[1] 张康夫，陈孟成，等. 防锈封存包装手册. 北京：航空部 301 研究所，1982.

[2] 张康夫，陈孟成，等. 机电产品防锈、包装手册. 北京：航空工业出版社，1990.

[3] 夏兰廷，黄桂桥，张三平. 金属材料的海洋腐蚀与防护. 北京：冶金工业出版社，2003.

[4] 王一建，黄本元，王余高，张康夫. 金属大气腐蚀与暂时性保护. 北京：化学工业出版社，2007.

[5] Uhlig H, et al. Corrosion Handbook. Willey and Chapman and Hall, 1956.
[6] Evans U R. An Introduction to Metallic Corrosion. London: Arnald, 1981.
[7] 库兹涅佐夫ИЕ, 特罗伊茨卡娅ТМ著. 化工厂大气污染防治. 王化远, 孙昌宝译. 北京: 化学工业出版社, 1987.
[8] 中航总公司301研究所译编. 工程设计手册《环境部分》(第一册). 北京: 中航总公司301研究所, 1986.
[9] 中航总公司301研究所译编. 工程设计手册《环境部分》(第二册). 北京: 中航总公司301研究所, 1986.
[10] 防锈管理（日本期刊）, 1964: 320-327, 358, 458; 1965: 067, 450, 453, 468-470; 1967: 207, 270, 363.

第3章

产品腐蚀防护的耐久性和使用寿命

产品设计时需要考虑的重要因素之一，就是产品的使用寿命。在产品使用寿命之中，腐蚀防护的耐久性或腐蚀防护期限占有重要的位置。由于机电产品均要承受整体大环境的影响，还有各部件工作的局部环境的影响，以及部件上相应零件的细微工作环境的影响，而这些影响因素是相互渗透的、动态的、复杂多变的，为我们判定产品的腐蚀防护耐久性带来了很多困难。

3.1 耐久性和使用寿命的概念

新制作的机电产品，在客户使用过程中即使用阶段，周围的腐蚀环境与产品材料、部件或整机共同作用，产生各种各样的腐蚀现象（状态）。这些腐蚀（老化）在悄悄地进行，其破坏也是渐进地进行，当人们发觉时，腐蚀已进行了很长时间，很易造成意外伤害或突然的事故。

产品表面的腐蚀（老化），主要是各种腐蚀防护涂层，会出现失光、褪色（变色）、粉化、起泡、开裂、剥落、生锈、长霉等缺陷（弊病），严重影响机电产品的外观质量和生产厂家的声誉。有时随着涂层破坏或老化的严重恶化，还会影响产品的功能。例如，产品上电气线路板的绝缘涂层失效，造成金属线路的腐蚀，使设备无法正常运行；液压、燃油管接头处的涂层被破坏，会出现漏油而不能正常使用。

分析腐蚀的过程，我们可以看到：如果大气腐蚀环境（详细内容请看本书第2章）不是很恶劣，比如是 C1 级，对于大多数金属都不会产生严重腐蚀；如果金属材料耐蚀性非常好，即使再严酷的腐蚀环境产品也不会产生严重的腐蚀。腐蚀（老化）是一个过程（即需要一定的时间），在很短的时间内（比如几天时间），防护即使比较差产品不会发生严重的腐蚀，但在长时间内（比如5年），即

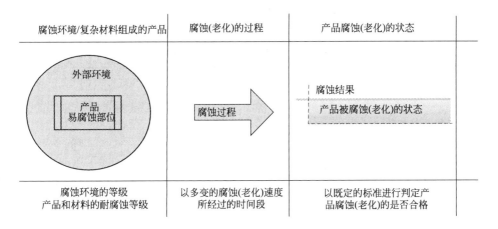

图 3-1 大气腐蚀环境与产品的相互作用

使有一定防腐蚀涂层，也会发生各种各样的腐蚀。如图 3-1 所示，产品以一定的腐蚀（老化）速率所经过的时间段，即腐蚀（老化）过程的长短，就是我们关注的产品耐久性和使用寿命。

表述腐蚀过程的快慢，一般使用腐蚀速率的概念。腐蚀速率又称腐蚀速度，通常表示的是单位时间的平均值。有以下表示方法。

① 质量变化表示法　用单位时间单位面积上质量的变化来表示腐蚀速率。常用的单位是毫克/(分米^2·日)；有时也用克/(米^2·时) 或克/(米^2·日)。

② 腐蚀深度表示法　用单位时间内的腐蚀深度来表示腐蚀速率。常用的单位是毫米/年 (mm/a)。

③ 机械强度表示法　适用于表示某些特殊类型的腐蚀，即用前两种表示法都不能确切地反映其腐蚀速率的，如应力腐蚀开裂、汽蚀等。这类腐蚀往往伴随着机械强度的降低，因此可测试腐蚀前后强度的变化，如张力、压力、弯曲或冲击等极限值的降低率来表示。

④ 采用腐蚀电流密度表示腐蚀速率是电化学测试方法　常用的单位是毫安/厘米^2 (mA/cm^2)。

对于各种腐蚀（老化）的状态即腐蚀（老化）的结果，有各种标准进行描述和评价。例如，对于涂装涂层，有 ISO 4628《色漆和清漆　漆膜降解的评定》系列标准、GB/T 1766《色漆和清漆　涂层老化的评价方法》标准，可以进行评价。

从腐蚀防护系统的角度来看，如图 3-2 所示。由图 3-2 可以看出，从交付使用之日起到第一次维修，应视为腐蚀防护涂层体系的耐久性（有效保护期）；从交付使用之日起且经过多次维修之后，涂层体系失去其应用价值（死亡），应视为涂层体系的使用寿命（使用年限，使用期限）。

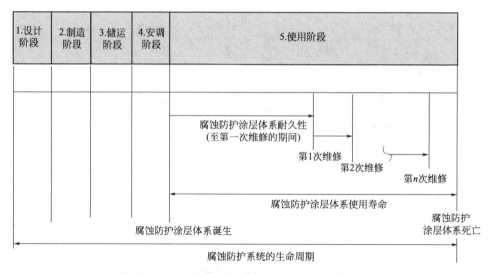

图 3-2 腐蚀防护涂层体系耐久性、使用寿命、系统生命周期的示意图

另外，需要强调的是：腐蚀防护涂层体系耐久性（使用寿命）是与腐蚀环境相关联的，如图 3-3 所示。在产品的设计阶段时，如果预计产品的腐蚀防护涂层体系是在"Ⅰ区"，由于是处在"非常低"和"低"的腐蚀环境之中，而且使用

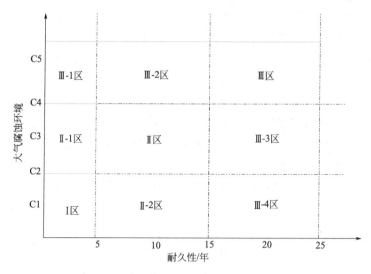

图 3-3 腐蚀防护涂层体系耐久性（使用寿命）关联示意图

ISO 12944 将涂装涂层的耐久性设定为三个档次：低耐久性 2~5 年；中耐久性 5~15 年；高耐久性 15 年以上

ISO 12944 号标准将大气环境分成 6 种大气腐蚀性类别：C1—非常低；C2—低；C3—中；C4—高；C5-I—非常高（工业）；C5-M—非常高（海洋）

时间即耐久性要求是"低耐久性"，对于涂层体系的耐久性要求就比较低；如果

预计产品的腐蚀防护涂层体系是在"Ⅱ区",由于是处在"中"的腐蚀环境之中,而且使用时间即耐久性要求是"中耐久性",对于涂层体系的耐久性要求就比较高;如果预计产品的腐蚀防护涂层体系是在"Ⅲ区",由于是处在"高"和"非常高"的腐蚀环境之中,而且使用时间即耐久性要求是"高耐久性",对于涂层体系的耐久性要求就非常高。Ⅲ-1区、Ⅲ-2区虽然处在很高的腐蚀环境之中,但它们的耐久性要求比Ⅲ区较短;Ⅲ-3区、Ⅲ-4区虽然处在较低的腐蚀环境之中,但它们是耐久性时间要求与Ⅲ区是相同的;Ⅱ-1区、Ⅱ-2区也是同样道理,需要根据腐蚀环境和耐久性的实际情况,进行综合分析和考虑。

3.2 腐蚀(老化)状态分析

有不少生产机电产品的企业,其质量管理部门未将产品涂层缺陷(弊病)状态的跟踪列为售后技术服务的工作内容,主要原因是防护涂层质量问题跟踪困难:

① 缺少腐蚀防护(涂装)专业技术知识;
② 缺少相应的判断标准;
③ 缺少合适的渠道;
④ 跟踪调查历经时间较长,很难坚持。

其实,使用阶段出现的各种问题,是前边各个阶段和各种影响因素的集中体现。如图3-4所示,是以涂装涂层为例进行的分析。如果不能积累长期的涂层老化、破坏方面的数据,专业技术人员将无法分析设计、制造(实施)、储运、安调方面存在的问题,更无法全面提高涂层的质量,因此,该问题需要引起各企业的重视,务必投入一定的人、财、物,做好此项工作。

3.2.1 产品整机组成及结构的复杂性

机电产品特别是工程机械,与一般的乘用车相比,其结构和组成均要复杂很多。驾驶室是冷轧薄钢板,冲压成型,外表面较平整光滑;车架是热轧厚钢板,焊接成结构件,表面不平整、粗糙;围板是工程塑料,模压成型,平整但粗糙;防护栏杆和楼梯大部分为不锈钢,冷拉成型,表面较平整光滑,等等。不光材料不同,其整机的外部内部形状(结构)也是各式各样,对于腐蚀防护就显得非常复杂。

由此可以看出:机电产品的腐蚀(老化)形态会呈现出多样性,如表3-1所示,对于大气腐蚀环境中的机电产品的腐蚀防护(涂装),要分层次地具体分析,针对影响腐蚀的外因和内因,采用更合适的腐蚀防护方法。

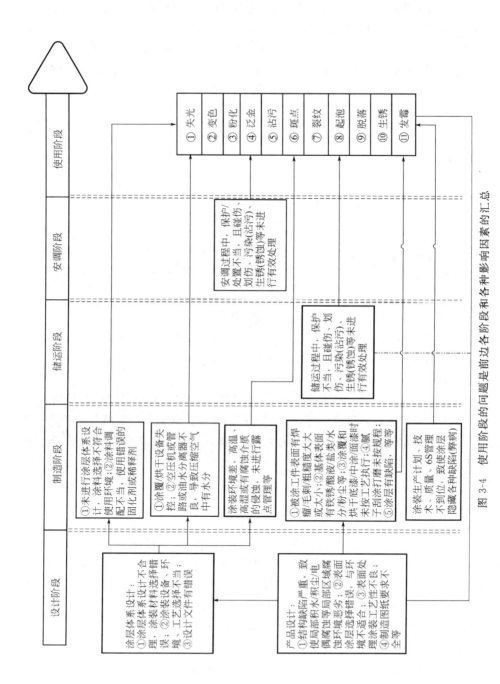

图 3-4 使用阶段的问题是前边各阶段和各种影响因素的汇总

表 3-1 机电产品各部位涂装涂层破坏的状态与特点

序号	产品各部位/部件的涂层	涂层破坏(腐蚀、老化等)状态特点
1	大面积涂层(大块外露面、非外露面,平整、面积较大)部位	如果按照正确的程序进行涂层体系设计和涂装施工,一般可达到设计寿命。常见涂层缺陷(弊病)为:①失光;②涂层变色/变色;③粉化;④泛金光/泛金;⑤沾污;⑥斑点;⑦开裂/裂纹;⑧起泡;⑨剥落/脱落;⑩生锈;⑪发霉;⑫层间附着力不良;⑬涂层体系修复产生的缺陷(弊病)等
2	有涂装涂层的边、角、孔、洞、缝隙、内腔(部分)部位	此类局部的涂层最先破坏,金属基体锈蚀。涂层的主要涂层缺陷(弊病)为:①开裂/裂纹;②剥落/脱落;③生锈等
3	无涂装涂层机加工面(导轨,轮轴,轮组,轴伸等)	此类部位如果不使用防锈油、防锈脂、防锈蜡等防锈措施,很快就会先于有涂层的部位发生锈蚀
4	有腻子刮涂的涂装部位	涂层下有腻子的部位,其耐水性、耐冲击性、柔韧性、耐腐蚀性等重要指标均会大幅度下降,经常会发生开裂/裂纹、起泡、剥落/脱落、生锈、附着力不良等
5	特殊零部件(排烟管、油箱内部、液压管路、弹簧等)	此类特殊功能的零部件需要特种涂料进行涂装,与产品大面积的涂层是不同的。如果处理不好,除常见涂层缺陷(弊病)外,还会失去涂层的特殊功能,造成各种质量故障
6	电镀(镀锌/装饰铬等)类外购件、外协件	一般情况下,电镀件的大气腐蚀的耐久性指标都要低于涂装涂层,特别是耐腐蚀性能,形成产品最早锈蚀的部位。因此,需要对电镀件进行二次防锈处理,以便与涂装涂层的腐蚀防护寿命同步
7	涂装类外购件、外协件	由于涂装类的外购件、外协件涂层质量难以控制,是产品上很容易发生缺陷(弊病)的部件。因此,要做好外协厂的选择和评估,保持外协厂与主机厂一致的涂层技术指标,同时做好运送工位器具的软化工作
8	标准件(螺栓、螺柱、螺钉、螺母等)	标准件先于产品其它部位进行锈蚀(白锈或红锈)是常见现象,主要是对标准件的选择和保护不够,及装配中的机械损伤所造成。需要采取防锈油(硬膜)、防锈罩、专用防锈涂层进行处理

3.2.2 不同材料对腐蚀环境的反应

在相同的腐蚀环境中,各不同材料的基体反应千差万别,这是材料本身的原因,要从材料的选择(包括表面技术处理的材料)方面去考虑,即需要在产品设计时考虑材料的耐腐蚀性能。冷轧钢板前处理良好,表面有防护层,结合牢固,腐蚀速率低;热轧钢材抛丸处理,前处理质量无法得到很好保证,且大部分位置需涂刮原子灰,表面涂层脆性大,遇上外力容易破损掉落,腐蚀速率快;工程塑料基本不发生腐蚀,但如果不进行保护,很容易发生老化;不锈钢表面装饰性良好,但是在沿海高盐雾地区,其耐蚀性明显下降。

对于有机保护涂层(涂装涂层)来讲,种类繁多,其性能各异,在耐久性方面,如耐盐雾、耐候性、耐湿热性等方面差别很大,需要我们精心设计、试验涂层体系。

3.2.3 不同形状（位置）对腐蚀环境的反应

机电产品的不同位置，因为其所处的局部及微观腐蚀环境不同，所以腐蚀状态差别极大，如同样是混凝土机械的上车部件，使用1个月后，料斗箱内涂层基本被磨损殆尽；活动支腿涂层崭新无异常；排气管上高温涂层出现轻微黄变，排气管接头处出现点锈现象。处在某种大气腐蚀环境下的某台产品，即使是相同的材料（金属或非金属），其腐蚀的程度是不一样的，例如，处在靠地面、易积水的局部的零部件的腐蚀程度，比处在有一定高度且通风好的零部件的腐蚀程度要严重。表面形状如果是边、角、孔、洞、缝的状态，其腐蚀状态就会比其它部位要严重。

3.2.4 不同厂家的零部件对腐蚀环境的反应

在进行产品设计时，常常需要选用各种不同类型的外购件、标准件，例如，电机、空调、风机、螺栓、螺母等。这些外购件、标准件的腐蚀防护程度，将会因生产厂家、型号的不同而不同，要选择与产品总体腐蚀防护要求一致的外购件、标准件，是一个非常重要和困难的问题，经常会出现因为外购件和标准件的不符合要求而引起产品的腐蚀破坏。

不同供货厂家的零部件由于使用材料不同，生产工艺不同，工作环境不同等因素，导致生产的零部件在同样的腐蚀环境下出现较大的差异。某起重机械两外协厂供应的驾驶室防护栏杆（涂装件），膜厚基本一致，但使用1年后，出现了较大差异，A厂的边角处出现了大面积的剥落、生锈现象，但B厂的安然无恙，差别十分明显。外购件、外协件、标准件的腐蚀防护（涂装）质量好坏，是影响机电产品整机腐蚀防护（涂装）质量的一个非常重要的问题。

3.3 腐蚀（老化）状态的检测

目前，国内外检测机电产品涂层的耐腐蚀（老化）性能一般有以下几种方法，但是，这些检测手段均存在一定的局限性。

3.3.1 自然使用过程的检测数据

一般都是根据自然使用过程所出现的腐蚀老化状态进行判定（可肉眼直观和使用试验仪器进行检测整机或安装在设备上的试片），如果在设计寿命的范围之内出现腐蚀问题，就会通过售后服务人员或者客户将产品（设备）的破坏情况反馈给制造厂家，制造厂家与腐蚀防护（涂装）专业技术人员研究，更改产品设计或制造工艺，进而将该产品（设备）的耐腐蚀性，提高到一个较高水平。这就是所谓的"失败法",这也是目前使用最广泛的方法之一。

该方法的优点:简单直观,经济方便,产品(设备)的涂层缺陷与产品的使用状态关系明显。缺点:定性的多、定量的少,统计难以准确,当产品(设备)使用区域广泛时,很难反映实际应用情况下的真实和综合效果,而且由于使用过程长、反馈速度慢,期间还会有潜在涂层质量问题的产品大量被制造并出售到客户手中。

3.3.2 产品或设备的整机、部件在试验场试验过程的检测数据

将产品或设备的整机、部件放置在试验场(自然环境)中,进行诸如高温高湿、盐雾腐蚀、强化坏路行驶等各种强化试验,获得各种静态和动态试验数据,以预测该类型产品今后所适应的使用环境和使用寿命,也是非常重要的试验,特别是对于新产品的研发具有重要的意义。如,海南汽车试验研究所自 1998 年开始,为众多汽车企业进行了实车试验,积累提供了一些重要数据,对于新研制的汽车提高耐腐蚀性起到了重要的作用。

该方法优点:使用整机或部件进行试验,可以检测到整体状态下的试验结果,比使用试片试验结果更可靠;使用自然环境加人工强化的试验环境,可以加速试验过程,预测产品将来的耐腐蚀性。缺点:产品使用的区域环境很多,只使用一种或两种环境进行试验,并不能代表所有的环境,如果技术指标要求过高,对于某些环境可能是过保护;对于大型或经济实力强的企业容易推广和实施,对于众多中小型或经济实力较差的企业实施难度较大;需要试验时间较长。

3.3.3 涂装生产线上做试片在试验场(大气曝露试验场)试验的检测数据

在涂装生产线上与产品同步进行涂装制作试片,然后放到大气曝露试验场进行长期的曝露试验,也是使用比较广泛的试验方法。

该方法优点:试验简单方便,费用相对较低,可以真实反映涂层试片在某局部区域的腐蚀老化状况。缺点:不能反映产品(设备)的整体情况;区域有局限性;需要试验时间较长。

3.3.4 涂装生产线上做试片在实验室(人工环境)试验的检测数据

在涂装生产线上与产品同步进行涂装制作试片,按照试验标准的规定,使用加速腐蚀试验(盐雾试验、湿热试验、浸水或介质试验、紫外线老化试验等),将试验数据与设计数据进行比较,从而推测产品(设备)涂层的使用寿命和产品涂层合格率。

该方法优点:试验简单方便,费用较低,试验时间较短,可以反映涂层试片在人工环境下的腐蚀老化状况,是目前使用最多的试验方法。缺点:不能反映产

品（设备）的整体情况；人工环境有局限性，与环境的相关性差距较大，试验数据不能适应复杂的腐蚀环境；准确率受到多方面的质疑，因为有的强化试验的结果与实际大气腐蚀老化状况有矛盾现象。

3.3.5 使用电化学仪器测量的涂层数据及应用

随着电化学腐蚀和涂料涂装技术的发展，用于有机涂层测试的电化学技术发展很快，目前主要有：电化学交流阻抗技术（EIS）、局部阻抗谱（LEIS）、扫描开尔文探针（SKP）、扫描振动电极（SVET）、扫描参比电极技术（SRET）、电化学噪声技术等。使用电化学方法测量得到涂层阻抗、电容、极化行为、噪声响应等参数，能够反映涂层的致密性、渗透性、保护性、缺陷与界面完整性等信息，利用获得的这些信息，可以快速地对涂层进行测量，以便判定优劣和合格与否。

但是，由于测量仪器设备精密、操作复杂、价格昂贵，目前主要用于实验室进行研究工作，很少用于企业的现场检测。据有关文献记载，目前最有效的电化学交流阻抗法，用于军车的"涂层失效 EIS 特征"实车测试，结果表明：涂层阻抗的测试受车体影响较大，在实际测试得到的阻抗谱图中，高频段以及高频向低频过渡段都相当紊乱，相关的评价参数提取困难。也就是说，电化学仪器测量用于机电企业的涂层检测和评估，目前还不成熟，还没有达到普遍使用的阶段。

对于机电产品行业产品使用后的腐蚀评价，目前国内外的检测手法均存在一定的局限性，不能及时、真实的检测出所需的腐蚀防护数据。

对于机电产品的腐蚀防护（涂装）实施过程是技术人员和企业领导非常重视的工作内容，但对于产品售出之后，产品外观涂层在客户手中表现如何，如果没有客户的抱怨和索赔，很少去观察和分析，因此，这方面的技术资料也很少。笔者的主要观点，是对售后产品的表面涂层腐蚀（老化）状态进行分析，利用其腐蚀（老化）的等级，判定是否合格，从而改变涂装材料和涂装过程的控制，最终实现"提供给客户满意产品"的质量目标。

3.4 耐久性、使用寿命的判定和标准

不同系列产品、不同使用的腐蚀环境，虽然复杂多变，但是是客观存在。耐久性、使用寿命的确定是设计人员对各方影响因素（客观存在和客户要求等）分析后的主观设定。比如，一般机电设备使用寿命为 10 年（经过可靠性综合分析等），腐蚀防护的设计就应该为 10 年或 5 年（使用期间可以进行维护修理）。因此，了解产品整机表面的耐腐蚀（老化）评价标准、评价指标以及信息反馈，就是非常重要的。

3.4.1 产品整机表面的耐腐蚀(老化)评价标准

对于机电产品整机（零部件）的涂层的腐蚀（老化）的评价，一般使用 ISO 4628.1～10《色漆和清漆 漆膜降解的评定》和 GB/T 1766—2008《色漆和清漆 涂层老化的评级方法》进行评价；对于整机（零部件）的镀层的耐腐蚀（老化）的评价，一般使用 ISO 10289—1999《金属基体上金属和其它无机覆盖层 经腐蚀试验后的试样和试件的评级》和 GB/T 6461—2002《金属基体上金属和其它无机覆盖层 经腐蚀试验后的试样和试件的评级》。

这些评价标准在制定时涵盖的范围很广，在具体应用时就需要根据实际情况进行界定范围，或者指定所评价的部位才能收到较好的效果。

3.4.2 产品整机表面的耐腐蚀(老化)评价指标

对于涂装涂层、电镀涂层等腐蚀防护表面，都有各自的评价标准，但是，评价标准只是详细列举了各种涂层缺陷（弊病）的形态和一系列等级，如何确定机电产品表面腐蚀（老化）具体的形态和等级，是需要花费一定的精力进行调研、论证工作，并根据企业自己本身的战略目标、经营策略等，最终确定。表3-2是某种产品的涂装涂层设想评价指标，供读者参考。

表 3-2 机电产品售后表面腐蚀（老化）状态评价指标（涂装涂层）

序号	状态	评价基准		引用标准
		外观描述	面积/大小	
1	起泡	2级 (有少量泡)	S3级 (单个泡点直径 <0.5mm)	ISO 4628-2:2003《色漆和清漆 涂层老化的评定 缺陷的数量和大小以及缺陷程度的评定 起泡程度的评定》
2	生锈	基本不生锈	生锈面积 Ri 1级 (≤0.05%) 锈点大小为 S2级 (正常视力下刚 可见的锈点)	ISO 4628-3:2003《色漆和清漆 涂层老化的评定 缺陷的数量和大小以及缺陷程度的评定 锈蚀程度的评定》 GB/T 1766—2008《色漆和清漆 涂层老化的评级方法》
3	开裂	2级 (少量，可以察觉的开裂)	S3级 (正常视力下目视 清晰可见开裂)	ISO 4628-4:2003《色漆和清漆 涂层老化的评定 缺陷的数量和大小以及缺陷程度的评定 开裂程度的评定》 GB/T 1766—2008《色漆和清漆 涂层老化的评级方法》
4	剥落	1级 (剥落面积 ≤0.1%)	S1级 (单处剥落最 大尺寸≤1mm)	ISO 4628-5:2003《色漆和清漆 涂层老化的评定 缺陷的数量和大小以及缺陷程度的评定 剥落程度的评定》 GB/T 1766—2008《色漆和清漆 涂层老化的评级方法》

续表

序号	状态	评价基准		引用标准
		外观描述	面积/大小	
5	粉化	2级 (轻微,胶带纸上沾有少量颜料粒子)	—	ISO 4628-6:2007《色漆和清漆 涂层老化的评定 缺陷的数量和大小以及缺陷程度的评定 胶带纸法粉化等级的评定》
6	失光	3级 (明显失光)	3级 (失光率:31%~50%)	GB/T 1766—2008《色漆和清漆 涂层老化的评级方法》 GB/T 9754—2007《色漆和清漆 不含金属颜料的色漆漆膜的20°、60°和85°镜面光泽的测定》
7	变色	2级 (轻微变色)	2级 (ΔE:3.1~6.0)	GB/T 1766—2008《色漆和清漆 涂层老化的评级方法》 GB/T 11186.2—89《涂膜颜色的测量方法 第二部分:颜色测量》

3.4.3 产品整机表面的耐腐蚀(老化)状态的信息反馈

目前机电产品行业普遍没有耐腐蚀（老化）信息的主动反馈现象，基本是被动服务，即主机公司来现场了解情况或来电询问情况时才临时收集反馈，或者产品出现重大问题时才统计报告，这种现状对机电产品腐蚀防护工程的发展极为不利。笔者结合自己多年的工作经验，在某主机公司已经试点，将腐蚀防护所需信息加入顾客服务部的CSM（custom service management）信息库中，由服务工程师在日常服务、定期服务、监督抽查服务等过程中收集，系统自动反馈至质量推进部和工艺研究院中，现已收到较好的效果，且经工艺研究院售后服务调查，此种措施已经得到顾客的好评，有良好的推广前景。

参 考 文 献

[1] 齐祥安. 涂装涂层系统与系统工程. 现代涂料与涂装, 2009, 4.
[2] 徐安桃. 军用车辆涂层防护性能评价及冷却系统金属材料腐蚀行为研究 [D]. 天津: 天津大学, 2008.
[3] 徐书玲. 浅谈汽车防腐评价体系在产品研发过程中的作用. 汽车技术, 2003, (06): 25-27.

第4章

产品设计结构形式与腐蚀防护

在产品设计中,一般将设计分为总体设计(系统设计)、详细设计(分系统设计)、零件(部件)设计三个阶段,因此,我们在考虑腐蚀防护问题时,应该分为三个层次进行分析,具体研究产品的结构形式与腐蚀防护的关系问题。

4.1 总体设计(系统设计)的腐蚀防护问题

设计人员在进行产品总体设计时,首先要从整体(全局)角度考虑产品的腐蚀防护设计问题,然后考虑该零部件与本产品中其它零部件相互之间的腐蚀防护问题,最后考虑零部件本身的结构腐蚀防护问题。由于腐蚀形式的多样性与影响因素的复杂性,目前要对腐蚀防护设计提出定量化的规范尚不可能,只能依靠定性分析与经验积累。

4.1.1 对不同等级腐蚀环境的对策

当所设计的产品(设备)处在比较严酷的腐蚀环境中时,比如处于C5-I或C5-M的环境中时,意味着整个产品无论是何种材料、何种部位,所受到的腐蚀比起一般环境都要大得多,会受到全面的、整体程度的腐蚀破坏。因此,要注意到以下几点。

① 结构件材料的厚度要有所加强 比如容器类产品,壁厚在满足机械上压力、重力和应力要求的基础上,设计时需要对壁厚的腐蚀减薄留出余量,一般壁厚常为预期寿命所需的两倍。

② 保证使用性能的条件下,结构表面形状应简单,过渡光滑合理,应避免结构过分复杂 复杂的结构往往会增加许多间隙、缝隙,引起腐蚀介质(液体或固体滞留)、应力和温度分布不均匀。这些都是缝隙腐蚀、浓差腐蚀、应力腐蚀、点腐蚀等局部腐蚀的源点。另外,如果要进行腐蚀防护施工,则复杂的形状会加

大施工及检查的难度。

③ 结构件刚度、强度要加大　要核算强度与刚度，考虑各种腐蚀因素对结构件的强度及刚度影响，加大安全系数。在有腐蚀存在的情况下，应力往往会与腐蚀因素互相促进，形成应力腐蚀开裂。特别是在有交变应力和特种腐蚀介质组合的条件下，更易于发生腐蚀疲劳，因此，要进行预防应力腐蚀和预防腐蚀疲劳的设计。

④ 考虑使用保护性能更好的表面涂层或工程技术　比如，使用重防腐涂装涂层体系，使用金属热喷涂与各种涂层的结合等。

值得一提的是，当产品（设备）有可能在几种不同腐蚀环境中使用时，比如在C2~C5的环境中移动使用时，一定要按最严酷的腐蚀环境进行设计。有的产品虽然是固定（不移动）的方式，但销售区域很大，各种腐蚀环境均有，此种情况下如分别进行各种不同等级的腐蚀防护，将会增加制造和管理成本，建议要按照最严酷的腐蚀环境进行设计。

4.1.2　注意室内外腐蚀环境的区别

图4-1是某大型工厂安装在涂装车间外的风机及排风系统，使用不到一年，已出现涂层大面积脱落、生锈，到处漏风，造成很大损失，而安装在室内的设施并未出现锈蚀的问题。

图4-1　安装在涂装车间外的风机及排风系统

总结其教训可以看出，不顾室内/室外腐蚀环境的差别，不做防积水设计，不进行重防腐涂装设计，也不设计工棚、防护罩，产品被风吹日晒雨淋，短期内便产生重大腐蚀问题。因此，要严格区分室内外的结构设计，对室外产品的腐蚀特点要有充分的认识，要采取各种腐蚀防护设计。

4.1.3　在总图、平面布置时要注意腐蚀环境的影响

我们所设计的产品（设备）都不是孤立存在的，总是某大系统中的一个子系统，或者是某子系统中的一个部分，比如，它可能是某工厂车间中的一条生产

线，或是生产线上的一台相对独立的设备，这样就会受系统中的其它设施、设备的影响。因此，设计时要注意分析环境中其它各种腐蚀因素的影响作用。

首先，在总图（总平面图）布置（选址）时，要注意腐蚀性大气、腐蚀性烟尘、区域积水对所设计产品的影响，还有风向、水流等环境条件也会带来腐蚀问题，如图4-2所示。在可能的条件下，尽量向客户方（甲方）争取最有利的位置，实在不可避免的情况下，在设计中一定要将该影响因素作为产品设计输入的条件之一，综合考虑布置排水通道、排水装置、排水孔（或排水间隙）。

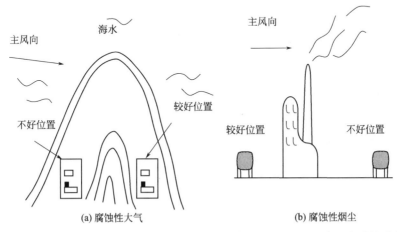

图 4-2 产品（设备）安装位置在总图布置中要避免或减轻周围腐蚀介质的影响

其次，在进行设备平面布置时，要考虑设备之间的相互影响，避免腐蚀液体泄漏，腐蚀性气流，振动、高温管道等造成的危害，如图4-3所示。当有些影响因素无法避免时，一定要在总体设计时考虑具体的腐蚀防护措施。

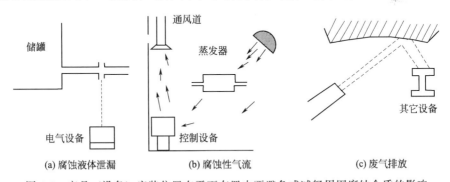

图 4-3 产品（设备）安装位置在平面布置中要避免或减轻周围腐蚀介质的影响

4.1.4 对易腐蚀部分要考虑其可分解、组合性

在总体设计时，要考虑到不同部位受到腐蚀环境的差别，将易产生腐蚀的部位适当集中，把易腐蚀部分做成容易更换的零部件，整体结构做成可分拆的形

式，在腐蚀发生后，可以轻易地将其换掉，不会因局部的锈蚀而影响整台设备的功能，如图 4-4 所示。

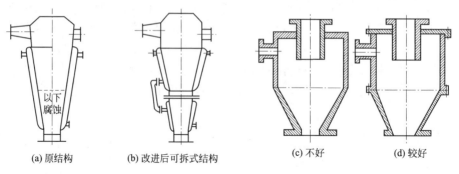

(a) 原结构　　(b) 改进后可拆式结构　　(c) 不好　　(d) 较好

图 4-4　产品（设备）易更换的结构

4.1.5　产品腐蚀防护的可达、可检、可修问题

对产品进行总体设计时，必须考虑腐蚀防护可达、可检、可修的问题。

可达是指进行腐蚀防护施工时，人员及设备可以达到该部位，并可以开展操作。

可检是指质量检验人员、监理工程师等可以对施工质量进行检验。

可修是指在使用寿命周期内，如果出现腐蚀破坏问题，可以进行腐蚀防护的维修。

由此我们可以看到，如果总体设计时未考虑固定通道、平台、设备和人的操作空间等设计内容，腐蚀防护的可达、可检、可修问题将会无法解决。ISO 12944 列出了几种情况，可以供机械工程师设计时参考。图 4-5 推荐了封闭区入口开口的最小尺寸；图 4-6 推荐了表面间狭窄空间的最小尺寸；图 4-7 推荐了部件与其相邻表面之间的最小容许距离 a；图 4-8 和表 4-1 推荐了腐蚀防护操作工

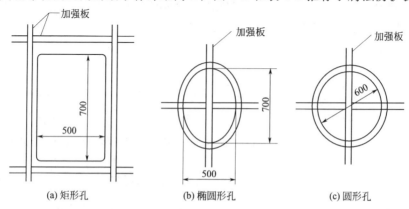

(a) 矩形孔　　(b) 椭圆形孔　　(c) 圆形孔

图 4-5　封闭区入口开口的最小尺寸（mm）

具所要求的典型距离。

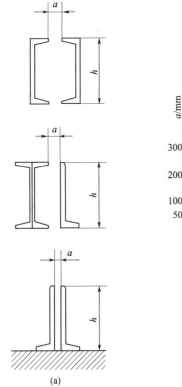
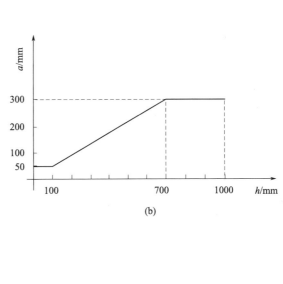

图 4-6　表面间狭窄空间的最小尺寸

a：部件之间或部件与其相邻表面之间的最小容许距离，mm；h：操作员能浸入一个狭窄空间的最大距离，mm；图中列出了部件之间的最小容许距离 a 和最大值为 1000mm 的 h 值

表 4-1　腐蚀防护操作工具所要求的典型距离

操作方法	工具长度(D_2)/mm	工具与被处理表面间的距离(D_1)/mm	操作角度(α)/(°)
喷抛丸清理	800	200～400	60～90
电动工具清理 　针束枪 　摩擦/研磨器	 250～350 100～150	 0 0	30～90
手动工具清理 　钢丝刷/铲刀	 100	 0	0～30
金属热喷涂	300	150～200	90
涂装 　喷涂 　刷涂 　滚涂	 200～300 200 200	 200～300 0 0	 90 45～90 10～90

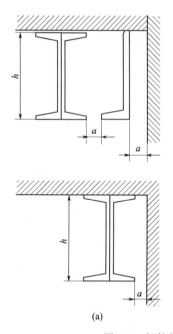
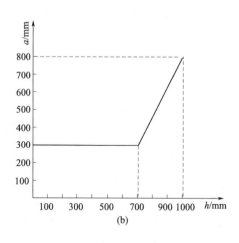

图 4-7 部件与其相邻表面之间的最小容许距离 a

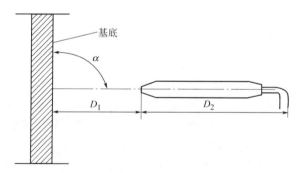

图 4-8 腐蚀防护操作工具所要求的典型距离

a 代表工具轴线与被处理表面所成的角度；D_1 代表工具与被处理表面之间的距离；D_2 代表工具的长度

4.1.6 外购件、标准件腐蚀防护的配套问题

在进行产品设计时，常常需要选用各种不同类型的外购件、标准件，例如电机、空调、风机、螺栓、螺母等。这些外购件、标准件的腐蚀防护程度，将会因厂家、型号的不同而不同，要选择与产品总体腐蚀防护要求一致的外购件、标准件，是一个非常重要和困难的问题，经常会出现因为外购件和标准件的不符合要求而引起产品的腐蚀破坏。以下列出几项选择原则，供产品设计时参考。

① 外购件、标准件的选择首先要符合设计产品所要求的性能，并一定要与

产品所使用的腐蚀环境相符合。产品用于室外时,对于外购件、标准件的防腐蚀要求很苛刻,不能选用适用于室内的类型,否则,会造成腐蚀事故。

② 有的外购件、标准件的生产厂家(特别是工业先进国家的外购件、标准件),将腐蚀环境和使用条件,一一列入使用手册或产品使用说明书之中,要慎重选择。对于没有提供腐蚀环境和使用条件的厂家,一定要咨询这方面的内容,并获得腐蚀防护的技术参数。

③ 对于没有进行腐蚀防护处理的外购件、标准件,要根据所设计产品的腐蚀环境和使用条件提出腐蚀防护的订货要求。比如,表面处理的方式、耐腐蚀等级等。

④ 总体设计指导文件中,一定要写入外购件、标准件腐蚀防护方面的具体条款和技术参数要求,用于指导分系统和零部件设计人员的设计工作。

4.2 分系统(部件)设计的腐蚀防护问题

分系统(部件)设计与总体设计不同,从腐蚀防护方面关注的主要是设备部件之间(包括与基础之间)和部件本身的腐蚀环境(工作环境)与结构形状的关系问题。一个产品(一台设备)都处在同一个大气腐蚀的环境中,为什么有的部件发生了腐蚀破坏,而其它部件却未发生腐蚀破坏,本节将从不同角度分析这一问题。

4.2.1 产品(设备)与地基或建(构)筑物的处理

我们如果注意观察一下周围的各种机械设备,类似图 4-9 中所反映的腐蚀现象非常普遍。设备基础承受着很大的压力并起着重要的作用,可是在设备与基础的界面上,腐蚀是最严重的区域,直接威胁着设备的使用安全。

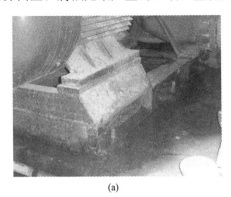

(a) (b)

图 4-9 产品(设备)与地基或建(构)筑物处理不当的案例

ISO 12944-3 对于混凝土与设备（钢铁）的过渡界面，提出了解决方案，见图 4-10。在条件允许的情况下，尽量不要选择将设备底部深入到±0.00（地平面）以下的结构方案，高于地面或与地面齐平对于腐蚀防护是非常有利的。

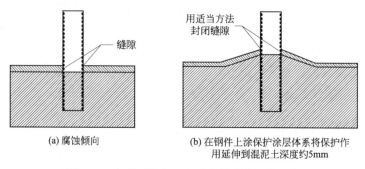

图 4-10 产品（设备）与地基界面处理的方案

4.2.2 减少积水、积尘的结构形式

在金属腐蚀过程中，水起着非常关键的作用，如果没有水的存在很多腐蚀就不会产生，特别是含有各种污染物的粉尘溶解到水中，将会加快金属的腐蚀速率，造成更大的损失。如果产品（设备）设计时，能够最大限度地减少设备上的积水、积尘，就会减少腐蚀损失，延长设备使用寿命，提高济效益。

减少积水、积尘的方法有很多，其中做好结构设计是很重要的内容。例如，设备外形应尽量简单、光滑，外表面要减少间隙，凹槽和坑洼；放置在室外设备的上顶面的平顶改为圆弧或有坡度的屋脊形状；储罐和容器的内部形状应有利于液体排放；管道系统内部要流线化，使流动顺畅；不使用易吸收水分和液体的绝缘、隔热、包装材料等。对于不可避免的缝隙，如各种结构缝、设备壳体与导管和电缆的接缝等，均应用密封胶、密封条、发泡剂等材料进行密封，参照图 4-11、图 4-12。

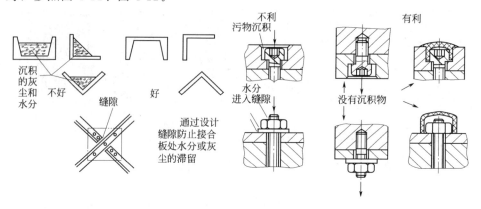

图 4-11 减少积水、积尘的结构形式一

第4章 产品设计结构形式与腐蚀防护

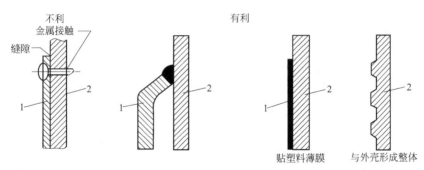

图4-12 减少积水、积尘的结构形式二
1—装饰件，铭牌等；2—外壳

4.2.3 局部通风、除湿设计

产品（设备）的局部通风设计目的，是解决一般结构形式无法克服的问题，防止水分（湿气，潮气）和其它有害介质的滞留、聚集，以便减少金属的腐蚀。比如，大型钢箱梁内表面在采用腐蚀防护涂层的同时，安装风机和除湿机降低钢箱梁内部的湿度，将腐蚀速率控制在最低水平，延长桥梁的使用寿命。再如，安装在潮湿、通风不良的地下室内的设备，如果有通风除湿设计，将会大大改变设备所处的腐蚀环境，减少各种腐蚀事故的发生。

通风、除湿的类型及结构形式有多种多样，需要根据实际情况进行设计，届时请机械工程师查找有关采暖通风空调的专业的技术资料进行设计，在此不再赘述。

4.2.4 连接(焊接)部位的处理

一台产品（设备）之中，需要有大量的连接（焊接）部位。正是这些部位，如果处理不好（设计不当），将会带来大量缝隙腐蚀、焊缝腐蚀。图4-13(a)是设备出厂后一年内发生的腐蚀，图4-13(b)是难以用涂装涂层进行腐蚀防护的结构形式。

在连接部位所形成的狭窄缝隙、搭接、不合格的焊缝会积留水分、尘埃、表面处理用的磨料等腐蚀介质，具备了腐蚀发生的条件，从而形成腐蚀破坏。除了采用密封措施来减轻这种可能的腐蚀以外，我们在结构形式设计时，要注意采取各种良好的结构形式，来控制或避免腐蚀的发生。

当用螺栓螺母、螺纹、铆接两个零件时，被连接的表面要尽量平直、完整，在可能的情况下对连接面和垫片使用密封胶进行密封。外露突出表面的紧固件要尽量减少，最好采用埋头铆钉和螺钉，必要时把突出表面的紧固件进行密封保护。在可以选择的情况下，应该尽量使用焊接代替螺栓螺母、螺纹、铆接，见图4-14、图4-15。

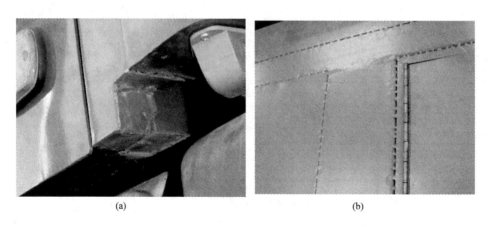

图 4-13 连接（焊接）部位的结构形式及腐蚀

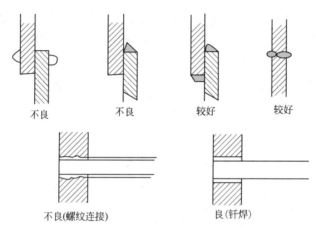

图 4-14 使用焊接代替铆接和螺纹连接一

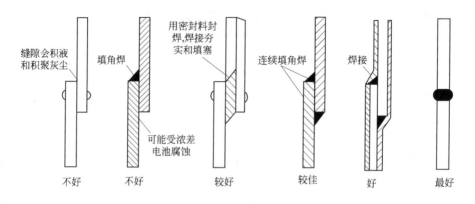

图 4-15 使用焊接代替铆接和螺纹连接二

最好采用对头焊，避免搭焊。最好采用连续焊，避免点焊或间断焊。最好单面焊两面成型，避免多层多道焊。焊条和焊丝宜选用比母材高一级（电位较正）或同级材料。若选用较低级材料（电位较负），会造成母材大阴极、焊缝小阳极的加速腐蚀。异种金属焊接时，最好采用过渡垫板，防止母体材料合金的稀释，因焊接而影响母体金属的耐腐蚀性能（见图4-16～图4-18）。

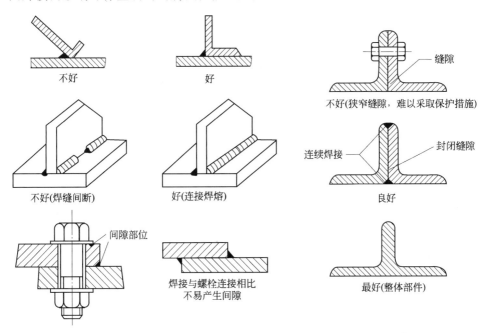

图4-16 选择对腐蚀防护有益的焊缝形式一

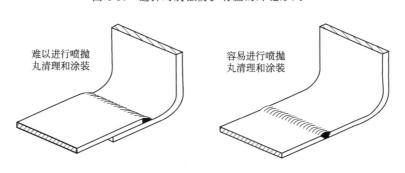

图4-17 选择对腐蚀防护有益的焊缝形式二

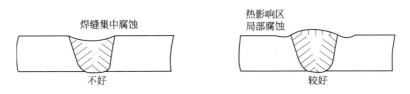

图4-18 焊条选用不当造成的腐蚀

焊接后的焊缝表面应该没有表面粗糙、截槽、砂眼、焊口、溅沫等缺陷，这些缺陷将使腐蚀防护涂层体系难以有效地覆盖在表面上，影响防腐蚀效果，如图 4-19 所示。

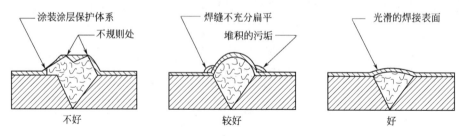

图 4-19　焊缝表面质量不好影响腐蚀防护质量

对于热交换器管子和管板的连接，也有其特殊的焊接要求，胀接、常规型焊接、绝热环型焊接均会留下容易引起腐蚀的缝隙，最好进行背部深孔密封焊，见图 4-20。不锈钢换热器管子和复合钢板管板连接如无法避免缝隙，管板碳钢部分可作为阳极，保护不锈钢部分，使不发生缝隙腐蚀和应力腐蚀破裂。两个部件之间需要垫片（或垫圈）进行密封时，也应该注意其连接的方式。不同的方式所产生的腐蚀防护效果是不同的，见图 4-21。

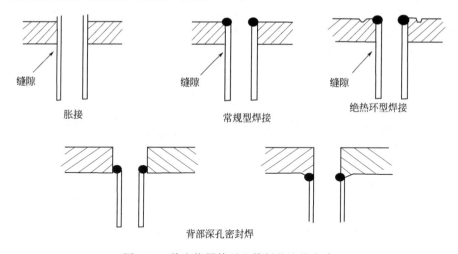

图 4-20　热交换器管子和管板的连接方式

4.2.5　异种金属、非金属接触界面的处理

在产品（设备）设计中，常常使用不同的金属材料组合连接形成一个部件或者一个分系统，这时一定不要忘记电偶腐蚀的问题。即使一个简单产品，也会发生电偶腐蚀，见图 4-22。

当产品（设备）处于连续或周期暴露于潮湿的环境中时，具有不同电极电位

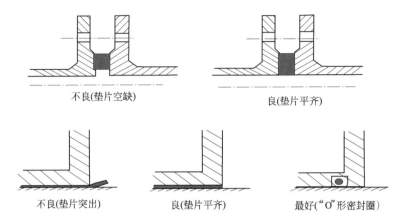

图 4-21　各种垫片方式对腐蚀防护的影响

图 4-22　一个简单产品的电偶腐蚀现象

的两种金属之间存在导电连接时,则两种金属中电极电位低的金属将被腐蚀。这种电偶的形成,加速两种金属中电杯电位低的一种金属的腐蚀速率。腐蚀速率联同其它因素,取决于连接的两种金属之间的电位差、它们的相对面积、电解质溶液的特性和作用时间的长短。

在产品设计中,避免和控制电偶腐蚀发生的方法和措施,详见表 4-2。

表 4-2　产品设计中避免和控制电偶腐蚀发生的方法和措施

序号	避免和控制电偶腐蚀的措施	说明
1	尽量避免采用异种金属接触的结构形式	可以根本上避免电偶腐蚀的发生
2	不可避免时要选用电极电位接近的异种金属	可以减弱电偶腐蚀发生的程度
3	在异种金属接触时,一定要尽量降低阴极面积与阳极面积比,避免大阴极与小阳极的组合方式。对铆钉、锁销、螺纹紧固件要采取腐蚀防护措施,尽量避免小阳极区的出现	当阳极面积比阴极面积小得很多时,且覆盖阳极阴极的溶液有良好导电性时,严重电偶腐蚀的危险性很大。建议紧固件、小螺钉、小铆钉要用与被连接件的同类金属制造

续表

序号	避免和控制电偶腐蚀的措施	说明
4	在异种金属界面间加入第三种金属材料,降低异种金属材料的电位差	该材料的电极电位要介于两异种金属的电极电位之间,可以减弱电偶腐蚀发生的程度
5	当所使用的异种金属之间电位差大时,可以采用合适的镀层、化学覆盖层或涂装涂层,控制电偶腐蚀的发生	涂层涂覆后,由于腐蚀电流路径加长而电阻增加,可以使电偶腐蚀速率显著降低
6	在相接触的金属材料间插入绝缘材料(塑料、橡胶、密封胶等)	隔绝腐蚀电流的通路,阻止电偶腐蚀的发生
7	选择合理的结构设计形式,使水分、可溶性盐类不易积聚或存留而覆盖在异种金属的接触面上	电偶腐蚀仅在有电解质如潮湿环境下局部接触的地方才可能发生,若在干燥的环境就没有这种腐蚀危险
8	异种金属形成的组合件,不能用石墨做润滑剂	石墨对所有的结构金属均为阴极。含石墨的铅笔也不能用来标记金属零件
9	可以采用牺牲阳极法保护异种金属形成的组合件	被保护的金属应为腐蚀电池的阴极而不受腐蚀

各种具体避免控制电偶腐蚀的方法,详见图 4-23～图 4-25。

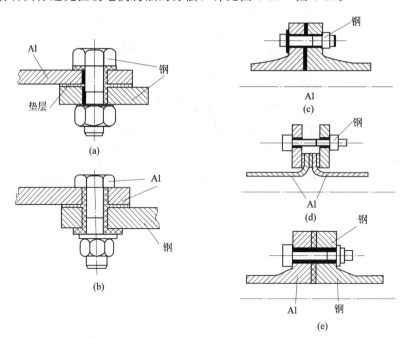

图 4-23 避免控制电偶腐蚀的方法一

4.2.6 局部构件温度差别的处理形式

当我们进行产品(设备)设计时,经常会遇到过热构件(部件)和过冷构件

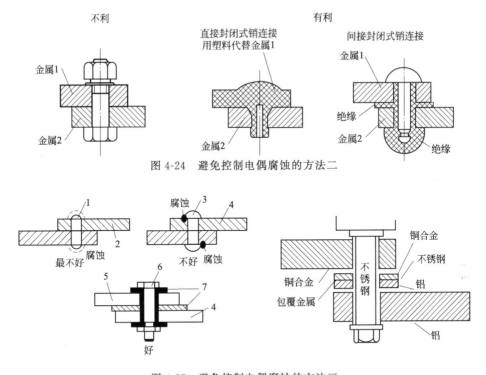

图 4-24　避免控制电偶腐蚀的方法二

图 4-25　避免控制电偶腐蚀的方法三

1—铝铆钉；2—钢；3—钢铆钉；4—铝；5—铜；6—钢螺栓；7—绝缘衬套及垫料

（部件）组合到系统中的问题。对于这些过热或过冷的构件，必须采取适当的措施，否则将会引起局部腐蚀破坏的加重。①当局部温度高于或低于周围温度时，不同温度会形成电位差，高温的局部往往是阳极，低温的局部是阴极，引起腐蚀

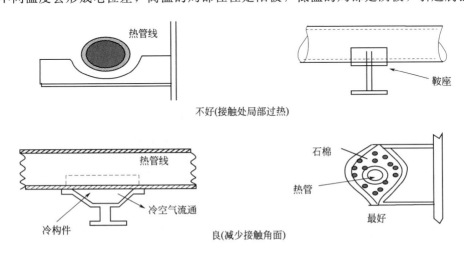

图 4-26　避免高温设备（构件）对周围各构件的热影响

破坏；②局部温度过低，具有腐蚀介质作用的冷凝液会析出，加速腐蚀过程；③局部温度过高，过热点产生应力，易引起应力腐蚀破裂。

因此，在结构设计时，要注意避免局部过热现象的发生，比如，被焊组件的厚度不要相差很大，应保证有均匀的温度梯度；加热盘管最好安装在容器中心，不要紧靠器壁；与高温（或低温）气体接触的构件，要局部进行隔热等，如图4-26 所示为其中的一例。

4.3 零件设计要注意的腐蚀防护问题

零部件设计是在总体设计和分系统设计确定的基础上进行的，因此，与其共性的相互联系的东西也是要有的，比如，零部件的外形应尽量简单、光滑，不应形成凹形，避免死角；避免水或腐蚀性液体积聚，减少腐蚀的机会等。实际设计时，各种情况会有交叉，过程中也会有反复进行的场合。但是，零部件腐蚀防护设计要求的不同点还是非常明显的，我们所要关注对象（零件）的具体腐蚀环境（微观环境）和腐蚀防护设计也会随之变化，以下将详细介绍具体内容。

4.3.1 零件边缘（棱）的处理

如果零件的边缘（棱）非常锐利，不但影响设备的外观和使用功能，更严重的是非常不利于腐蚀防护，见图4-27，经过2年使用的零件，在绝大部分外表面完好的情况下，边缘部位却发生了严重的腐蚀。其原因就是边缘过于尖锐，当进行涂装时，由于涂料的流动作用，自然地使边缘处变薄，降低了腐蚀防护性能。另外，在涂装工进行打磨时，非常容易打磨掉边缘的底漆和中涂，仅有一道面漆

图4-27 零件边缘（棱）处发生涂层脱落金属腐蚀现象

作为防护层，其腐蚀防护能力可想而知。而且，在储运、使用过程中，边缘部位最容易受到机械磨损。为了使涂装涂层能够均匀地附着在边缘上且达到规定的涂层厚度，要求边缘要进行圆滑处理（参见图 4-28），绝对不能有毛刺的残留。因此，在零件的设计图纸上，一定要标注边缘处理的技术要求；制造过程中产生的所有锐边，均应该打圆或切成斜面，而且孔洞周围以及其它切割边上的毛边、毛刺，要彻底予以清除。

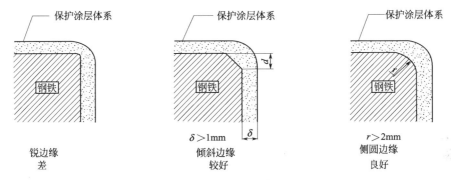

图 4-28　零件边缘必须进行圆滑处理

但是，对于边角处理的加工成为解决这个问题的难题。如果使用大中型机床进行加工，成本太高，并且有些零部件根本无法进行加工，因此造成此类问题迟迟得不到解决。根据笔者几年进行"边角处理机"的设备和工艺的开发经验，对于厚度≥5mm 的钢结构件，已经研究出操作简单（类似打磨机）、成本低廉、适应强的设备和工艺，目前已进入生产试用阶段，不久会在机电产品行业大范围的普及。

在机电设备中经常会大量使用薄板件（厚度在 0.5～5mm），既有冷轧板也有热轧板，有的是完整的平板，有的是冲压成各种花纹或透空（镂空）的格栅、图案。在整机零部件腐蚀调查中，此类腐蚀问题最为突出，需要引起产品设计工程师的高度重视。

对于薄板件的边缘最好进行包边处理，同时使用密封胶进行密封；或者使用其它材料（如塑料、橡胶等）进行胶黏覆盖。薄板件的角在进行设计时，一定要设计成圆弧状，不可设计成直角。对于使用于室外的设备或机械，不要设计冲压（镂空）图案，如确实需要，可以使用非金属的复合材料代替金属材料；或者使用钢管、带有圆角的型材进行焊接或拼装。

4.3.2　零件阴角、阳角的处理

每种零件均会有阴角、阳角的结构，这些部位也是最容易发生腐蚀的部位，从图 4-27 中也可以看到这种现象，具体原因与边缘（棱）腐蚀的情况类似。

死角（阴角）处最容易积累液体腐蚀介质和粉尘，在零件设计时，要尽量避免死角的产生,参见图4-29(a)。在无法避免死角时,要考虑腐蚀防护的方法以及实施的工艺可能性的问题,可以参考图4-29(b)的做法。

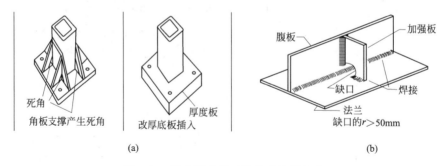

图4-29 避免死角及对死角的处理方法

4.3.3 零件孔、洞的处理

仔细观察我们所使用的机械设备,大多数的腐蚀是从各种各样的孔洞开始的。图4-30是未涂装的孔洞,因处理不当,洞口边缘和内部均产生了腐蚀破坏。图4-31为需要采取的措施示例。

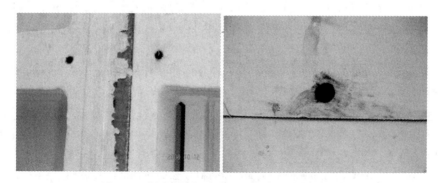

图4-30 螺孔/穿孔/盲孔未进行腐蚀防护处理,
在储存/运输期间产生严重的腐蚀

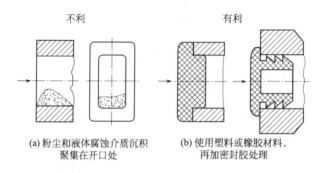

图4-31 对孔洞要进行腐蚀防护处理(堵、塞)

孔洞腐蚀破坏的原因在于：①水或者其它液体腐蚀介质、风尘等容易聚集，而且很难进行清理；②一般喷涂的涂装涂层难于有效保护；③使用吸水材料（如报纸）进行堵塞；④未采取确实有效的腐蚀防护方法。

要解决此类问题，在设计时需要注意以下几点：①在条件许可的情况下，尽量减少孔洞的数量；②当无法避免留有孔洞时，要多采用通孔，减少盲孔；③对于外露的孔洞（如工艺孔），要使用不吸水的塑料或橡胶材料，四周涂抹密封胶后再进行堵塞，或者使用不透水的聚氨酯发泡材料，堵塞电缆、管线穿过时留下的孔洞；④对于不能堵塞的孔洞，要使用防锈油、防锈蜡、专用涂料进行处理。

4.3.4 箱形零件、空心零件的处理

箱型零件（其内部可接近并可进行操作的封闭或开放式箱体零件）和空心零件（内部不可接近且不可操作的具有内部空间的零件）由于其具有各种功能特点，在机械设备的设计中经常被选择使用。但此种零件的腐蚀防护问题有着其特有的问题，必须加以注意。

① 开放式的箱形零件、空心零件，其内部空间与大气相通，具有大气腐蚀的特点。由于其内部是箱体结构或空心结构，容易积水造成腐蚀。因此，此类零件必须设置清理空间以及在最下端设计排水口，以便可以经常清理内部的腐蚀介质，减少腐蚀的发生。

② 封闭式的箱形零件、空心零件，其内部空间不与大气相通，如果封闭得好，其内部即使不进行表面处理，也不会引起腐蚀，关键是要做好密封，使其保持完全封闭状态。其边缘应该进行连续焊，并检查焊缝的密封性能。对于断续焊缝，必须使用密封胶予以密封，见图4-32。对于有活动盖板的，其盖板也要进行密封。

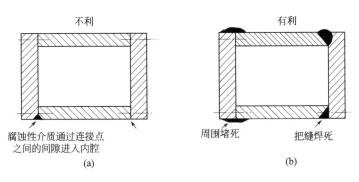

图4-32 箱形零件的密封（横截面）

③ 设计时要注意开放式的箱形零件、空心零件的结构形式，能够比较方便地进行腐蚀防护（比如涂装、电镀、热浸锌等）工艺的实施。

4.3.5　零件设计与零件腐蚀防护前表面状态的关系

在零件设计图纸上，对于零件在腐蚀防护（比如涂装）前表面状态有技术要求的比较少，这就直接导致了在生产制造中，对于腐蚀防护前表面状态缺少质量检验的依据，将很多难以弥补的缺陷和问题带入到腐蚀防护车间或工厂。最为明显的例子就是涂装车间无法对零件的表面缺陷进行实质性修补，不得已的情况下，使用多次涂抹腻子的被动方法，结果造成最终的涂装涂层整体附着力、耐水性、耐腐蚀性变差，经常在短时间内（几个月或一年内）出现涂层裂纹、起泡、脱落、锈蚀的现象。

主要问题及建议：

① 对零件的材料表面状态没有具体的限制和规定　比如，钢材锈蚀的表面状态有 A、B、C、D 四种，对于要求较高使用寿命较长的装饰防护性涂层，C、D 级钢材是不能使用的，否则只有使用腻子弥补，如图 4-33 所示。建议在图纸上注明必须使用某某等级的材料，从源头上控制好腐蚀防护的问题，以避免出现在腐蚀防护车间发现后已经无法或来不及返工的现象。

图 4-33　使用表面状态不合适的材料将影响腐蚀防护的效果

② 对于零件焊接、机加工后的表面状态没有具体技术要求，导致腐蚀防护难以实施　如图 4-34 所示，需要装饰保护性涂装涂层的表面，在机加工后遗留下了多道不规则的高于平面 1~2mm 的痕迹，为了装饰要求不得不大面积刮涂腻子，严重影响腐蚀防护效果。当然，还有零件平面的粗糙度等技术要求问题。建议对于零件焊接、加工后的表面状态，在零件图纸上提出具体的可以进行质量检验和工序间控制的技术要求。

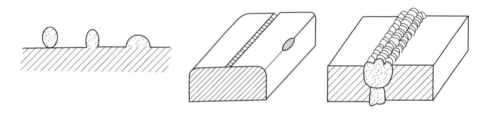

图 4-34　对焊接、机加工表面未提技术要求
会影响腐蚀防护的效果

4.3.6 设计中应注意零件的应力腐蚀问题

材料（结构）在应力因素单独作用下的破坏属于机械断裂（包括机械疲劳）；材料（结构）在腐蚀环境因素单独作用下的破坏属于一般性腐蚀破坏；当应力因素与腐蚀环境因素协同作用于材料或结构时，则发生应力作用下的腐蚀破坏，若导致构件断裂破坏则称为应力腐蚀破裂。

机械应力或残余应力在一定的腐蚀环境中均会引起应力腐蚀破裂。如拉伸应力、焊接应力等与腐蚀环境共同作用，就会引起更大的破坏作用。如果材料的使用环境属于发生应力腐蚀破裂（SCC）的特定环境，那么当材料受到拉应力时就可能发生 SCC，导致严重的腐蚀问题。在腐蚀过程中，只要微裂纹一旦形成，其扩展速度要比其它类型局部腐蚀快得多，而且材料在破裂前没有明显征兆，所以是腐蚀中破坏性和危害性最大的一种。引起应力腐蚀破裂的应力有较多的种类，见表 4-3 的统计数据。

表 4-3 应力腐蚀破裂（SCC）事故按应力的分类

序号	应力的种类	件数	比例/%
1	加工残余应力	55	48.7
2	焊接残余应力	35	31.0
3	操作时热应力	17	15.0
4	操作时工作应力	4	3.5
5	安装机器时的约束力	2	1.8
6	合计	113	100

由表 4-3 我们可以看出，加工、焊接的残余应力对应力腐蚀破裂（SCC）影响是很大的，两项合计比例为 79.7%，为了防止结构零件发生应力腐蚀，在设计时必须充分考虑其结构形式和加工、焊接的工艺问题，如图 4-35 和图 4-36 所示，详细内容参见表 4-4。

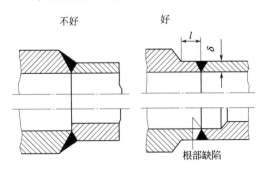

图 4-35 不同壁厚管件的焊接方式

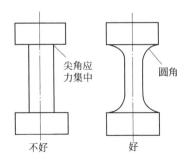

图 4-36 减少应力集中的设计对比

表 4-4　产品设计中避免和控制应力腐蚀破裂（SCC）的方法和措施

序号	避免和控制应力腐蚀破裂(SCC)的措施	说明
1	查阅材料手册选择在该侵蚀环境中对应力腐蚀不敏感的、最抗应力腐蚀的材料,尽量避免采用有残余应力的金属材料	例如,大部分奥氏体不锈钢具有极好的抗应力腐蚀性能;在低合金高强度钢中,加硅可以提高钢的抗应力腐蚀性能。采用过时效热处理能提高铝合金抗应力腐蚀性能等
2	零件的最大工作应力,应控制在临界应力以下的应力腐蚀安全区内。强度设计中应考虑材料和结构的强度核算是否符合腐蚀环境的要求	在腐蚀介质条件下,一般地考虑安全系数和许用应力是不够的,必须考虑对强度的影响,并进行必要的核算
3	暴露在腐蚀介质中的零部件,要采取各种措施避免应力集中。考虑设备因热膨胀、振动、冲击等引起的变形	如结构构件中的开口应开在低应力部位,选择合适的开口形状和方向控制应力集中
4	在零件的高应力区,应尽可能使零件单方向受力,避免在一个方向上既受高应力,同时又承受其它方向的力	在零件的高应力区尽量不要铆接一些其它传力元件,使零件在承受高应力的同时又承受其它牵连应力
5	在零件的高应力区尽量不要钻孔或截面的突然变化,如果不可避免时,应适当加大零件的厚度	构件的承载能力在应力最大的地方被凹槽、尖角、切口、键槽、油孔、螺纹等所削弱
6	零件的形状要力求简单,在零件截面变化处,过渡圆角不应小于 3mm	应避免零件横截面积的突然变化,不同截面之间力求过渡均匀
7	严格控制零件的表面残余应力。沿材料纤维的表面残余拉应力不应超过技术标准规定约最小屈服强度的 50%,长横向不应超过屈服强度的 35%,短横向不应超过屈服强度的 15%	严格控制制造过程中消除残余应力的处理工序,力求将残余应力降到最低
8	用表面喷丸、喷砂、锤打等方法消除表面拉应力并引入压应力,即抵抗应力腐蚀能力增强。零件的热处理必须按材料技术条件的规定进行,尽可能采用各种有效措施减小热处理变形	例如,需要在最终热处理之后进行磨削的高强度钢制零件,磨削后必须进行回火以消除磨削应力
9	装配件应由膨胀系数相近的材料制造;零、部件的装配和总装时装配应力减至最小;零件都应避免强迫装配。当受装配的两个零件表面不平行时,必须按规定的划平半径和划平圆角进行划平	例如,在自然状态零件之间不贴合时应加垫片来消除间隙,当间隙大小超过加垫允许厚度时零件应进行返修。用螺栓连接装配时,受装配的两个零件的表面必须平行,螺栓轴线必须垂直于零件表面,避免在螺栓中产生附加弯曲应力
10	设计时要考虑控制腐蚀介质所形成的腐蚀环境,最大限度减少	应力腐蚀破裂是应力因素与腐蚀环境因素协同作用的结果,因此,应注意排除或减少腐蚀环境因素的影响

4.3.7　零件腐蚀疲劳的问题

腐蚀疲劳是金属材料在循环应力或脉动应力与腐蚀介质的联合作用下引起的断裂。腐蚀和疲劳的联合影响所造成的恶劣影响远比它们单独作用时大得多。交变应力明显加速了腐蚀作用,腐蚀明显加速了疲劳断裂。绝大多数金属和合金在交变应力作用下在任何介质中都可以发生疲劳断裂。

腐蚀疲劳不要求特定介质,只是在容易引起孔蚀的介质中更容易发生。疲劳裂纹通常呈现为短而粗的裂纹群,裂纹多起源于蚀坑或表面缺陷处,大多为穿越晶粒而发展,只有主干,没有分枝,断口大部分有腐蚀产物覆盖,断口呈脆性断裂。在交变应力作用下,位错往复地穿过晶界运动而不会在晶界上堆积,随时间的推移,产生滑移台阶,提供了孔蚀的活性点,蚀孔形成提高应力的作用,诱发产生初始裂纹,裂纹尖端成为阳极区,优先溶解。在交变应力作用下,促进裂纹扩展成为宏观的腐蚀疲劳裂纹。

这是一种严重的腐蚀破坏形式。生产中常用的泵轴、油井钻杆、舰船的推进器轴、舵、矿山卷扬机、牵引钢索等设备均存在腐蚀疲劳的问题。特别是在有交变应力和特种腐蚀介质组合的条件下,更易于发生腐蚀疲劳。因此,要进行预防腐蚀疲劳的设计,主要方法和措施详见表4-5。

表4-5 产品设计中避免和控制腐蚀疲劳(CF)的方法和措施

序号	避免和控制腐蚀疲劳(CF)的措施	说 明
1	根据使用环境,正确选用耐腐蚀疲劳的材料	一般说来,抗点蚀性能好的材料,其腐蚀疲劳强度也较高;而对应力腐蚀断裂敏感的材料,其腐蚀疲劳抗力也较低。由于钢的强度愈高,通常其腐蚀疲劳敏感性愈大,因此选择强度低的钢种一般更为安全。提高材料的耐蚀性能对改善其抗腐蚀疲劳性能一般是有益的
2	减小零件所受到的交变应力幅值,禁止载荷、温度或压力的急剧变化	应进行合理设计,注意结构平衡,防止颤动、振动或共振出现,可控制腐蚀疲劳
3	设计上注意结构合理化,避免引起内应力;设计圆滑的拐角过渡结构,减少应力集中	使整个构件的强度和受力都很均衡;避免缝隙结构,适当加大截面尺寸
4	加大危险截面的尺寸和局部强度,改善危险截面的形状	在确定部件尺寸时,应把非关键部件上的无效材料去掉,用来加强受力较大的危险截面
5	零件要有足够的柔性,降低由于热膨胀、振动、冲动对工作中结构可能产生的应力	设计的结构不能产生颤动、振动或传递振动
6	用热处理方法来消除应力或用喷丸强化、碾压、磨光等方面促使其表面产生压应力	采用消除内应力的热处理。通过氮化、碳氮化、喷丸、滚压、高频淬火等表面硬化处理,引入表面残余压应力
7	选择合适的表面粗糙度;及时消除摩擦、刻痕和腐蚀损伤	例如,一般铸件表面容易存在孔洞、砂眼和夹杂等缺陷,这些地方易于积聚腐蚀介质而被腐蚀,还可能成为腐蚀疲劳的危险区
8	涂覆表面腐蚀防护涂层、添加缓蚀剂可以提高零件的耐腐蚀疲劳性能	采用表面防腐层(涂层、镀层等),并注意涂层的完整性和光洁度,可以改变材料的耐腐蚀疲劳性能
9	实施电化学保护技术,如采用阴极保护技术,可减轻腐蚀疲劳	阴极保护技术已成为广泛用于海洋金属结构物腐蚀疲劳的防护措施

参 考 文 献

[1] 成大先主编. 机械设计手册：第1卷. 第4版. 北京：化学工业出版社，2002.
[2] 李金桂主编. 腐蚀控制设计手册. 北京：化学工业出版社，2006.
[3] 柯伟. 中国工业与自然环境腐蚀调查. 全面腐蚀控制，2003，(01).
[4] 齐祥安. 涂装涂层系统与系统工程. 现代涂料与涂装，2009，(04).
[5] ISO 12944-1～8 色漆和清漆-涂层防护体系对钢结构的腐蚀防护　第1～8部分.

第5章

产品设计腐蚀防护与原材料的选择

机电产品设计工程师在进行设计时,常常要考虑材料的力学性能、物理性能及工艺性能,这是理所当然的。但是,金属材料的耐腐蚀性能却往往容易被忘记或者被忽视,致使产品耐腐蚀性不足或者因产品的腐蚀造成大量损失。表5-1为

表5-1 外部环境、材料结构、腐蚀过程、耐蚀性能内容及相互关系

序号	材料腐蚀要素及其关系	各类要素主要内容	解释及说明
1	外部环境	自然环境: ①大气(乡村大气、工业大气、海洋大气) ②水(海水、淡水、工业水等) ③土壤(黏土、砂砾、腐殖土、污染土等) ④生物(海生物、微生物、细菌、真菌、霉菌等) 工业环境: ①酸、碱、盐、有机化合物介质 ②液态金属介质 ③熔岩介质 ④高温氧化介质 使用工作环境: ①应力(工作应力、残余应力) ②工作温度 ③工作压力 ④速度 ⑤工作介质(其它)	自然环境是腐蚀的外因,提供产生腐蚀介质。如大气环境中,有湿度、温度、氧气、盐雾、二氧化硫、二氧化碳、硫化氢、粉尘、风速等诸多影响因素 工业环境可理解为:人为环境,材料或构件所处的较大的工作环境 使用工作环境是材料或构件的具体、局部的小环境,也可以说是工况环境 根据需要可以人为地模拟外部环境进行腐蚀试验
2	材料结构	①金属热力学的稳定性(可由金属电极电位的高低进行比较) ②金属的钝化(在腐蚀介质中能够形成钝化膜) ③金属表面的腐蚀产物膜(能够形成致密的蚀产物薄膜层)	材料自身的结构是腐蚀的内因,合金成分、组织结构、表面状态等对材料耐腐蚀性的影响很大 材料的结构形状、制造过程、工艺操作等多种因素也对材料的耐蚀性亦有较大影响
3	腐蚀过程	材料经过各种各样的腐蚀过程才能显示出其耐蚀性:如大气曝晒试验,加速腐蚀试验,整车试验场的试验,材料或设备使用中的腐蚀过程等	材料只有经过一定的有意识的或无意识的腐蚀过程,才能够判断该材料在一定条件之下的耐腐蚀性能

续表

序号	材料腐蚀要素及其关系	各类要素主要内容	解释及说明
4	耐蚀性能	评价材料的耐腐蚀性,要根据材料所处的环境及试验过程,考虑其耐腐蚀性的指标: (1)均匀腐蚀程度的评定方法 ①重量法 ②深度法 ③电流密度表征法 (2)局部腐蚀程度的评定方法 需要根据具体腐蚀类型,以及对材料或结构安全可靠性的影响等来选择适用的评定方法 对于点蚀的评定,可以采用点蚀密度、平均点蚀深度、最大点蚀深度等指标进行综合评价 断裂寿命或断裂时间法适用于应力作用下的腐蚀 电阻率的改变适用于多数局部腐蚀等	根据材料在试验、使用过程中的破坏或失效情况进行,评定材料的耐腐蚀性能。因此,需要大量地积累各类材料的腐蚀数据,从中找出有规律性的东西,以便于各行各业的应用

外部环境、材料结构、腐蚀过程、耐蚀性能内容及相互关系。

一般金属材料的耐蚀性,是指它们在各种各样的腐蚀环境或介质中具有一定的耐腐蚀性能,是金属材料的重要性能之一。外部环境(外因)作用于材料结构(内因),经过一定时间的腐蚀过程,就可以得出不同材料的耐蚀性能数据。外部环境、材料结构、腐蚀过程、耐蚀性能内容及相互关系,如表5-1所示。

机电产品设计工程师在选择金属材料的过程中,要以各种材料的耐蚀性数据作为对比的依据。但是,材料在环境中的腐蚀过程是一个比较复杂的物理、化学过程,环境不同,材料不同,腐蚀过程不同,由此会造成腐蚀破坏形式上的多样化,即使是同一种材料,也会产生很多种不同的耐蚀性能数据。因此,当我们看到耐蚀性能数据表格时,必须注意分析其外部环境、材料结构(包括外部形状等因素)、腐蚀过程(包括时间等因素)、背景资料(技术条件),才能比较合理地使用耐蚀性能数据。否则,将会出现较大的偏差,带来不必要的损失。

腐蚀及防护专家和工程技术人员,在实际工作中积累了丰富的、大量的腐蚀和防护数据,并汇编成书,可以供机电产品设计工程师参考。另外,随着计算机信息技术的发展,腐蚀与防护数据库及专家系统正在建立与完善,可以为我们提供很多具有实用价值的腐蚀数据和腐蚀防护方法。

机电产品设计工程师所面临的材料使用环境,多数是在大气环境中,为此,本章重点对常用金属材料在大气环境中的腐蚀性能进行介绍,兼顾其它腐蚀环境的资料。

为了比较各种金属材料的耐蚀性的优劣,常常使用腐蚀速度(腐蚀速率)进行表示,请注意下述的腐蚀速度的单位及其表示方法〔克/(米^2·小时)、克/(米^2·天)、克/(分米^2·天)、毫米/年(mm/a)、毫米/月(mm/m)、微米/年(μm/a)、英寸/年(iny)、密尔/年(mpy)〕。

5.1 耐蚀金属材料的选择流程

机电产品（设备）的结构形式确定后，必须考虑耐蚀金属材料的选择问题，具体流程请参照图 5-1。在结构设计与材料选择的程序上，也有穿插或者同时进行的情况。

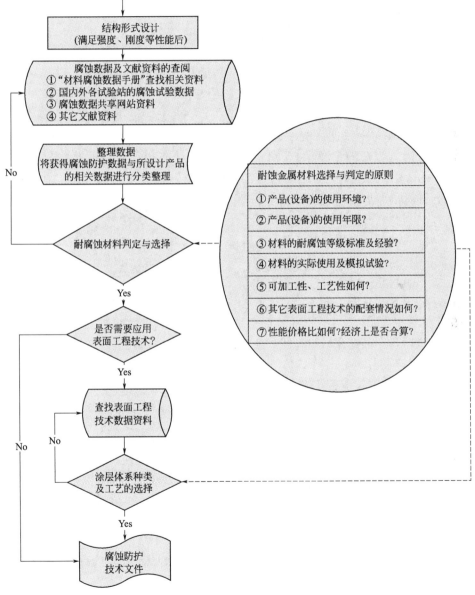

图 5-1 耐蚀金属材料的选择流程图

5.2 耐蚀金属材料选择与判定的原则

在掌握了一定的腐蚀数据之后,需要对已有的资料进行选择和判断,选材应遵循如下基本原则。

(1) 详细分析产品(设备)的使用环境

一般来说,由材料通过加工形成零件,由零件组合成部件,由部件装配成整机。应该说总体环境、局部环境、微观环境对金属材料均有影响,请参见表 1-4 大气环境中主要腐蚀因素与产品结构的设计和本书图 1-12 大气环境、工作环境、具体环境的关系。对于材料来说,大气腐蚀主要影响因素有:温度、露点温度、湿度、积水 pH、水中 SO_4^{2-} 浓度和 Cl^- 浓度;H_2S 和 NH_3 浓度、Cl^- 浓度、SO_2 浓度、NO_2 浓度;非溶性降尘、水溶性降尘;风速;应力,振动等。

除此之外,还应该调查了解该材料在整体设备中所处的位置特点,如果将该材料使用在这个位置,应该思考:

① 该材料对哪些类型的腐蚀敏感?
② 该材料的腐蚀速率是多少?
③ 该材料可能发生哪些腐蚀类型?
④ 该材料相接触的部位是否可能存在电偶腐蚀?
⑤ 该材料承受应力的类型、大小和方向等,是否会发生应力腐蚀、腐蚀疲劳、腐蚀磨损?
⑥ 该材料如果存在某种腐蚀,通过表面工程技术的处理,是否可以进行改变或者满足产品的耐腐蚀性要求?
⑦ 其它。

(2) 根据产品(设备)的使用年限分别确定所使用的材料

一台产品(设备)整体的使用年限(使用寿命)是统一规定(设定)的,但各个部位的腐蚀环境程度是不同的,因此,就需要根据零部件所处的具体环境选择各式各样的材料。在容易腐蚀和不易维护的部位,要选择高耐蚀性的材料,选择腐蚀倾向小的热处理方式方法。对于承载构件用材料,不能仅仅考虑拉伸强度和断裂韧性 K_{IC} 值,还必须考虑材料在应力作用下的腐蚀敏感性问题。另外,还要考虑所选用的材料作为基体,若与各种表面工程技术结合,能延长多少时间的使用寿命等问题。

各种腐蚀数据手册和资料库中均有大量的腐蚀数据,可以查找相关的耐腐蚀年限,但目前相当多的情况还是需要腐蚀防护技术人员的经验和分析判断能力,需要具体设备的经验数据的积累。

(3) 正确使用金属材料的耐腐蚀等级标准及经验数据

查找腐蚀数据可以对材料的耐腐蚀性能有一个全面的了解，克服设计人员的片面性。比如，有人认为不锈钢是不锈的，结果设计时随便选一个型号的材料，最后造成腐蚀事故；还有人认为防锈铝可以防锈，不需要进行表面处理等。当仔细看过不锈钢和防锈铝在各种腐蚀环境下的腐蚀数据之后，就会发现并非如此。

查找到腐蚀数据后，如何衡量其耐腐蚀等级也是一个重要的问题。为了分析和评价材料的耐腐蚀性能，有人将腐蚀速度按照均匀腐蚀的三级标准、四级标准和十级标准进行耐蚀程度的评价，如表5-2～表5-4所示。

表 5-2　金属均匀腐蚀三级标准

耐蚀性等级	腐蚀速率/(mm/a)	耐蚀性评价
1	<0.1	耐蚀
2	0.1～1.0	可用
3	>1.0	不可用

表 5-3　金属耐腐蚀性的四级标准

级别	腐蚀速率/(mm/a)	耐腐蚀评价
1	<0.05	优良
2	0.05～0.5	良好
3	0.5～1.5	可用，腐蚀较重
4	>1.5	不适用，腐蚀严重

表 5-4　铁基合金材料耐蚀性的十级标准

级别	腐蚀速率/(mm/a)	耐腐蚀评价	级别	腐蚀速率/(mm/a)	耐腐蚀评价
1	<0.001	完全耐蚀	6	0.1～0.5	尚耐蚀
2	0.001～0.005	很耐蚀	7	0.5～1.0	尚耐蚀
3	0.005～0.01	很耐蚀	8	1.0～5.0	欠耐蚀
4	0.01～0.05	耐蚀	9	5.0～10.0	欠耐蚀
5	0.05～0.1	耐蚀	10	>10.0	不耐蚀

对于上述标准，使用时应该注意如下两个问题：

① 各标准中所列数据及等级的划分都是均匀腐蚀情况下的数据和判定。实际使用时，这种情况并不多见，常常是局部腐蚀。因此，需要具体情况具体分析，不可简单套用，需要查找一些经验数据和设备的腐蚀数据及实例。

② 各标准中所列数据及等级的划分的使用是有条件的，使用时必须查清腐

蚀数据测定的腐蚀环境或腐蚀条件。在不同的腐蚀环境中，材料的腐蚀速率是不一样的。比如，如果查得某材料在甲地区的腐蚀速率＜0.1mm/a，属于"耐蚀材料"；但在乙地区该材料的腐蚀速率可能会＞1.0mm/a，属于"不可用材料"。

(4) 要重视材料的实际使用经验和模拟试验

材料的实际使用经验，无论是成功的实例还是失败的实例，对于材料的选择都是有好处的。已公开出版的手册、文献以及我国自然环境条件下的腐蚀数据库，均登载有大量的材料的实际经验，应该仔细查找、详细了解各方面的情况，借鉴失效或成功的经验，在设计阶段就减少腐蚀造成的损失。

当资料中所列的使用条件与实际使用条件并不完全一致时，就需要进行材料的腐蚀试验。有条件的企业可以自己进行，也可以委托第三方的实验室进行试验。腐蚀试验应是接近于实际环境的模拟试验，条件许可时还应进行现场（挂片）试验，甚至实物或应用试验，以便获得材料可靠的腐蚀性能数据。

(5) 要考虑材料的可加工性和工艺性

即使不进行腐蚀防护设计，机电产品设计工程师亦要考虑材料的物理性能（如耐热、导电、导热、光学、磁学性能等）、力学性能（如强度、硬度、弹性、塑性、冲击韧性、疲劳性能等）和加工工艺性能（如机加工、铸造、焊接性能等）。需要强调的是，考虑物理性能、力学性能和加工工艺性能的同时，必须结合腐蚀防护的设计。

(6) 要综合考虑所选材料与其它表面工程技术的配套问题

在产品（设备）设计时，机电产品设计工程师面对的很多材料是进行过表面处理的，比如：彩色钢板、彩色夹心板、镀锌钢板、富锌铝板、铝塑板、钢塑复合材料等。随着工业技术的进步和环境保护的加强，各种类型的复合材料还会大批量出现。在选择材料时，要尽量选用经过表面处理的材料，避免成型之后再使用表面工程技术进行加工。因此，需要机电产品设计工程师熟悉这类材料的耐腐蚀性能，以便决定将其应用到机电产品合适的部位。同时，要考虑避免制造过程中对于已表面处理过的材料的损伤。

对于未进行过表面处理的材料，一般都要考虑进行涂装、电镀、氧化等表面处理工艺。适当的防护，如涂层保护、电化学保护及施加缓蚀剂等，不仅可以降低选材标准，而且有利于延长材料的使用寿命。

(7) 在选择材料时，要进行全寿命周期经济效益分析

全寿命周期经济效益分析（life cycle cost analysis）就是"在使用寿命期内总费用的技术经济综合分析"。从图 5-2 我们可以看出：一般在选择材料时，往往倾向于 A 类的投入方式，即：首期投入所花费用较低，但今后使用过程的费用（维修费等）很高，全寿命周期内总费用较大，经济效益较差。但如果选择 B 类的投入方式，即：首期投入所花费用较高，但今后使用过程的费用较低，全寿命周期内总费用较小，经济效益较好。在预期的使用寿命范围内，计算材料费用（或者首期投入）与经常性的维修费用、停产损失、废品损失、安全保护费用等各项费用，进行多方案比较，选择全寿命周期内经济效益最好的方案。

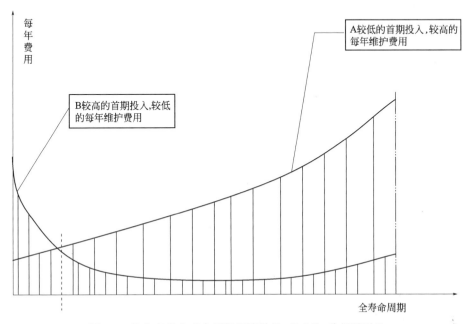

图 5-2 机电产品全寿命周期经济效益（LCC）分析及对比

通常考虑的有这样几个方面：

① 自动化生产线、高精尖设备、重要军事装备，如果因腐蚀问题损坏、停产，可能造成重大经济损失，要选择耐蚀性比较好的材料；

② 制造费用大大高于材料费用的设备，也要选择耐蚀性好的材料；

③ 对于一般简单设备、对于生产生活不会造成大影响的设备，即使被腐蚀也可方便更换零部件，不会造成大的损失，可以考虑采用成本较低、耐蚀性稍差的材料；

④ 在可以使用普通结构材料如钢铁、非金属材料等时，不采用昂贵的贵金属；

⑤ 在可以用资源较丰富的铝、石墨、玻璃、铸石等材料时，不用不锈钢、铜、铅等；

⑥ 在其它性能相近的情况下，尽量选择不污染或少污染环境的材料，多选用便于回收的材料。

5.3 常用金属材料的参考数据

5.3.1 金属耐蚀性概述

金属材料一般包括金属和合金两种。由金属元素组成的单质叫做金属。由一种金属与另一种（或几种）金属或非金属组成的具有金属通性的物质叫做合金。机械制造中常用的金属材料主要是黑色金属材料（钢、铁材料等），其次是有色金属材料及其合金。

金属材料的性能包括物理性能（密度、熔点、热膨胀性、导热性、导电性和磁性等）、化学性能（耐蚀性、抗氧化性和化学稳定性）、力学性能（强度、塑性、硬度、冲击韧性和疲劳强度等）、工艺性能（铸造性能、锻造性能、焊接性能、切削加工性能和时效处理工艺性能等）。

耐蚀性是金属材料能够经受周围环境（腐蚀介质）而不被腐蚀的能力，是化学性能中的一个部分，与其它性能一样，是设计、制造、维修设备时不可缺少的重要内容之一。但是，由于金属的腐蚀与防护是一门由材料、冶金、化学、电化学、物理、力学和微生物学等多门学科交叉渗透所形成的边缘性的技术科学，一般机电产品设计工程师要掌握好有一定的难度，因此，常常出现对金属材料耐蚀性认识、考虑不全面的问题。

由于一般的机电产品主要应用在大气环境中，为此本节重点对常用金属材料在大气中的耐腐蚀性能进行介绍，对于在水中（海水、淡水、工业水等）、土壤中（黏土、砂砾、腐殖土、污染土等）、工业环境中的耐腐蚀性能仅做简单叙述，供读者在实际工作中做参考使用。表5-5为常用金属材料的耐腐蚀性能；表5-6为常见介质中最耐蚀的合金；表5-7为金属材料在大气环境中的腐蚀类型和外观。

表5-5 常用金属材料的耐腐蚀性能

金属材料	耐 蚀 性 能
钢	碳钢在潮湿工业大气、海水及酸性介质中会产生缝隙、电偶、局部、晶间腐蚀等。合金钢耐蚀性优于碳钢，但在没有保护措施的情况下，仍具有碳钢的各种腐蚀特点。高强度钢还有严重的氢脆、应力腐蚀倾向 碳、合金元素与钢的耐蚀性关系如下 碳：在酸性溶液中，碳含量高腐蚀加剧；在大气、淡水、海水中影响不大 铜：铜含量在0.08%时，已能明显提高钢的耐大气腐蚀性，有磷存在时更明显，微量的铜在0.03%~0.08%时，可提高钢在海水、淡水中的耐蚀性 镍：镍能提高钢对酸、碱、海水的耐蚀性，添加量0.5%~2.0%时已明显提高了耐海洋大气腐蚀。镍能提高钢的抗腐蚀疲劳性 铬：3%以上的铬能明显提高低碳钢的耐海洋、工业大气腐蚀性，同时提高了耐H_2S的腐蚀性，但不能增加耐碱、硝酸盐的腐蚀性 硅：在低合金高强度钢中，加硅可以提高钢的抗应力腐蚀性能，在钢中硅含量大于1.5%时，在3.5%NaCl水溶液中应力腐蚀开裂速度减慢

续表

金属材料	耐 蚀 性 能
不锈钢	在大气条件下，一般含铬13%以上铬钢可自发钝化，有良好的耐蚀性。在氧化性的酸和碱等化学介质中，铬含量需要在17%以上才可能钝化。在浸蚀较强的介质中为使钢钝化或保持稳定钝态，需在含铬18%的铬钢中，增加Ni、Mo、Cu、Si等元素或增加含铬量 在氯化物溶液中，不锈钢会产生点蚀 奥氏体不锈钢会产生晶间腐蚀，降低碳含量在0.03%以下，可防止晶间腐蚀。添加Ti和Nb可在500～700℃范围不产生晶间腐蚀倾向。在热处理中，避免敏化温度或发现有晶界腐蚀倾向时可重新固溶处理(1065～1120℃加热后水冷或急冷)或退火处理(850～900℃加热后缓冷)。在焊接时，应选用超低碳钢或含Ti和Nb不锈钢和超低碳钢或含Nb不锈钢焊条快速焊接。采用氩弧焊时，避免接头过热，焊接后快速冷却或在870～1150℃下稳定化处理 奥氏体不锈钢会产生应力腐蚀。选用高铬铁素体不锈钢、铁素体-奥氏体双相钢、超低碳含Mo不锈钢、高镍不锈钢等可减少应力腐蚀倾向，细化晶粒、控制残余应力、高温回火消除内应力、提高表面光洁度、清洁表面都可减缓应力腐蚀倾向 马氏体不锈钢有Cr13、Cr17型。总的说来，马氏体不锈钢可获得高强度，同时有一定耐蚀性，但要注意合理的热处理温度，否则会产生晶间腐蚀和应力腐蚀倾向
铜合金	铜合金在大气中是耐蚀的，表面生成$Cu_2O \cdot CuCO_3 \cdot Cu(OH)_2$保护膜。在pH6～12范围内，铜在淡水、盐水中是耐蚀的 Pb、O、S分别与铜形成低熔点共晶体，存在于晶界，热加工时开裂即热脆 S、O也能与铜形成高熔点共晶体，在冷加工时形成冷脆 含氧量较高的铜在氢气氛中加热，氢扩散到铜内，产生水蒸气，并有足够应力使铜合金产生显微裂纹、破裂称为氢脆 加工硬化的黄铜，特别在锌含量较高时在潮湿大气、海水、氨介质中会产生应力腐蚀开裂，因为与湿热季节有关称为季裂。经冷压加工的黄铜，应在250℃下保温1h作退火去应力处理，或在黄铜中加适量的As以降低应力腐蚀倾向 在普通黄铜中加入Al、Pb、Fe、Si、Mn等元素耐蚀性显著提高 铜合金容易变色，可采取钝化、化学转换膜等方法减缓
铝合金	铝合金在干燥大气中，表面生成一层非晶状态的保护膜。在中性介质中耐蚀性好，但不耐卤素离子破坏，在潮湿大气、工业大气，在酸性和碱性介质中，由于氧化膜破坏而不耐蚀。在一定条件下，铝合金有应力腐蚀与晶间腐蚀的倾向 提高合金纯度，降低杂质含量，在高强度铝合金中添加微量Mo、Zr、V、Cu、Cr、Mn等元素对抗应力腐蚀有一定的改善 采用时效热处理能提高铝合金抗应力腐蚀性能。加工、热处理时应注意避免铝合金可能产生晶间腐蚀的温度区域 消除热处理、表面处理、冲压、翻边、扩口、弯曲时产生的张应力。采用喷丸或高温时效热处理，可提高铝合金的耐应力腐蚀性
钛合金	钛合金容易生成稳定的氧化膜，并能很快自行修复。在潮湿工业、海洋大气中耐蚀性也很好。钛合金在氧化性酸中耐蚀性好，在非氧化性酸中耐蚀性差，即与钝化膜的生成与溶解有关。钛合金不会产生点蚀、晶间腐蚀，但有应力腐蚀倾向。几乎所有的Mo、V钛合金都具有抗应力腐蚀开裂能力。Ti-Al合金在氯化钠溶液中，应力腐蚀敏感时与铝、氢、氧含量增加有关 钛合金经过热加工成形、空气中热处理后，在合金表面会产生一层气体污染层。该层含有氧、氢、氮，需采用机械加工或酸洗方法将污染层全部去除 钛合金不允许镀镉，加工、装配中也不允许与镀镉件接触 钛合金在焊接后，应作热处理消除应力，热处理后的氧化皮也要全部去掉 钛合金银铜焊件应避免在高温下使用，防止产生应力腐蚀裂纹

续表

金属材料	耐蚀性能
镁合金	镁合金在大多数介质中都不抗蚀,即使在纯水中也会遭受腐蚀,镁合金在酸性、中性、弱碱性溶液中都不耐蚀。在碱性溶液中(pH值大于11),由于生成钝化膜,抗蚀性较好,镁合金对氧离子敏感,并使钝化膜破坏 镁合金中金属、非金属杂质对耐蚀性影响大,一般限制 Fe<0.017%、Cu<0.1%、Ni<0.005% 在大气、海洋大气、水中镁合金必须有妥善的防护措施,在与其它金属钢、铜接触时也必须采用相应的防护措施,防止电偶腐蚀 Mg-Al系镁合金对应力腐蚀敏感性大,在设计中应防止应力集中和截面突变。在加工中应防止局部受热,选择合理的热处理规范减少应力腐蚀倾向。零件退火可消除镁合金残余应力
银	易受硫化物腐蚀变暗。化学及电化学钝化能使银的抗硫化、抗酸雾性提高。钝化后的银对可焊性能有一定影响,对电导率影响较小
粉末冶金	通过粉末烧结,铁、不锈钢、黄铜、青铜、镍银镍制成的零件,由于表面积大和多孔,所以比固态金属更易受腐蚀。可以用浸蜡封闭、电镀等方法提高耐腐蚀性

表 5-6 常见介质中最耐蚀的合金

腐蚀介质	耐蚀材料	腐蚀介质	耐蚀材料
工业大气	纯铝	硝酸(稀)	不锈钢
海洋大气	不锈钢、纯铝	硝酸(浓)	铝
湿蒸汽	不锈钢	硫酸(稀)	铅
海水	镍合金、钛合金	硫酸(浓)	钢
纯蒸馏水	锡	盐酸	镍基合金、高硅铁
1%~20%碱溶液	低合金钢、镍合金	热氧化性溶液	钛合金

表 5-7 金属材料在大气环境中的腐蚀类型和外观

金属材料	对材料敏感的腐蚀类型	腐蚀产物
结构钢	表面氧化和点蚀,均匀腐蚀,应力腐蚀,氢脆,腐蚀疲劳	红棕色氧化物
不锈钢	点蚀(奥氏体不锈钢比马氏体不锈钢耐腐蚀性能好),晶间腐蚀(由于热处理不当),缝隙腐蚀,高强度不锈钢应力腐蚀,氢脆,腐蚀疲劳	表面粗糙证明已腐蚀,有时为红色、棕色或黑色锈蚀
铝合金	表面点蚀,晶间腐蚀和剥蚀,应力腐蚀,腐蚀疲劳	表面起泡,出现白色或灰色粉末
钛合金	耐腐蚀性能好,长期或重复与氯化物溶液接触可使金属结构性能下降,磨蚀,镉脆	白色或灰色粉末
铜合金	表面腐蚀,晶间腐蚀,应力腐蚀	蓝或蓝绿粉末状沉积物
镁合金	对点蚀和均匀腐蚀十分敏感	白色粉末,雪花状粉末,表面有白色斑点
镉(钢的保护层)	耐腐蚀性能好,若发生了腐蚀,腐蚀产物能保护钢免受腐蚀	白色腐蚀产物,底材上有红色锈斑
铬(钢的耐磨镀层)	在氯化物环境中会产生点蚀	底材上有锈斑

5.3.2 黑色金属

(1) 碳钢

碳钢是生产、生活中大量使用的结构材料之一，均匀腐蚀是其主要的腐蚀形式，也会因各种腐蚀条件的变化产生种种局部腐蚀。长期在大气暴露的钢材表面都有锈层存在，对碳钢而言，其表面锈层一般保护作用较弱。但是，低合金钢中的耐候钢表面锈层，对基体的保护作用则较强，因此耐候钢的腐蚀规律和一般碳钢有一定的差别。

碳钢按其不同的碳含量可以分为低碳钢（碳含量 0.25%～0.55%）和高碳钢（碳含量＞0.60%）。普通碳钢在大气、自然水和海水以及一般的化学作用比较缓和的环境中，都容易产生腐蚀。在干燥空气中（即铁表面没有水和其它液态介质凝聚），铁表面生成稳定的氧化亚铁薄膜。而在有水汽、氧和其它腐蚀介质存在的情况下，氧化亚铁膜被破坏，其基体金属不断受到损害而被腐蚀。

碳钢的耐蚀性差，在大气、淡水及海水中均不耐蚀，但它的工艺性好，成本又低，所以在腐蚀条件不太苛刻时仍大量选用，必要时可采用表面保护等辅助手段来改善抗腐蚀能力。合金元素中以 Cr 的效果最佳，含 3%Cr 的钢在海水中使用时腐蚀速率可下降 50%。

表 5-8、表 5-9 分别为碳钢在大气中的平均腐蚀速率（$\mu m/a$）、碳钢在不同大气暴晒下的腐蚀速率；表 5-10 为 Q235 钢在不同城市的 8 年大气暴晒腐蚀速率测试数据（$\mu m/a$）；表 5-11 是不同含铬量的低碳钢在大气条件下的耐腐蚀稳定性；表 5-12 给出了五种碳钢的腐蚀速率；表 5-13 为钢铁的大气暴晒腐蚀（8 年平均）数据；表 5-14 是几种钢在大气暴晒 5 年的腐蚀速率；表 5-15 为碳钢在北京地区的腐蚀性能对比。

表 5-8 碳钢在大气中的平均腐蚀速率　　　　　　　　　　　单位：$\mu m/a$

金属名称	农村大气	工业大气	海洋大气
碳钢	15～150	7～460	57～200

表 5-9 碳钢在不同大气暴晒下的腐蚀速率

地　区	北京	包头	成都	青岛	武钢	广州
暴晒 5 年平均腐蚀速率/mpy	0.0103	0.0065	0.0233	0.0337	0.0133	0.0222

注：1mpy=1mil/a，1mil=25.4×10^{-6}m，下同。

表 5-10　Q235 钢在不同城市的 8 年大气暴晒腐蚀速率测试数据

单位：$\mu m/a$

城市名称	沈阳	鞍山	包头	北京	青岛	成都	武汉	江津	广州	珠海	万宁
腐蚀速率	8.25	9.69	5.8	9.9	24.9	22.91	10.3	21.7	16.5	27.3	91.4

表 5-11 不同含铬量的低碳钢在大气条件下的耐腐蚀稳定性

化学组分/%				腐蚀速率 /[mg/(dm² · d)]	化学组分/%				腐蚀速率 /[mg/(dm² · d)]
C	Cr	Mn	Si		C	Cr	Mn	Si	
海边大气,暴晒 540d									
0.074	—	39	0.30	7.74	0.56	7.28	0.61	0.33	2.78
0.064	1.02	0.39	0.23	6.78	0.060	9.32	0.67	0.31	2.48
0.064	2.18	0.35	0.30	5.50	0.056	12.53	0.73	0.31	0.42
0.044	3.15	0.50	0.32	4.44	0.042	18.57	0.70	0.40	0.08
0.066	5.34	0.56	0.32	5.25					
工业大气,暴晒 600d									
0.074	—	0.39	0.30	5.36	0.56	7.28	0.61	0.33	2.40
0.060	1.02	0.35	0.23	4.45	0.060	9.32	0.67	0.31	0.97
0.064	2.18	0.58	0.30	3.54	0.056	12.53	0.73	0.31	0.42
0.044	3.15	0.50	0.32	2.93	0.042	18.57	0.70	0.40	0.05
0.066	5.34	0.56	0.32	2.70					
工业海边大气,暴晒 540d									
0.068	—	0.30	0.10	12.90	0.060	7.24	0.33	0.20	3.33
0.062	1.01	0.29	0.10	16.20	0.060	9.13	0.33	0.18	2.81
0.052	2.09	0.26	0.15	11.55	0.080	12.58	0.76	0.48	0.005
0.042	3.07	0.35	0.19	4.83	0.080	17.26	0.45	0.32	0.0008
0.070	5.50	0.35	0.17	2.60					

注：试样（退火和去氧化皮的）尺寸 7.62cm×15.24cm×0.15cm，腐蚀产物去除方法，在5%硫酸中加缓蚀剂 10mL/s，用阴极去除，电流密度 0.153A/cm²，温度为 70～80℃，时间为 30～60min。

表 5-12 五种碳钢的腐蚀速率   单位：μm/a

地区 钢种	江津					万宁				
	1年	2年	4年	8年	16年	1年	2年	4年	8年	16年
Q235	68.8	53.1	32.5	21.7	14.1	42.8	31.9	48.3	91.4	—
20	80.3	64.4	38.5	25.9	17.0	38.9	35.5	57.2	130.1	—
09MnNb(S)	69.3	45.7	30.7	20.2	14.0	38.0	29.5	38.2	115.3	—
16Mn	77.6	65.0	35.4	26.7	17.1	44.8	37.6	70.1	138.1	—
08Al	117.9	111.0	65.1	52.1	32.4	59.2	86.0	225.4	339.0	—

表 5-13 钢铁的大气暴晒腐蚀速率（8年平均）

暴晒地点	碳钢	含铜钢(0.2%Cu)
工业地区	1200g/(m² · a)	800g/(m² · a)
乡村地区	250g/(m² · a)	150g/(m² · a)

表 5-14　几种钢在大气暴晒 5 年的腐蚀速率

钢号及腐蚀性能	地区	成都	广州	武钢	北京	包头	鞍钢[①]
Q235	腐蚀深度(mm/a)/相对耐蚀性(%)	0.0275/100	0.0273/100	0.0142/100	0.0117/100	0.0067/100	0.0195/100
16Mn		0.0258/107	0.0250/109	0.0141/101	0.0100/117	0.0067/100	0.0170/115
16MnCu		0.0213/129	0.0200/137	0.0106/134	0.0089/132	0.0060/112	0.0136/143

① 为 4 年暴晒结果。

表 5-15　碳钢在北京地区的腐蚀性能对比

材料牌号	平均腐蚀速率(μm/a)/腐蚀失重(g/m^2)				
	1 年	2 年	4 年	8 年	16 年
Q235	32.2/238.80	19.2/322.46	12.6/437.44	10.0/588.00	5.83/732.11
3C	29.3/220.78	19.0/302.61	12.5/414.78	12.6/568.52	5.83/732.14
20	36.0/251.37	20.8/350.06	13.3/487.49	11.1/678.89	6.04/803.47
08AL	36.4/270.52	21.8/377.28	16.0/526.18	12.1/733.84	7.45/947.07

(2) 低合金钢

所谓低合金钢，就是在碳钢中添加一些合金元素，添加这些合金元素后改善了碳钢的力学性能，并能不同程度的提高钢的耐腐蚀性能。低合金使用要求和环境不同，所以种类也很多，而且其合金元素稍有变化或添加方式不同性能有很大差别。表 5-16～表 5-19 介绍部分低合金钢大气腐蚀数据。

表 5-16　各种低合金钢的耐蚀性

类型	大　气	水	化学药品	其　它
铬钢	4%铬钢比普通钢高一倍	4%铬钢在淡水中比普通钢高一倍	4%铬钢在稀硝酸中溶解度加大，大于 4%铬钢溶解度比普通钢低 1/2～1/4，4%～6%铬钢在高温含硫油和硫化氢介质中的耐蚀性比普通钢高 3～10 倍	在高温空气中很耐氧化
硅钢	抗加热水蒸气比普通钢好	一般淡水中耐蚀		抗高温氧化性提高
铜钢	耐大气及酸性大气（含 CO_2、SO_2）稍有下降，加入 P<0.15% 耐蚀性提高	在淡水及海水中缓蚀	在 NaCl 水溶液中，耐蚀性下降	
镍钢			酸性水溶液中溶解度有加大倾向，在碱溶液中耐蚀性有提高	抗高温氧化性提高
镍铬钢	与普通钢差不多			抗高温氧化性提高
锰钢		在淡水及海水中与普通钢同	硝酸中溶解度下降，盐酸、硫酸中溶解度稍增，在盐溶液中与普通钢同	耐氧化性不如普通钢，在高温 CO 气体中，耐蚀性有提高

表 5-17 在工业区大气中低合金钢的腐蚀稳定性

钢的实验编号	钢的名称	10年的平均失重 /(g/m²)	平均厚度损失 /(μm/a)	相对稳定性
27	碳钢	373.2	45.7	1.0
15	碳钢	388.8	41.5	1.1
50	碳钢	333.5	16.3	1.1
12	含铜钢	212.0	26.0	1.7
1	HA-2	149.0	17.0	2.5
89	HA-2	191.9	23.5	1.9
96	HA-2	192.6	23.6	1.9
49	HAφ	137.6	16.9	2.7
98	HAφ	136.4	16.8	2.7

注：按均匀腐蚀计算。

表 5-18 低合金钢在北京地区的腐蚀性能对比

材料牌号	平均腐蚀速率(μm/a)/腐蚀失重(g/m²)				
	1年	2年	4年	8年	16年
16Mn	34.2/241.66	19.4/335.67	13.8/466.27	11.1/649.67	6.60/829.11
16Mn(Q)	29.4/210.86	19.3/300.27	12.2/427.58	10.1/608.89	5.86/727.77
D36	30.7/236.05	18.9/329.84	12.8/460.91	10.1/644.05	5.70/716.40

表 5-19 低合金钢在海洋大气中的腐蚀（在北卡罗来纳州海滨处暴晒15.5年）

组别	类别	成分/%									合金元素总量/%	失重/(mg/dm²)
		碳	锰	硅	硫	磷	镍	铜	铬	钼		
Ⅰ	高纯铁加铜	0.020	0.020	0.003	0.03	0.006	0.05	0.020				
		0.020	0.023	0.002	0.03	0.005	0.05	0.053			0.1	43
		0.02	0.07	0.01	0.03	0.003	0.18	0.10			0.4	29.8
Ⅱ	低磷钢加铜	0.040	0.39	0.005	0.02	0.007	0.004	1.03	0.06		1.5	17.3
Ⅲ	高磷钢加铜	0.09	0.43	0.005	0.05	0.053	0.24	0.38	0.06		1.2	16.9
		0.095	0.41	0.007	0.05	0.104	0.002	0.51	0.02		1.0	16.5
Ⅳ	高锰-硅钢加铜	0.17	0.67	0.23	0.03	0.012	0.06	0.29	0.14		1.4	16.6
Ⅴ Ⅵ	铜钢加铬和硅	0.072	0.27	0.83	0.02	0.140	0.03	0.46	1.19		2.9	6.3
Ⅶ	铜钢加钼	0.17	0.89	0.05	0.03	0.075	0.16	0.47		0.28	1.9	11.8
	镍钢	0.16	0.57	0.02	0.02	0.015	2.20	0.24			3.0	9.4
		0.19	0.53	0.009	0.02	0.016	3.23	0.07			3.9	9.2
		0.17	0.53	0.26	0.02	0.007	4.98	0.09			5.9	6.1
Ⅷ Ⅸ		0.13	0.23	0.07	0.02	0.007	4.99	0.03	0.05		5.4	7.5
Ⅹ	镍钢加铬	0.13	0.45	0.23	0.02	0.017	1.18	0.04	0.65	0.01	2.6	10.5
	镍钢加钼	0.16	0.53	0.25	0.02	0.013	1.84	0.05	0.09	0.24	3.0	9.8
Ⅺ	镍钢加铬和钼	0.10	0.59	0.49	0.01	0.013	1.02	0.09	1.01	0.21	3.4	6.5
		0.08	0.57	0.33	0.01	0.015	1.34	0.19	0.74	0.25	3.4	7.6
	镍铜钢	0.12	0.57	0.17	0.02	0.01	1.00	1.05			2.8	10.6
Ⅻ		0.09	0.48	1.00	0.03	0.055	1.14	1.06			3.8	5.6
		0.11	0.43	0.18	0.02	0.012	1.52	1.09			3.2	10.0

续表

组别	类别	成分/%									合金元素总量/%	失重/(mg/dm²)
		碳	锰	矽	硫	磷	镍	铜	铬	钼		
XIII	镍铜钢加铬	0.11	0.65	0.13	0.02	0.086	0.29	0.57	0.66		2.4	10.5
		0.11	0.75	0.23	0.04	0.020	0.65	0.53	0.74		2.9	9.3
		0.08	0.37	0.29	0.03	0.089	0.47	0.39	0.75		2.4	9.1
	镍铜钢加钼	0.03	0.16	0.01	0.03	0.00	0.29	0.53		0.08	1.1	18.2
		0.13	0.45	0.066	0.02	90.073	0.73	0.573		0.087	2.0	11.2

耐候钢即耐大气腐蚀钢，在钢中加入少量的合金元素（如 Cu、Cr、Ni 等），使其在基体金属表面形成保护层，提高钢材的耐候性能，同时保持良好的焊接性能。耐大气腐蚀钢有裸露使用的独特优点，但是在裸露使用方面尚存在问题：一是耐大气腐蚀钢在初期使用与普通碳素钢一样产生红锈，影响美观；二是生成稳定锈层时间长；三是海边和盐湖地区的高盐分环境中，生成稳定锈层很困难；四是为防止汽车冬季打滑，道路上使用的盐量增加，影响稳定锈层的生成等。

① 裸露使用 腐蚀产物慢慢地在基体金属上形成致密的锈层，即稳定化锈层，阻止了腐蚀的进行。裸露使用不施行涂装，在使用过程中不需要重新涂装补修，是最经济的使用方法。钢以裸露状态使用时，在锈层未达到稳定化之前，特别是初期的 2～3 年间内，仍有铁锈产生，污染周围环境。

② 涂装使用 作为结构件使用一般进行涂装，即使具有耐大气腐蚀性能的耐候钢也几乎与普通碳钢一样可以进行涂装使用，优点是能够比普通碳钢的涂装延长使用寿命。

耐候钢在北京地区的腐蚀性能对比见表 5-20。

表 5-20　耐候钢在北京地区的腐蚀性能对比

材料牌号	平均腐蚀速率(μm/a)/腐蚀失重(g/m²)				
	1 年	2 年	4 年	8 年	16 年
15MoMnVN	29.0/210.66	17.2/287.89	11.2/393.43	9.04/537.67	5.02/630.45
14MnMoNbB	33.4/260.99	19.8/346.70	13.0/460.56	9.78/611.81	5.75/722.54
009MnNb	27.7/192.05	19.8/294.61	13.0/451.95	10.8/693.31	6.66/837.02
09CuPTiRe	28.2/213.77	17.3/290.75	11.1/395.46	8.46/537.89	4.80/603.35
10CrMoAl	30.2/233.71	18.3/284.50	10.6/346.33	7.35/421.60	3.73/468.51
10CrCuSiV	28.0/200.61	16.4/262.82	9.60/344.35	7.35/451.09	3.46/435.04
12CrMnCu	32.0/254.68	19.8/343.87	12.8/464.31	9.80/626.92	5.50/691.30
09CuPCrNi	29.2/210.96	16.3/266.88	10.40/337.61	7.05/427.10	4.14/519.83
09CuPCrNiA	29.3/205.60	9.30/262.95	9.95/336.29	7.08/430.09	4.20/527.31
06CuPCrNiMo	26.7/274.93	27.2/322.58	9.83/378.47	6.73/444.05	3.92/492.34

(3) 铸铁

含碳量大于 2.06% 的碳铁合金称为铸铁，其中还含有硅、锗元素及硫、磷等杂质。由于铸铁中碳的存在形式不同,其组织和性能也不一样,一般可以分为:白口铸铁、灰口铸铁(也称普通铸铁)和球墨铸铁等。若在铸铁中加入合金元素又可制成各种合金铸铁。通常,灰口铸铁在大气中的腐蚀速率比碳钢缓慢。而有腐蚀介质的水溶液对铸铁容易引起腐蚀,在一般自来水流水中灰口铸铁比软钢的腐蚀倾向加大,可锻铸铁比灰口铸铁耐蚀性好。

耐蚀铸铁是指含有合金元素 Si、Cr、Ni 的铸铁。合金元素的加入量必须足以形成表面钝化膜,或者明显提高基体相的电极电位。高铬铸铁(含 26%~30%Cr)和高硅铸铁(硅含量>5%)主要依靠形成表面氧化膜而改善耐腐蚀性能,其适用的腐蚀介质与不锈钢接近。主要用于氧化性介质以及高温氧化条件下的炉子构件及热交换器等,在含有氯离子的情况下并不很好。高镍铸铁可以获得奥氏体基体,镍既有较高的电位又能形成钝化膜,它不易被氯离子所穿透,所以这类铸铁在海水及污水中有良好的耐蚀性,它在碱性溶液中抗蚀能力也优于不锈钢。

低合金铸铁的耐蚀性,见表 5-21。

表 5-21 低合金铸铁的耐蚀性

种 类	耐 蚀 性
铝铸铁	铝含量>5%的铸铁在大气和水中耐蚀性高,在酸类水溶液中腐蚀度下降,高温中很耐氧化
铬铸铁	耐蚀性比灰口铸铁低,在高温加热条件下,有防止反复加热冷却腐蚀产物产生成长的效果
硅铸铁	一般耐蚀性下降,对除氟酸以外的酸性水溶液抗蚀能力增大。随着硅含量的增加,高硅铸铁的耐腐蚀性能还会增加,当硅含量达到 16.5%时,它几乎能耐任何浓度的硫酸和硝酸腐蚀,也可以用来处理铜盐和湿氯气,并且对任何浓度和湿度的有机酸溶液都极耐蚀
铜铸铁	大气中锈蚀比普通铸铁缓慢,在淡水及海水中比较耐蚀。铜含量>0.25%的铜铸铁很耐碱性。添加少量铜的普通铸铁耐稀盐酸水溶液能力较高(高 2~3 倍),但耐硝酸、硫酸能力下降,含较多量的铜和镍的锰铸铁对硫酸、盐酸等稀溶液和大多数盐类及海水均耐蚀,但耐高温性下降
镍铸铁	在大气、流水和在高温下与灰口铸铁耐蚀性同,苛性碱水溶液中的耐蚀性为灰铸铁的 2 倍,耐反复加热性能差
镍-硅铸铁	一般耐蚀性无明显提高,对苛性碱耐蚀性高,耐反复高温加热性好
钒铸铁、铝铸铁	耐蚀性与灰铸铁同,耐热性均有增加

(4) 不锈钢

不锈钢种类繁多,按钢的微观组织分有四大类型,即奥氏体不锈钢、马氏体不锈钢、铁素体不锈钢、双相不锈钢。不锈钢为铁基材料,其中主要合金元素是铬和镍,有时还含其它元素,它们的碳含量及合金元素含量、强度及耐蚀性可在很大范围内变化,以满足不同使用条件的需要。

不锈钢的优良耐蚀性主要归之于它是一种强钝化材料,在其表面存在一层氧化物钝化膜,钝化膜均匀致密,耐腐蚀。不锈钢经过抛光等加工,具有非常光亮的表面,其装饰性极强,这是不锈钢常被选用作装饰零件的原因。不锈钢在许多介质环境,如含卤素离子(如氯离子)介质中容易发生点腐蚀、缝隙腐蚀、应力腐蚀破裂、腐蚀疲劳等损伤。不锈钢是典型的耐蚀合金,它们在空气、水、盐水溶液、酸以及其它腐蚀介质中具有高度化学稳定性。铬是保证"不锈"的主要元素,含铬量超过13%时,在大气中基本上不会生锈,铬量增加至18%时,表面氧化膜基本为Cr_2O_3所组成,使钢的抗高温氧化及耐蚀能力明显提高。

马氏体不锈钢是指在室温下保持马氏体显微组织的一种含铬不锈钢,其合金成分简单,除Cr含量较高外,添加提高耐蚀性的元素种类和含量均很少,定位在弱腐蚀性环境中使用。马氏体不锈钢耐蚀性是各类不锈钢中最差的,只有在腐蚀性弱的大气中才能保持基本上不锈。耐蚀规律为:普通大气中耐蚀;在湿热大气和海洋大气中腐蚀较严重;有尘粒表面比清洁光亮表面腐蚀为重;腐蚀首先从钢材表面缺陷处或尘粒沉积处开始;SO_2对其耐大气腐蚀性能影响不大。Cl^-促进点蚀发生和发展。

普通铁素体不锈钢对氧化性介质有良好的均匀腐蚀性能,耐蚀性比马氏体不锈钢要好,但对晶间腐蚀比较敏感,有很好的耐应力腐蚀破裂性能。对用于大气环境来说,铬含量达到13%以上的Fe-Cr合金一般就能在大气环境中自发产生钝化,对用于化学介质中的耐蚀钢,则需要含Cr17%以上才能钝化。在一些腐蚀性更强的介质中,为了使钢达到稳定钝态,还需提高铬含量或者向已含Cr18%以及Fe-Cr合金中添加其它可促进钝化或可提高合金热力学稳定性的Ni、Mo、Cu、Si、Pd等合金元素。一般,随着合金中Cr含量的增加,腐蚀电流密度值变得更小,钝化越容易。环境对其耐蚀性影响很大,可分为两类:一类是介质环境,促进形成钝态的,如所有的氧化剂、阳极极化(当Cl^-或其它阴离子活化剂不存在时)、介质温度的降低等,可增大铁素体不锈钢的耐蚀性。另一类是破坏钝化的,如Cl^-、H^+、阴极极化和介质升温等因素,都会降低不锈钢的耐均匀腐蚀性能。普通铁素体不锈钢在硝酸等氧化性介质中,大体上是耐蚀的,在中性或弱酸性介质中当有足够的氧时,耐蚀性也较好,而在还原性介质HCl、H_2SO_4及含Cl^-的其它酸性介质中,其钝化膜不稳定,耐蚀性不好。

奥氏体不锈钢不仅具有优良的耐蚀性能,并且具有良好的综合力学性能、工艺性能和焊接性能。奥氏体不锈钢还具有非铁磁性和良好的低温韧性,但Cr-Ni系奥氏体不锈钢其强度、硬度偏低,不适宜制作承受载荷和抗磨的零部件及设备。在许多腐蚀介质中,奥氏体不锈钢常发生点腐蚀、缝隙腐蚀、应力腐蚀破裂(SCC)、腐蚀疲劳(CF)等。

应该强调的是,所谓"不锈"只是相对的,一般认为钢的不锈特性与钢在氧化性介质中表面形成钝化膜现象有关。不锈钢在氧化性气氛中,包括在大气、水以及硝酸等氧化性酸溶液中,铬显示其良好的钝化能力。然而当溶液中含有卤族元素的离子，例如在 NaCl 水溶液或 HCl 溶液中，氯离子有穿透钝化膜的能力，从而破坏膜的完整性，产生点蚀、应力腐蚀、晶界腐蚀等，在这种情况下可以选用更高级别的不锈钢，如更高的铬和镍含量，更低的碳含量的不锈钢，如选用含钼的铬镍奥氏体不锈钢则效果更佳。表 5-22、表 5-23 表示不锈钢在大气中的平均腐蚀速率（μm/a）及不锈钢适用和不适用环境，表 5-24 为各种不锈钢的耐蚀性，表 5-25 和表 5-26 代表不锈钢在各种大气中的腐蚀倾向和不锈钢的腐蚀特性。

表 5-22　不锈钢在大气中的平均腐蚀速率　　　　　单位：μm/a

金属名称	农村大气	工业大气	海洋大气	应注意的腐蚀特点
耐海水不锈钢	0	0.3	1.3	点蚀、缝隙腐蚀

表 5-23　不锈钢适用和不适用环境

不锈钢可以抵抗下列环境的腐蚀	不锈钢不能抵抗下列环境的腐蚀
①很广浓度范围和很大温度范围下的硝酸 ②室温下含空气的、很稀的硫酸；假如加入 Fe^{3+}、Cu^{2+} 或硝酸作为缓蚀剂，那么，也可以用于较高浓度（如 10%硫酸）及沸点温度下，或者在较低温度下使用时，可采用加少量 Cu、Pt 或 Pd 等合金成分的方法。假如采用阳极保护，还可以提高在冷或热硫酸中的耐腐蚀性 ③多种有机酸，包括食品中常见的几乎所有种类的酸类以及乙酸（但不包括沸腾的乙酸） ④亚硫酸（不存在 SO_4^{2-} 或 Cl^- 时） ⑤碱类。除了在应力和热的浓苛性碱溶液同时作用的情况之外 ⑥大气环境。302 型和 304 型不锈钢一直成功地用来制作商店门面及大楼建筑装饰件。这两种型号以及 430 型不锈钢还用于汽车装饰件	①稀或浓的 HCl、HBr 和 HF；也不能抵抗水解后能产生这些酸的盐类腐蚀 ②氧化性的氯化物（如 $FeCl_3$、$HgCl_2$、$CuCl_2$ 和 NaClO） ③海水，除非短暂地使用或采用阴极保护 ④照相溶液，特别是含有硫代硫酸盐的定影液（会产生点蚀） ⑤某些有机酸类，包括草酸、甲酸和乳酸 ⑥受应力的奥氏体合金（如 304 型）在温度超过 60～80℃的含 Cl^- 及 O_2 的水中受腐蚀

表 5-24　各种不锈钢的耐蚀性

钢　号	耐　蚀　性
0Cr13、1Cr13 2Cr13、3Cr13 4Cr13	在弱腐蚀介质中，温度不超过 30℃条件下有良好的耐腐蚀性，例如盐水溶液、硝酸及某些浓度不高的有机酸食品介质等。对淡水、海水、蒸汽、空气亦有足够的耐蚀性
Cr14	有良好的抵抗大气腐蚀性能
Cr17 Cr17Ti Cr17Ni2	有良好的耐酸性，例如对氧化性的酸类，一般温度浓度工业用的硝酸、大部分有机酸（乙酸、甲酸、乳酸、苯酸除外）和有机酸的水溶液。淬火后低温回火有很高的耐腐蚀性
Cr17Mo2Ti	因含有钼，故抗腐蚀性较以上材料好，尤其对于有机酸（乙酸、果酸及其热烈酸）抗腐蚀性能好，甚至比 18-8 钢还好
Cr25Mo3Ti	除具有以上性能外，还能抗含高游离氯溶液的腐蚀
Cr25Ti	耐酸不起皮，具有较高的抗晶间腐蚀的性能

续表

钢 号	耐 蚀 性
Cr28	在硝酸介质中有高的耐腐蚀性
9Cr18	很耐蚀
9Cr18MoV 9Cr17MoVCo	很耐蚀
0Cr18Ni9	有较好的抗晶间腐蚀性能
1Cr18Ni9 2Cr18Ni9	良好的耐酸性
1Cr18Ni9Ti	适用于高腐蚀介质、硝酸及大部分有机酸和无机酸的水溶液,在各种不同温度浓度下使用,由于含钛具有很好抗晶间腐蚀性能
Cr18Ni11Nb	在海水及很多酸中均有好的抗腐蚀性能
Cr9Mn18	有好的耐蚀性
Cr17Mn9	可以高度磨光,与含同量铬的钢相似,有良好的不锈性能

表 5-25 不锈钢在各种大气中的腐蚀倾向

不锈钢种类 腐蚀环境	0Cr13 410	Cr17 430	0Cr18Ni9 304	Cr18Ni12Mo2Ti 316
田园地带	1~2	1~2	1~2	1~2
都市、中等程度的工业地带	4~5	4~5	3~4	2~3
环境苛刻的工业地带	6~7	5~6	3~5	3
临海地带	6~7	5~6	4~5	4

注:不锈钢在大气中暴露数年以后,外观一般可分为如下几种情况:1表示保持金属光泽;2表示光泽下降;3表示形成黑色污浊物;4表示最表层形成黄色保护模;5表示产生点锈;6表示产生相当多的锈;7表示全面锈蚀。另外,5~7都有程度不同的点腐蚀的侵蚀。

表 5-26 不锈钢的腐蚀特性

类型	合金		总的抗蚀性	抗应力腐蚀
	美国	中国		
奥氏体	301	1Cr17Ni7	高	很高
	302	1Cr17Ni7	高	很高
	304	1Cr17Ni7	高	很高
	310		高	很高
	316	0Cr17Ni12Mo2	很高	很高
	321	0Cr18Ni11Ti	高	很高
	347	0Cr18Ni11Nb	高	很高
马氏体	440C		低到中等,暴露于大气中发展特种红锈	敏感,敏感性随成分、热处理和产品类型不同而不同
	420	2Cr13,3Cr13,4Cr13		
	410	1Cr13		
	416			

续表

类型	合金		总的抗蚀性	抗应力腐蚀
	美国	中国		
沉淀硬化	21-6-9		中等	敏感,敏感性随成分、热处理和产品类型不同而不同
	13-8Mo		中等	
	15-7Mo	0Cr15Ni7MoAl	中等	
	14-8Mo		中等	
	17-4PH	0Cr17Ni4Cu4Nb	中等	
	15-5PH		中等	
	AM355		中等	
	AM350		中等	
	9Ni4Co-0.20C		中等	很高
	9Ni4Co-0.30C		中等	很高
	9Ni4Co-0.45C		中等	低
其它	A286		高	很高

5.3.3 有色金属

(1) 铝及铝合金

铝及铝合金一般在各种不同的腐蚀环境中，显示出良好的耐蚀性能，在大气中能长期地保持金属光泽。这是因为铝及铝合金处于钝化区，其表面形成一层致密的氧化膜，它阻碍了活性铝基体表面与周围大气相接触，故具有很好的耐蚀性。在潮湿大气中抗蚀性能明显下降，在海洋大气条件下铝及铝合金的抗蚀能力降低。铝及铝合金表面的氧化膜容易受到强酸、强碱溶液的侵蚀，氯离子能穿透这层氧化膜，并妨碍被损伤氧化膜的修复。特别是含铜的热处理强化铝合金，其析出相与基体相间的电位差较大，发生点蚀的倾向较大。

由于污染物的沉积，铝及铝合金的表面可能变得黯淡、灰色甚至黑色，甚至形成一些蚀坑，导致其轻微的表面粗糙，其腐蚀速率随时间延长而减小。铝及铝合金在不同地区的大气环境有很大差别，这取决于风向、阳光照射、降水量和气温等气象因素的变化；城市和工业污染物的数量和类型；空气中的盐分等因素。

铝及铝合金相对于大多数其它金属是阳极，因此要求绝缘，以避免和别的金属接触时发生双金属电偶腐蚀。但铝及铝合金同镁、锌、镉接触通常是安全的。如若氧化膜是完整的，或者通过阳极氧化而加厚，铝及铝合金是相当稳定的，对双金属接触几乎不显示影响。

某些高强度铝合金对应力腐蚀破裂敏感，这要求消除应力。许多铝合金遭受叠层腐蚀并快速发生和扩展。重要的是用实验方法评估铝合金，以确定它们是否有某种类型腐蚀的倾向，并通过适当热处理加以抑制。

表 5-27 是不同类别铝合金的耐腐蚀性；表 5-28 和表 5-29 为铝及铝合金在海洋大气中的平均腐蚀速率（μm/a）和常用铝合金海洋大气腐蚀试验结果（万宁海滨，距海水线 350mm）；表 5-30 说明从 10 年暴晒试验结果看铝合金在大气条件下的腐蚀稳定性；表 5-31 为 7A04 及 2A12 铝合金在工业海洋和农村大气中的 6 年暴晒试验结果；表 5-32 做出了三种铝合金在不同大气环境下腐蚀速率的比较（以北京大气为参照）；表 5-33 为铝及其合金在大气中的平均腐蚀速率（μm/a）。

表 5-27 不同类别铝合金的耐腐蚀性

类 别		耐 蚀 性
防锈铝合金	铝锰系，如：3A21	有优良耐腐蚀性。在大气和海水中其耐蚀性与纯铝相当，在稀盐酸溶液（1:5）中耐蚀性比纯铝低，比铝镁系合金高。3A21 合金在冷变形状态下有剥蚀倾向，这种倾向随着冷变形程度增加而加大
	铝镁系	在工业气氛、海洋气氛中均有较高耐蚀性，在中性或近于中性的淡水、海水、有机酸、乙醇、汽油及浓硝酸中耐蚀性也很好。由于 β 相的电位为 $-1.07V$，相对于 α 固溶体为阳极区，在电解质中首先融解，β 相沿晶界形成网状，耐蚀性（晶间腐蚀和应力腐蚀）严重恶化
锻铝合金	6A02	淬火自然时效状态耐蚀性与防锈铝类似。人工时效状态有晶间腐蚀倾向，合金中含铜量愈多，这种倾向愈大。铜含量小于 0.1% 时，人工时效状态具有良好的耐蚀性
	其它锻铝，如：2A50,2B50,2A14	都具有应力腐蚀破裂倾向，可经过阳极氧化并用重铬酸盐填充处理来防止腐蚀
硬铝合金	2A01	铆钉耐蚀性不高，加热超过 100℃ 有产生晶间腐蚀倾向。铆入结构时须经硫酸阳极化并用重铬酸钾填充氧化膜
	2A10	同 2A01 的耐蚀性
	2A11	有包铝的有良好的耐蚀性。不包铝的耐蚀性不高。加热超过 100℃，有产生晶间腐蚀倾向。表面阳极化与涂漆均有良好的保护作用
	2A12	有包铝的有良好的耐蚀性。挤压件耐蚀性不高。加热超过 100℃，有产生晶间腐蚀倾向。表面阳极氧化和涂漆后可提高不包铝的耐蚀性
	2A02	有应力腐蚀破裂倾向。须阳极化处理和用重铬酸钾填充氧化膜
	2A06	耐蚀性与 2A02 相同，加热到 150～250℃ 形成晶间腐蚀倾向比 2A12 小
	2A16	有包铝的耐蚀性合格,焊缝耐蚀性低,焊后应阳极化处理后再涂漆保护。挤压产品耐蚀性不高,200～220℃ 人工时效 12h,无应力腐蚀倾向,165～175℃ 人工时效 10～16h,有应力腐蚀倾向
高强度铝合金	7A04	具有应力集中倾向，易产生应力腐蚀裂开
	7A03	板材的静疲劳、缺口敏感应力腐蚀性能稍优于 7A04 合金,棒材与 7A04 合金相当
	7A05	抗腐蚀稳定性与 7A04 相同
低强度铝铸件	ZL-102	潮湿大气中腐蚀稳定性较好
	ZL-303	抗腐蚀稳定性较好

续表

类别		耐 蚀 性
中强度铝铸件	ZL-101	抗腐蚀稳定性较好
	ZL-302	抗腐蚀性能好
高强度铝铸件	ZL-201	抗腐蚀性能差
	ZL-202	抗腐蚀稳定性不高
	ZL-203	T6状态具有高的强度和较好的耐腐蚀性能。T5、T6耐应力腐蚀性能较低,可喷漆保护,提高抗应力腐蚀性能

注：铝合金的耐蚀性，很大程度取决于热处理工艺和生产操作，因此，热处理工艺应合理，操作应严格按照工艺参数。

表5-28　铝及铝合金在海洋大气中的平均腐蚀速率　　　单位：$\mu m/a$

铝合金	山东青岛			海南万宁		
	1年	3年	6年	1年	3年	6年
8A06M	0.34	0.24	0.23	0.41	0.19	0.31
3A21M	0.43	0.24	0.26	0.29	0.12	0.24
5A02M	0.32	0.22	0.16	0.27	0.15	0.26
6A02CS	0.85	0.47	0.35	—[①]	0.13	0.27
7A04	2.5	1.3	0.74	1.7	0.78	0.41
7A04CSYO[②]	0.36	0.23	0.13	0.11	0.073	0.066
2A12CZ[②]	0.28	0.25	0.38	0.16	0.096	0.24

① 未取得数据。
② 7A04CSYO、2A12CZ有包铝层。

表5-29　常用铝合金海洋大气腐蚀试验结果（万宁海滨，距海水线350mm）

材料	腐蚀速率/($\times 10^{-3}$mm/a)			力学性能变化/(MPa/%)				
	1年	3年	6年	原始		1年		3年
1050AM	0.290	0.100	0.634	74.8	36.4	66.5	51.0	74.3	45.1
8A06M	0.379	0.190	0.301	81.3	39.48	72.8	46.4	82.7	41.7
5A02M	0.316	0.135	0.759	196.4	25.2	178.4	26.8	192.3	30.5
5A02Y2	0.414	0.128	0.312	289.3	9.12	283.2	12.53	297.3	10.7
3A21M	0.319	0.120	0.226	97.5	44.8	92.6	57.9	102.3	50.8
3A21YW	0.202	0.116	0.234	137.0	21.2	132.3	31.4	142.7	30.5
6A02CS	0.488	0.128	0.241	341.4	16.72	315.6	15.3	352.7	16.0
2A12CZ	0.214		0.920	439.4	19.28	418.5	21.9	443.3	23.2
2A12CZ(型材)	1.515	0.780	0.407	575.8	10.83	587.0	11.7	618.0	13.3
7A04CS(型材)	1.134	0.640	2.149	502.4	15.24	484.1	14.5	489.0	10.0

续表

材料	腐蚀速率/($\times 10^{-3}$mm/a)			力学性能变化/(MPa/%)					
	1年	3年	6年	原始		1年		3年	
7A04CSYO	0.105	0.073		551.7	12.27	543.0	13.4	556.0	14.4
7A04CSO	0.222	0.143		545.8	10.4	544.5	13.34	556.0	14.0
2A12CZO	0.116	0.085		458.9	19.73	464.2	21.56	455.0	23.1
2A12CZYO	0.180	0.366		468.4	16.06	472.0	18.1	477.0	20.3

表 5-30 从 10 年暴晒试验结果看铝合金在大气条件下的腐蚀稳定性

大气条件	试验材料的牌号	力学性能变化/%		22.8cm×0.48cm×0.09cm 试样的体积变化/cm³	腐蚀小孔深度/μm
		δ_B	δ		
海洋大气	工业铝	−5.7	−50.8	2.72	80.0
	2A11	−17.7	−57.3	5.70	75.0
	6A02	−13.5	−50.5	2.42	105.0
	3A21	−2.7	−11.6	2.20	35.0
	2A11(带包铝)	+1.9	+1.6	1.61	25.0
工业大气	工业铝	−5.1	−16.4	2.36	50.0
	2A11	−5.8	−9.2	6.26	60.0
	6A02	−8.5	−27.8	2.34	85.0
	3A21	−5.9	−12.6	5.92	45.0
	2A11(带包铝)	+0.2	+3.7	2.60	25.0
农村大气	工业铝	−4.0	−3.0	0.12	7.5
	2A11	−3.9	−1.0	0.20	5.0
	6A02	+2.0	+2.7	0.6	32.5
	3A21	−1.0	−3.2	0.10	—
	2A11(带包铝)	+1.1	+4.3	0.10	7.5

表 5-31 7A04 及 2A12 铝合金在工业海洋和农村大气中的 6 年暴晒试验结果

合金	加工工艺	腐蚀速率/(g/m²)		
		工业大气	海洋大气	农村大气
7A04	包铝,未阳极化	14.0	4.5	4.0
7A04	阳极化,重铬酸盐填充	8.0	1.5	2.5
7A04	阳极化,沸水填充	12.0	1.5	2.5
2A12	自然时效,包铝,未阳极化	15.0	6.0	1.2
2A12	自然时效,阳极化,重铬酸盐填充	8.0	0	1.2
2A12	自然时效,阳极化,沸水填充	6.0	1.2	6.0
2A12	人工时效,包铝,未阳极化	25.0	5.0	1.2

表 5-32 三种铝合金在不同大气环境下腐蚀速率的比较（以北京大气为参照）

材料＼环境	北京 干冷大气 轻微污染	海南琼海 湿热大气 很轻污染	武汉 湿热大气 一般污染	广州 湿热大气 一般污染	海南万宁 湿热 海洋大气	青岛 海洋大气	重庆江津 湿热 严重污染
1050A-O	1	2.38	1.69	2.69	3.46	7.31	15
3A21-O	1	2.13	1.81	1.94	7.5	7.81	16.6
2A12	1	3.0	1.57	4.0	3.75	6.0	20

表 5-33 铝及其合金在大气中的平均腐蚀速率   单位：$\mu m/a$

金属名称	农村大气	工业大气	海洋大气	应注意的腐蚀特点
铝及其合金	0.02～17	15～80	0.07～110	点蚀、晶间腐蚀、应力腐蚀

(2) 铜和铜合金

由于铜及铜合金电极电位较正，绝大多数合金在各种大气环境下都有很好的耐蚀性。铜及其铜合金对工业、海洋及乡村环境都有较好的耐蚀性，甚至对流动海水也有较明显的耐蚀作用，这是由于铜合金在大气中表面形成的腐蚀产物膜有保护作用，如 $CuCO_3 \cdot Cu(OH)_2$，$CuSO_4 \cdot 3Cu(OH)_2$。

黄铜的主要腐蚀形式是脱锌，在黄铜中加入少量铝可以有效地减轻脱锌，这可能是铝改变了表面氧化膜的组成。青铜的耐蚀性比黄铜好，强度也高，常用来制造齿轮、蜗轮以及冷凝器管道和船用配件等。表 5-34 为铜及其合金在大气中的平均腐蚀速率（$\mu m/a$）；表 5-35 是铜可以抵抗和不能抵抗的腐蚀环境；表 5-36 给出了各种铜合金在大气环境中的腐蚀试验结果。

表 5-34 铜及其合金在大气中的平均腐蚀速率   单位：$\mu m/a$

金属名称	农村大气	工业大气	海洋大气	应注意的腐蚀特点
铜及其合金	0.15～23	1.5～45	0.3～23	锌黄铜脱锌腐蚀

表 5-35 铜可以抵抗和不能抵抗的腐蚀环境

铜可以抵抗的腐蚀环境	铜不能抵抗的腐蚀环境
①海水 ②热或冷的淡水，铜特别适宜输送含空气的碳酸或其它含量很低的软水 ③不含空气的热或冷的稀 H_2SO_4、H_3PO_4 和其它非氧化性酸 ④暴露在大气 ⑤特定条件下的卤素中	①氧化性酸，例如：HNO_3、热的浓 H_3PO_4 和含空气的非氧化性酸（包括碳酸） ②$NH_4OH(+O_2)$。会生成 $Cu(NH_3)_4^{2+}$ 络离子。NH_3 的取代化合物（胺类）也具有腐蚀性，这些化合物是引起铜应力腐蚀破裂的危害物质 ③高速的、含空气的水流或水溶液。在腐蚀性水中（高的 O_2 和 CO_2 含量，低的 Ca^{2+} 和 Mg^{2+} 含量）流速应保持在 1.2m/s 以下；在腐蚀性较小的水中，低于 65℃ 时，流速应保持在 2.4m/s 以下 ④氧化性的重金属盐类，如：$FeCl_3$ 和 $Fe_2(SO_4)_3$ ⑤硫化氢、硫和某些含硫化合物

表 5-36　各种铜合金在大气环境中的腐蚀试验

金属种类	腐蚀速率(20 年试验)/(mm/a)				
	工业地区	海岸工业地区	海岸乡村地区	海岸湿气地区	干燥乡村地区
紫铜 Cu85	0.00188	0.00198	0.00058	0.00033	0.00010
黄铜 Cu75	0.00305	0.00141	0.00020	0.00152	0.00010
青铜 Sn8	0.00022	0.00254	0.00071	0.00485	0.00013
铝青铜 Al8	0.00016	0.00160	0.00010	0.00152	0.00005
96Cu-3Si-1Al	0.00017	0.00173	—	0.00134	0.00015
海军黄铜	0.00021	0.00251	—	0.00033	
75Cu-20Zn-5Ni	0.00259	0.00183	0.00023	0.00041	0.00010
70Cu-29Ni-1Sn	0.00204	0.00163	0.00028	0.00036	0.00013

(3) 钛和钛合金

钛合金也是以表面形成致密氧化膜而具有耐蚀性的，钛金属的氧化膜比不锈钢、铝合金等更为致密而稳定，氯离子难以穿透，但它的成本很高，只在苛刻条件下，如海水、硝酸及热的氧化性溶液中考虑选用。

钛是非常活泼的金属，其标准电位为 $-1.63V$。它的优异耐蚀性主要是由于其表面特别容易生成一层牢固附着的致密的氧化物保护膜。新鲜的钛表面只要一暴露在空气或水溶液中，立即自动形成一层新的氧化膜，在室温大气中，钛表面的氧化膜厚度为 1.2~1.6nm，随着时间的延长其厚度会不断地增加。如钛暴露 70 天后，膜厚会增加到 5nm，545 天后会逐渐增厚到 8~9nm，在大气中保持 4 年，膜厚可增加到 25nm 左右。

钛常见的几种氧化物为：古铜色的 TiO、紫色的 Ti_2O_3、蓝黑色的 Ti_3O_4 和白色的 TiO_2。钛表面的氧化膜最里层即钛与氧化膜界面通常是 TiO，而最外层为 TiO_2，中间为过渡区，有 Ti_2O_3、Ti_3O_4 等。介质环境的组成、pH 值、温度以及钛材中的杂质或合金元素等都会对钛表面氧化膜的最终组成和结构产生影响。

表 5-37 为钛及其合金在大气中的平均腐蚀速率（$\mu m/a$），表 5-38 是在海洋大气中暴露后钛合金的腐蚀速率性能的变化。

表 5-37　钛及其合金在大气中的平均腐蚀速率　　　　单位：$\mu m/a$

金属名称	农村大气	工业大气	海洋大气	应注意的腐蚀特点
钛及其合金	0	0.08	0	

表 5-38　在海洋大气中暴露后钛合金的腐蚀速率性能的变化

材料	点蚀	腐蚀速率/(mm/a)	σ_b/(kgf/mm^2)			δ_{10}/%		
			暴露前	暴露后	损失率/%	暴露前	暴露后	损失率
Ti-6Al-4V	无	0.0000762	93.6	93.6	0	9.9	9.4	0

续表

材料	点蚀	腐蚀速率/(mm/a)	σ_b/(kgf/mm^2)			δ_{10}/%		
			暴露前	暴露后	损失率/%	暴露前	暴露后	损失率
Ti-6Al-16V	无	0.0000762	119.9	113.7	5.5	6.1	6.2	0
工业纯钛	无	<0.0000254	66.4	67.1	0	23.6	22.7	3.8
Ti-5Al-2.5Sn	无	<0.0000254	87.4	86.9	0.6	15.4	14.6	5.2
Ti-4Al-3Mo-1V	无	<0.0000254	92.3	92.5	0	12.1	13.3	0
Ti-8Mn	无	0.0000264	101.9	101.9	0	17.2	17.4	0
Ti-8Al-2Nb-1Ta	无	0.0000508	88.1	87.9	0.2	16.0	16.6	0

注：1kgf=9.80665N，下同。

5.4 金属或非金属材料相互接触配合的问题

在机电产品设计选择原材料过程中，关于"材料的相容性"即金属或非金属材料相互接触配合的问题，是必须引起重视的问题。概括腐蚀专家的研究成果，有下列四种情况：①金属材料之间互相接触时的电化学腐蚀，即电偶腐蚀的问题；②酸碱/溶剂等介质与非金属材料之间的接触腐蚀问题；③挥发气氛对金属产生的气氛腐蚀问题；④不同材料之间的不相容或发生"变性"的问题。

5.4.1 金属材料之间互相接触时的电偶腐蚀问题

在机电产品设计材料选取时，要考虑材料之间的搭配问题，特别是电偶腐蚀的问题要给予充分的重视。互相接触的异类金属受电解质作用时，则在金属之间产生电流，此种电流称为腐蚀电流。在任何腐蚀性介质中，异类金属的接触会使正电性软弱的金属（阳极）在正电性较强的金属（阴极）的影响下腐蚀加剧，发生电偶腐蚀。降低互相接触金属之间的电位差、在其间加入绝缘层、去除电解液（膜）等都能防止电偶腐蚀。在本书第 4 章 4.2.5 节中，已经进行了部分叙述，请读者对照阅读。

按照美国军用标准 MIL-STD-454《电子设备的通用要求》把金属划分为四组，见表 5-39，在同一组内的金属允许接触，不同组的金属则不允许接触，或进行绝缘后才允许接触。

表 5-40 列出了美国军用标准 MIL-STD-186B《火箭、导弹、地面设备和有关材料的表面防护系统》中更具体的数据，它是以 0.1mol/L 甘汞电极为基准进行测量所得出的标准电极电位，圈与点用箭头连接表示允许接触，否则，不允许接触，或者接触后会形成有害的加速腐蚀。一般，电动势差值愈大，阳极性金属所受到的腐蚀加速愈严重。

表 5-39 部分可相容金属组别

第一组	第二组	第三组	第四组
镁及其合金	铝及其合金	锌	铜及其合金
		镉	
铝 5052、5056	锌	钢	镍及其合金
5356、6061、6063	镉	铅	铬
锡	锡	锡	不锈钢
	不锈钢	不锈钢	金
	锡-铅焊料	镍及其合金	银
		锡-铅焊料	

表 5-40 允许或不允许接触金属对

组别	金属的分类	电动势/V	可允许的配对
1	金、铂	0.15	
2	铑、石墨	0.05	
3	银	0	
4	镍、莫涅尔合金、高镍-铜合金、钛	−0.15	
5	铜、低黄铜或青铜、银焊料德国银、高铜-镍合金、镍铬、奥氏体的 300 型不锈钢	−0.20	
6	商用黄铜和青铜	−0.25	
7	高黄铜和青铜；船用黄铜，熟铜	−0.30	
8	18％铬型钢	−0.35	
9	铬、锡、12％铬型钢	−0.45	
10	镀锡铁板、锡铅焊料、镀铅铁板	−0.50	
11	铅、高铅合金	−0.55	
12	锻铝，2000 系列	−0.60	
13	铁、低合金钢、阿姆可铁	−0.70	
14	铝，3000、6000 和 7000 系列；铝-硅铸件	−0.75	
15	铝铸件（铝硅除外），镉	−0.80	
16	热浸锌、镀锌钢	−1.05	
17	锌	−1.10	
18	镁	−1.60	

注：○表示阴极的；●表示阳极的。

5.4.2 酸碱/溶剂等介质与非金属材料之间的接触腐蚀问题

非金属材料与酸、碱、溶剂等介质接触时，需要引起产品设计工程师的重视。塑料等非金属材料与酸、碱及某些溶剂的相容性，取决于非金属材料本身的成分和固化程度，以及与其接触材料的化学成分和浓度、温度以及存放时间等几个因素。在酸、碱、溶剂作用下，有些材料有很好的抗御力，有些被侵蚀，有些被分解。塑料对化学侵蚀的抗御性见表 5-41。

表 5-41 塑料对化学侵蚀的抗御性

塑料	抗酸性	抗碱性	抗溶剂性	塑料	抗酸性	抗碱性	抗溶剂性
AAS	极好	极好	变化的	聚苯乙烯	良好	极好	差
乙烯缩醛类	不好	不好	良好	氯乙烯	良好	良好	变化
丙烯酸类	分解	差	分解	醇酸	差	差	好
纤维素类	分解	分解	分解	环氧	良好	良好	极好
氯化聚醚	极好	极好	极好	三聚氰胺	较好	较好	极好
碳氟化物	极好	极好	极好	酚类	变化	变化	变化
聚酰胺	差	良好	极好	聚酯	不正常	不正常	变化
聚碳酸酯	正常	变化	分解	聚硅氧烷	变化	变化	变化
聚乙烯	差	良好	好	聚氨酯	不正常	不好	较好
聚丙烯	良好	极好	变化				

5.4.3 挥发气氛对金属产生的气氛腐蚀问题

非金属挥发气氛对金属或镀层产生的气氛腐蚀问题是常见的,例如,非金属挥发气氛对锌、镉镀层的腐蚀;有些材料或设备在制造、储存、工作期间可能会带来腐蚀性蒸气(表 5-42),侵蚀有关的材料,例如,硫腐蚀镍、银和铜;氨蒸气能溶解镉或锌,引起黄铜季裂等。若在有限定的小空间内(如密封的包装盒内),即使少量的蒸气就可以达到危险的浓度,导致材料腐蚀损坏。产品设计人员必须采取以下措施,以尽量减少其侵蚀作用:选择不会逸出腐蚀性气氛的有机材料;避免过热;避免选择逸出气氛剧烈的材料,如聚氯乙烯、多硫化合物、酚基塑料、纸、木材;装配前彻底固化或挥发,以便把成品逸出的气氛减到最小。

表 5-42 腐蚀气氛的来源

来源	气氛	侵蚀	来源	气氛	侵蚀
焊接机	臭氧	橡胶,塑料	胶黏剂	酸	金属
有机物	硫磺,盐酸,氨,有机酸	金属	纸品	硫酸	银,铜
推进剂	氨基酸	塑料,金属	电镀液	酸	镉,锌
润滑剂	碳氢化合物	塑料			

5.4.4 不同材料之间的不相容或发生"变性"的问题

选材时应考虑材料之间的不相容性。有些材料即使它不会散发腐蚀性气体但也是有害的,它可以引起化学侵蚀或加速破坏,沾污邻近的塑料或破坏涂装涂层等。见表 5-43。

表 5-43 部分禁忌不能共用材料

铜、锰	橡胶
氰基丙烯酸类密封剂	纤维质、甲基丙烯酸类、聚碳酸酯、苯乙烯、乙烯基塑料
双酯油	氯丁橡胶、塑料
碳氢化合物、酮类	丙烯酸类塑料、纤维质、氯乙烯塑料
酮、酯及醇类	乙烯醇缩丁醛
纸	铜或银
硅油和润滑脂	未保护的金属

参 考 文 献

[1] 成大先主编. 机械设计手册: 第1卷. 第4版. 北京: 化学工业出版社, 2002.
[2] 李金桂主编. 腐蚀控制设计手册. 北京: 化学工业出版社, 2006.
[3] 张晓云, 等. 部分钢铁材料在北京地区腐蚀规律研究. 腐蚀与防护, 2004, 25 (7).
[4] 初世宪, 王洪仁编著. 工程防腐蚀指南设计·材料·方法·监理检测. 北京: 化学工业出版社, 2006.
[5] 肖亚庆主编. 铝加工技术实用手册. 北京: 冶金工业出版社, 2005.
[6] 王成章, 等. 碳钢及低合金钢在重庆和万宁地区大气腐蚀规律研究. 装备环境工程, 2006, (2).
[7] 张康夫, 等编著. 防锈材料应用手册. 北京: 化学工业出版社, 2004.

第6章
表面工程技术及其选择

6.1 表面工程技术

表面工程是在传统表面技术的基础上，应用材料科学、冶金学、机械学、电子学、物理学、化学、摩擦学等学科的原理、方法及最新成就综合发展起来的一门新兴学科。它涵盖了表面科学基础理论、表面工程技术、表面质量控制、表面技术设计等。它研究材料表面、界面的特征、性能及改质过程和相应方法，其目的是利用各种物理、化学或机械的工艺过程改变基材表面状态、化学成分、组织结构或形成特殊的表面覆层，优化材料表面，以获得原基材表面所不具备的某些性能，达到特定使用条件对产品表面性能的要求，如获得高装饰性、耐腐蚀、抗高温氧化、减摩、耐磨、抗疲劳性能及光、电、磁等多种表面特殊功能。

表面工程技术是将材料表面与基体一起作为一个系统进行设计，利用表面改性转化技术、涂膜技术和涂镀层技术，使材料表面获得材料本身没有而又希望具有的性能的系统工程。它是各种表面技术在零件的制造及再制造时的综合体现，是实施表面工程的技术基础。常见的表面工程技术有电镀（合金电镀、复合电镀、电刷镀、非晶态电镀等），化学镀（多元化学镀、复合化学镀、非晶态化学镀等），热喷涂（火焰喷涂、电弧喷涂、等离子喷涂、激光喷涂、超声速喷涂、爆炸喷涂等），熔覆（激光熔覆、等离子熔覆、真空熔结、堆焊等），气相沉积（物理气相沉积、化学气相沉积等），化学热处理（渗碳、渗氮、渗金属等），表面强化（表面淬火、喷丸、滚压等），转化膜技术（阳极氧化、化学氧化、磷酸盐膜、铬酸盐膜、草酸盐膜等），涂装，热浸镀，离子注入，热烫印，等等。

如果将腐蚀防护应用较多的表面工程技术进行归纳分类，可以分为表面转化改性技术、薄膜技术、涂镀层技术，常称为三大表面工程技术。

① 表面转化改性技术　利用现代技术改变材料表面、亚表面层的成分、结构和性能的处理技术称之为表面转化改性技术。表面转化技术主要包括 6 大类：化学

转化膜、电化学转化、表面合金化、离子注入、表面热流强化、表面形变强化。

② 薄膜技术　利用近代技术在零件（或衬底）表面上沉积厚度为100nm～1μm或数微米薄膜的形成技术，称为薄膜形成技术。主要包括：防护用薄膜、信息存储薄膜、集成光学薄膜、光学薄膜、光电子学薄膜、微电子学薄膜。

③ 涂镀层技术　采用传统技术或近代技术两者相结合在零件表面涂覆一层或多层的形成技术称为涂镀层技术。主要包括：电化学沉积、有机涂层、热喷涂层、热浸镀层、防锈剂。

任何产品（设备）的设计，都应将表面与基体作为一个系统进行设计，才能取得最好的腐蚀防护及装饰效果。但是，在产品（设备）设计中如何正确选用表面工程技术，确实是一个比较困难的问题。

表面工程技术的分类有多种，可以按表面涂层化学成分改变与否分类；按表面涂层的作用机制分类；按表面涂层的种类分类；按表面涂层的功能特性分类；按形成表面涂层的工艺方法特点分类等。

表面工程技术是发展极为迅速的领域，新工艺、新品种、新装备、新涂镀层不断涌现。表6-1是根据腐蚀防护中经常使用的表面工程技术工艺方法及其作用列出的部分内容，供读者参考。

表6-1　腐蚀防护常用的表面工程技术工艺方法、定义及其作用

分类	常用工艺	定义	主要特点及作用	备注
①表面转化改性技术	磷化	在钢铁制件表面上形成一层难溶的磷酸盐保护膜的处理过程(GB/T 3138—1995)	因工艺不同耐腐蚀性差别很大，一般不单独用作防腐，特别是不能单独用于重防腐环境。可以作为涂装的底层	常用于黑色金属的表面处理
	化学氧化	通过化学处理使金属表面形成氧化膜的过程(GB/T 3138—1995)	防腐蚀能力较电镀层和化学镀层较差，必须与其它防腐措施结合，不能单独应用于重防腐环境	用于有色金属的表面处理
	钢铁发蓝(黑)(钢铁化学氧化)	将钢铁制件在空气中加热或浸入氧化性溶液中，使其表面形成通常为蓝(黑)色的氧化膜的过程(GB/T 3138—1995)	膜层不耐磨，耐蚀性较低，必须与其它防腐措施结合，不能单独应用于重防腐环境	用于黑色金属表面
	阳极氧化	金属制件作为阳极在一定的电解液中进行电解，使其表面形成一层具有某种功能(如防护性、装饰性或其它功能)的氧化膜的过程(GB/T 3138—1995)	阳极氧化膜硬度高，较高的耐蚀性和装饰性，很好的绝热抗热性能，与涂装配合使用，应用范围较广	常用于有色金属的表面处理
	化学钝化	用含有氧化剂的溶液处理金属制件，使其表面形成很薄的钝态保护膜的过程(GB/T 3138—1995)	钝化处理后金属表面形成钝化膜，膜层致密，性能稳定，可提高工件表面的耐蚀性	常与磷化、氧化结合使用

续表

分类	常用工艺	定义	主要特点及作用	备注
①表面转化改性技术	化学热处理	利用化学反应、有时兼用物理方法改变钢件表层化学成分及组织结构,以便得到比均质材料更好的技术经济效益的金属热处理工艺	提高零件的耐磨性、疲劳强度、耐蚀性与抗高温氧化性等	化学热处理的方法繁多,多以渗入元素或形成的化合物来命名
②涂镀覆层技术	电镀	利用电解在制件表面形成均匀、致密、结合良好的金属或合金沉积层的过程(GB/T 3138—1995)	适合于防锈、装饰与某些介质中的防腐蚀。一般电镀,不能单独应用于重防腐环境	不适合于强腐蚀介质中
	化学镀(自催化镀)	在经活化处理的基体表面上,镀液中金属离子被催化还原形成金属镀层的过程(GB/T 3138—1995)	与电镀相比,化学镀具有镀层均匀、针孔小、不需直流电源设备、能在非导体上沉积和具有某些特殊性能等特点	
	机械镀	在细金属粉和合适的化学试剂存在下,用坚硬的小圆球撞击金属表面,以使细金属粉覆盖该表面(GB/T 3138—1995)	机械镀的镀层无氢脆,厚度均匀,镀层组织致密,孔隙少,耐蚀性较电镀层好,但外观不如电镀层平滑、光亮,生产成本则不比电镀高	工件形状有一定限制
	涂装	将涂料涂覆于基底表面形成具有防护、装饰或特定功能涂层的过程,又叫涂料施工(GB/T 8264—2008)	适用于大气、海水、土壤等腐蚀环境中。涂装涂层的形式比较多,以适应各种腐蚀强弱不同的环境	应用广泛,一般强腐蚀介质中不使用
	热喷涂(金属热喷涂)	在喷涂枪内或外将喷涂材料加热到塑性或熔化状态,然后喷射于经预处理的基体表面上,基体保持未熔状态形成涂层的方法(GB/T 18719—2002)	防大气、海水和某些盐类介质腐蚀	表面需要用涂料进行封闭
	热浸镀	液态金属在基体表面黏附、反应形成外加覆层	耐蚀、抗高温氧化等,适合于腐蚀环境严酷的环境	常用于室外钢结构等电力、市政设施
	缓蚀材料防锈(封存防锈)	使用含有缓蚀剂的防锈油、防锈脂、防锈蜡等防锈材料,对机电设备进行腐蚀防护	适用于腐蚀不强烈的室内环境,较少产品可用于室外,防腐期较短,需经常维护	防锈液/防锈油脂/防锈蜡,应用广泛
	达克罗(锌铬涂层)	将水基锌铬涂料浸涂、刷涂或喷涂于钢铁零件或构件表面,经烘烤形成的以鳞片状锌和锌的铬酸盐为主要成分的无机防腐蚀涂层(GB/T 18684—2002)	作为一种环保型的可代替电镀锌的新工艺新技术,广泛用于以标准件为代表的多种设备零部件	应用范围正逐渐扩大

续表

分类	常用工艺	定义	主要特点及作用	备注
③薄膜技术	化学气相沉积	用热诱导化学反应或蒸气气相还原于基体凝聚产生沉积层的过程（GB/T 3138—1995）	制备耐磨，抗氧化，抗腐蚀固态薄膜，适用于复杂零件及难熔金属、石墨、陶瓷等基体材料零件处理，可沉积难熔金属	
	物理气相沉积	通常在高真空中用蒸发和随后凝聚单质或化合物的方法沉积覆盖层的过程（GB/T 3138—1995）	制备装饰性，耐磨，耐蚀及光、电、磁等功能薄膜	
	其它			

复合表面工程技术是指将两种或两种以上的表面工程技术加以优化组合，在同一零件表面形成能发挥其各自优势的具有优良性能涂层的技术。

复合表面工程包括多种表面工程技术的复合和不同材料的复合两种形式。

多种表面工程技术的复合能够综合运用两种或多种表面工程技术的组合，通过最佳协同效应，形成新的涂层体系，并建立表面工程新领域。如阳极氧化与阴极电泳的复合、热喷涂与涂料涂装的复合、热喷涂与激光重熔的复合、热喷涂与刷镀的复合、化学热处理与电镀的复合、表面强化与喷丸强化的复合等。

不同材料的复合技术能够获得不同种类、不同性能的复合涂层，形成金属基陶瓷复合涂层、陶瓷复合涂层、多层复合涂层、梯度功能复合材料等。

机电产品设计工程师在设计中，有时对零部件的性能会有多方面的要求，单一的表面工程技术或涂层类型难以满足实际产品或工程项目的需求，因此，需要将各种表面工程技术结合或组合起来，相互渗透、相互融合，形成适应各种用途的复合涂层，提高品或工程的腐蚀防护、色彩装饰、标识标志、特种功能，比如，金属热喷涂与涂装的结合，电镀与涂装的结合，阳极氧化与电泳的结合，等等。复合表面工程技术通过多种工艺或技术的协同效应，使工件材料表面体系在技术指标、可靠性、寿命、质量和经济性等方面获得最佳的效果。表6-2所列的内容，是可以考虑的腐蚀防护复合表面工程技术的应用举例。

表6-2 腐蚀防护中复合表面工程技术的应用举例

前处理（预处理）	各类非有机涂层	有机涂层（涂装）	后处理的配套
化学表面预处理 电化学表面预处理 机械表面预处理 手工表面预处理	无	（底漆）、（中涂）、面漆	密封胶 防锈油 防锈蜡 阴极保护（外加电流法、牺牲阳极法）
	热喷涂 Zn 或 Zn-Al 合金	（底漆）、（中涂）、面漆	
	热浸锌	（底漆）、（中涂）、面漆	
	电镀单金属或合金镀覆层	（底漆）、（中涂）、面漆	
	磷化层	（底漆）、（中涂）、面漆	
	氧化层	（底漆）、（中涂）、面漆	
	热渗锌类化学热处理	（底漆）、（中涂）、面漆	
	QPQ 化学热处理（盐浴渗氮＋氧化）		
	其它		

6.2 各类表面工程技术选择的原则与程序

对于产品设计工程师而言，在产品设计时会经常遇到选择某种表面工程技术的情况。如何进行选择？面临着两大问题：

① 需要某一种表面功能时，面临着从多种表面工程技术中进行选择的难题　比如，要对钢结构进行腐蚀防护，可以使用涂料进行涂装，也可以使用金属热喷涂，也可以进行热浸锌，还可以使用达克罗（锌铬涂层）等，到底选择哪一种更好？

② 一种表面工程技术可以提供多种功能，重点应用哪种　这里有涂层的多种功能性，比如涂装涂层可以提供腐蚀防护作用、装饰作用、标识作用、特种功能；还有同一种表面工程技术包括多种工艺方法，由多样性工艺方法带来的功能也是多种多样的，比如涂装就有溶剂型喷涂、粉末涂装、电泳涂装、自泳涂装等，由此而形成的涂层功能也是各不相同，选择它的哪种功能是最好的？

不少工程师由于缺少相应的知识、方法和程序，有的产品生产出来后就明显地"保护过度"，即使用了成本费用很高的表面工程技术，给产品带来了过剩的保护功能；有的产品就明显地"保护不足"，短期内（几个月或一年），就出现严重的腐蚀（生锈），给人带来"外观质量不良"的印象。

如何在众多表面工程技术中选择一种或多种复合的技术对零件进行表面处理，使其获得"恰如所需"的优良性能指标，这是产品工程师和腐蚀工程师都要面对的重要问题，因此，需要关注表面工程技术选择程序和选择原则。

6.2.1 各类表面工程技术的选择原则

在本书第 5 章 "5.2 耐蚀金属材料选择与判定的原则" 中，叙述了金属材料选择与判定的原则，一共 7 条。其实，各类表面工程技术的选择原则与此大同小异，现将其中的不同点简述如下。

(1) 选择的表面工程技术是否符合产品(设备)的使用环境

在进行产品设计时，对于使用环境的腐蚀等级（程度）就已经有了比较清晰的认识，对于使用的基体材料也有了一定的选择，再选择表面工程技术的目的，就是解决基体材料不能经受周围腐蚀环境的腐蚀问题或者基体材料装饰美观不足的问题。衡量是否符合使用环境，是考虑由一种或数种表面技术与基体结合形成的涂层体系，是否能够经受使用环境的考验。

比如，螺栓、螺母等标准件是机电设备常用的零件，其表面工程技术的选择就有多种多样。一般在室内或在油中等腐蚀性很小的环境中，黑色金属材料的标准件可以单独使用磷化、发蓝（氧化）、发黑工艺形成的表面转化层；在C1、C2等有一定腐蚀的大气环境中，必须使用电镀锌、热镀锌（热浸锌）等；如果大气腐蚀环境再严酷（恶劣），就需要热渗锌、电镀锌铁合金、电镀锌镍合金，达克罗（锌铬涂层），或者采用"电镀＋防锈材料""电镀＋涂装""电镀＋防锈罩"等。总之，要根据产品使用环境，选择合适的表面工程技术，与基体金属一起形成耐环境腐蚀的涂层体系。

(2) 选择的表面工程技术是否满足产品（设备）的设计或使用寿命？

产品表面涂层的使用寿命（耐久性）是与腐蚀环境紧密相连的，同样一种涂层，环境腐蚀性越小，其耐久性就越长；环境腐蚀性越严酷，其耐久性就越短。第3章的"3.1节"和"图3-3 腐蚀防护涂层体系耐久性（使用寿命）关联示意图"充分反映了这种客观规律的存在，请读者参考。

产品涂层的使用寿命也就限定了表面工程技术的选择，例如，在C5的腐蚀环境中，如果要保持较长的使用寿命（耐久性），必须进行"重防腐"类的表面工程技术；在C1、C2的腐蚀环境之中，且使用寿命即耐久性要求是"2～5年"时，对于涂层体系的耐久性要求就比较低，可以选择常用的表面工程技术。

在进行选择时，有些表面工程技术形成的涂层或涂层体系，没有相应的数据或经验可以借鉴，这时可以通过模拟试验、加速试验、台架试验、装机试验等方法，对涂层或涂层体系进行耐久性的试验，以便确定其耐久性或使用寿命。表面工程技术的选择，与耐蚀金属材料的选择是相互交叉和渗透的。金属材料的选择是基础，表面工程技术的应用是完善和提高，金属材料与表面工程技术的完美统一，增强了设备的耐腐蚀性和使用寿命。

另外，一台产品（设备）整体的使用寿命（使用寿命）是统一规定（设定）的，但各个部位的腐蚀环境程度却是不同的，因此，就需要根据零部件所处的具体环境选择各式各样的材料。在容易腐蚀和不易维护的部位，要选择高耐蚀性的材料，选择腐蚀倾向小的热处理方式方法。对于承载构件用材料，还必须考虑材料在应力作用下的腐蚀敏感性问题。

各种腐蚀数据手册和资料库中有各种涂层或涂层体系的腐蚀数据，可以查找相关的耐腐蚀年限，但是，相当多的场合还是需要腐蚀防护技术人员的经验和分析判断能力。

(3) 选择的表面工程技术所形成的涂层是否有相应的质量等级标准？

各种表面工程技术所形成腐蚀防护涂层或涂层体系，有着很大的差别，即使同一种技术所形成大的涂层，其质量等级差别也很大。例如，达克罗（锌铬涂层）其耐腐蚀性分为4个等级标准，1级的达克罗涂层是一喷一烘的工艺制作的，耐中性盐雾试验只有 120h，而 4 级的达克罗涂层是三喷三烘的工艺制作的，耐中性盐雾试验可以达到 1000h。有的产品设计工程师只在图纸上写"达克罗"三个字，在采购或制造过程中，最容易产生误解和质量问题。

因此，在选择表面工程技术所形成的涂层时，一定要注意各种质量标准，根据产品实际情况的需要，选择合适的涂层或涂层体系。

(4) 选择的表面工程技术是否有实际使用经验或业绩或模拟试验？

表面工程技术及其腐蚀防护涂层，发展变化非常迅速，新技术、新材料、新的组合不断涌现，如果没有实际使用经验，第一次使用该表面工程技术就容易产生问题。这时的工艺试验非常需要，也特别重要。对于已经有使用经验的表面工程技术，要进行充分的调研，以避免选用之后出现各种问题，影响产品质量。

(5) 选择的表面工程技术可实施性、工艺性如何？

产品设计工程师对于所设计的产品，是否符合机加工、焊接、装配工艺还是比较注意的，但对于是否符合表面工程技术的工艺或实施，确实是经常忘记或注意不够，这种情况在生产实际中频频出现，主要原因是产品设计工程师认为此项工作不重要，或者认为这项工作是工艺人员的工作，或者对所用的表面工程技术不了解也不请教有关人员。

产品的结构形式对于实施表面工程技术工艺影响很大，有时会严重影响产品的腐蚀防护质量。例如，在设计箱型结构的柜类产品时，使用冷轧钢板冲压—焊接—前处理—电镀锌的工艺，就带来了严重的缝隙夹带酸液、电镀不完整等诸多缺陷。同样的产品，如果使用镀锌钢板进行制造，就可以完全避免这些问题。再如，将热容量很大的钢结构件进行粉末涂装，不是工艺不能进行，而是工件热容量太大，粉末烘干时需要的热量非常大，致使耗能巨大造成浪费和成本的增加，也是应该避免的。

另外，产品设计时没有考虑到各种液体的流进流出工件内部，致使前处理、电泳工艺时间过长，积水无法除净；没有考虑抛丸、喷丸、喷漆时的角度和距离，造成无法实施作业⋯⋯此类例子比比皆是，需要引起产品设计工程师的高度重视。

(6) 选择的表面工程技术与其它表面工程技术的配套情况如何？

产品设计工程师在设计一个产品时，往往会有成百上千（或更多）的零部件，在对这些零部件选择表面工程技术时会遇到如下三种情况，需要慎重处理。

① 所用材料已经进行过表面工程技术的处理，例如，彩色钢板、彩色夹心板、镀锌钢板、富锌铝板、铝塑板、钢塑复合材料等；

② 需要在已有的表面工程技术处理过的表面上再进行处理，例如，在电镀件表面进行涂装或涂覆防锈材料，在涂装涂层表面涂覆防锈蜡等；

③ 一个零部件表面要进行多种表面工程技术的处理，有一个界面问题。例如，机加工的防锈表面/涂装涂层的表面之间的界面，电镀涂层/涂装涂层之间的界面，运动或摩擦的表面/涂装涂层或电镀涂层之间的界面等。

由于情况比较复杂，协调处理不好会带来各种各样的缺陷或弊病。在没有实际使用证明的情况下，一定要对配套性进行工艺试验，确认可行之后再对产品实施。

(7) 选择的表面工程技术性能价格比如何？经济上是否合算？

在剧烈市场竞争条件之下，一个产品要在市场上有更好更高的性价比才能算是好的产品。因此，表面工程技术的选择，也会受到价格或成本的限制，需要进行经济效益的分析。在满足零件各项技术要求的前提下，尽可能地选择高性价比、经济效益好的表面工程技术。当然，要进行全寿命周期经济效益分析（life cycle cost analysis），不能只考虑眼前的制造成本。

以上所列 7 项表面工程技术的选择原则，在实际使用时不是孤立存在、单独应用的，需要综合考虑、加权平衡。比如，在产品设计时，电镀件防锈标准等级的确定（耐久性和使用寿命的确定），就不是一个简单的问题。首先，产品设计工程师或总设计师期望的腐蚀防护时间是多少？在一定腐蚀环境条件下，希望 2~5 年不生锈；然后，电镀件目前的技术水平（各种镀种）是否可以达到？从镀锌到镀锌镍/锌铁合金、镀钨合金、热渗锌等有各种镀种可以适合不同的腐蚀防护时间；最后，我们可以接受的价格，由于成本控制，镀种不是可以任意选择的，由于价格的限制我们无法选择高耐腐蚀的镀种，只有在展机（工程机械）上选用镀锌镍合金的工艺（其耐中性盐雾时间可达 1000h 左右），但价格贵，不能用于量产机上。为了增强腐蚀防护时间我们可以进行整机防锈处理，即在装配中或装配后，对电镀锌工件件进行喷涂防锈材料处理，这样可以增加较少的成本，可以提高腐蚀防护时间 2 年左右。

除此之外，绝大多数表面工程技术都涉及化工类生产，有易燃易爆、有毒有害的物质，因此还必须考虑到环境保护、劳动保护、消防等有法律法规限制的条款，限于篇幅不再赘述，请参阅有关专著和资料。

6.2.2　各类表面工程技术的选择程序

第 5 章的"图 5-1 耐蚀金属材料的选择流程图"中，已经包含了各类表面工程技术选择程序，但重点还是在于金属材料的选择，本节的重点在于各类表面工程技术选择程序（图 6-1），需要解决如下问题：所设计的产品是否需要应用表面工程技术？选择何种表面工程技术？为什么？如何查找表面工程技术数据资料？如何选择涂层体系种类及工艺？（选择与判断原则请参考 6.2 节论述）需要哪些表面工程技术（腐蚀防护技术）文件？

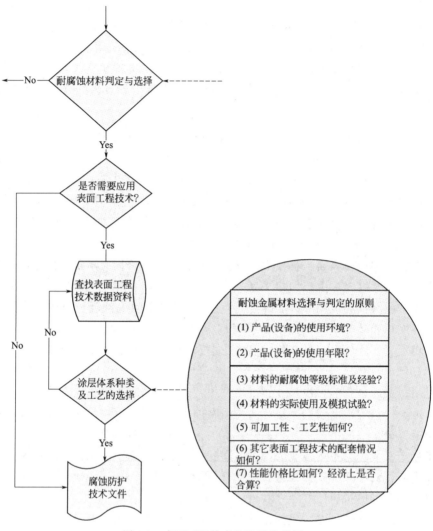

图 6-1 表面工程技术的选择流程图

参 考 文 献

李金桂. 腐蚀控制系统工程学概论. 北京：化学工业出版社，2009.

第7章

机械产品设计中的涂装系统及涂层体系

现在我国的机电设备使用的表面工程技术种类也是比较多的，但应用最普遍和最多的仍是涂装技术。从表 7-1 中可以看出，涂料涂装技术占到 76.15%，是应用最广泛的表面工程技术。

表 7-1 从生产、制造方面计算的防蚀费

防蚀方法	防蚀费/亿元	防蚀费的比例/%
表面涂装	1559.86	76.15
金属表面处理	234.16	11.43
耐蚀材料	250.25	12.2
防锈油	2	0.10
缓蚀剂	1	0.05
电化学保护	1~2	0.07
腐蚀研究费	—	—
腐蚀调查费	—	—
合计	2048.27	100

对于大多数的产品设计工程师来说，涂装（常被称为油漆）不是很陌生，但对于它了解清楚的人确实比较少。经常在产品设计的图纸上看到类似"喷白漆一道""刷涂防锈漆"之类的文字。还有的认为涂层体系选择（设计）完全是工艺工程师的工作，不属于产品设计的范围，这种观点是不全面的。产品设计工程师应该具有一定的涂装技术知识，并且对于涂层体系的性能有一定的了解，根据所设计产品的特点，与工艺工程师共同进行涂层体系的设计。有的产品设计师将涂层体系的设计，简单归纳为油漆（涂料）的选择。其实，涂层体系的设计不是单纯地选择某种涂料，也不是仅仅选择底漆或面漆，而是要对形成涂层体系的每一涂层进行选择，并使之形成的复合涂层（多种涂层的组合）的各种技术性能指标，符合产品的需求。

7.1 涂装系统

如同第 1 章中腐蚀防护系统的概念一样，我们对于涂装也必须建立"涂装系统"的概念。"涂装系统"定义为：涂装系统是由涂装材料、设备、环境、工艺、各层次及各阶段的管理等诸要素有机结合起来的一个整体，该系统在整个生命周期内，为我们提供腐蚀防护、装饰、标志、特殊功能。概括地讲，可以将涂装系统分为"五阶段""五要素""三层次"。

7.1.1 涂装系统的"五阶段"

"五阶段"是指设计阶段、制造阶段、储运阶段、安调阶段和使用阶段，是涂装系统的重要部分，是系统在时间维度的全过程。它描绘了涂层体系从"出生"到"死亡"在各阶段的表现。"五阶段"环环相扣、互相制约，如同自行车的链条一般，任何一个环节出现问题，我们将无法得到所需要的涂装系统。"五阶段"与系统边界的各种影响要素关系密切，特别是与"产品或工程的制造大系统"关系最为密切。

设计阶段所进行的工作，就是对整个涂装系统的方案进行设计。"五阶段"中，设计阶段投入的费用是比较少的，但系统的生命周期内 50%～75% 的成本是在此阶段决定的，此阶段是根本性的、关键性的影响阶段。根据腐蚀环境的不同类别和腐蚀防护年限的要求，为产品选择最适宜的腐蚀防护技术组合，设计技术经济指标合理的涂层体系（层数、厚度等各项指标），同时考虑实施的可能性即工艺、管理等方面的影响因素。

制造阶段（实施阶段）的主要任务是：将经过验证的系统设计方案进行从技术文件到实物的实现，产生一个与实际情况相符合的实物涂层体系。涂装的各工序与下料、焊接、加工等其它专业同步进行，而且复杂工件还有工序的交叉，对于涂层体系的质量有很大影响。在整个涂装系统中，此阶段的实际使用的费用最高，是成本控制的重点。此阶段对过程管理（工序管理、质量管理）的要求也最高。

储运阶段（储存运输阶段）的主要任务就是要对在工厂已完成的涂层体系进行各种保护，避免机械磨损碰撞等伤害和各种腐蚀介质的腐蚀，保证涂层体系安全到达安装（客户）场地现场。在此阶段应该做好装箱前涂防护蜡、保护塑料薄膜、保护涂料（可剥涂料）、密封胶等；设计专用的存放、运送的工位器具和包装箱，在装卸吊装时需要专用吊具或保护措施。根据产品或工程的实际情况的不同，其保护方式会有较大差别。

安调阶段（安装调试阶段）的主要任务就是要避免涂层体系的安装和调试时

的损坏，完善设备在工厂未进行的涂密封胶、封堵工艺孔洞等工作，同时修复已经损坏的局部涂层。在此阶段要注意运输起吊时的破坏，以及有尺寸误差时的现场加工的破坏，同时要注意基础及预埋件的涂装。

使用阶段（使用维护阶段）的主要任务就是：在产品或工程投入使用后，做好日常保养、检查、维护，以提高涂层体系的使用寿命。涂层体系在漫长的使用阶段，始终处在各种腐蚀环境之中，随着外界不规则的变化而缓慢损坏及老化，且不断恶化，直至失效，这也是一个动态的过程。在使用过程中，要及时除掉腐蚀性很强的介质（如局部的积水、积雪、污泥、鸟粪等），经常检查涂层体系中有否损坏的局部，尽快对损坏的局部进行修复，以延长涂层体系的使用寿命。

7.1.2 涂装系统的"五要素"

"五要素"是指涂装材料、涂装设备、涂装环境、涂装工艺和涂装管理，它们是涂装系统中的重要影响因素，在五阶段中的每个阶段均可以看到它们的重要作用。

涂装材料是指涂装生产过程中使用的化工材料及辅料，包括清洗剂、表面调整剂、磷化液、钝化液、各类涂料、溶剂、腻子、密封胶、防锈蜡等化工材料；还包括纱布、砂纸、工艺过程中使用的橡胶、塑料件等。欲进行涂装，应该重点了解所使用的化工材料的各种技术性能、对涂装环境及设备的要求、需要的工艺过程，根据实际情况选择涂装化工材料和辅料。

涂装设备是指涂装生产过程中使用的设备及工具，包括喷抛丸设备及磨料、脱脂、清洗、磷化设备，电泳涂装设备，喷漆室，流平室，烘干室，强冷室，浸涂、辊涂设备，静电喷涂设备，粉末涂装设备，涂料供给装置、涂装机器（专机），涂装运输设备，涂装工位器具，洁净吸尘设备（系统），压缩空气供给设备（设施），试验仪器设备，等等。涂装设备是涂装化工材料所要求的，在系统界面上，受"其它技术层面"的影响很大，例如机械制造、自动控制、自动化输送等，对涂装设备的使用功能影响很大。

涂装环境是指涂装设备内部以外的空间环境。从空间上讲应该包括涂装车间（厂房）内部和涂装车间（厂房）外部的空间，而不仅仅是地面的部分；从技术参数上讲，应该包括涂装车间（厂房）内的温度、湿度、洁净度、照度（采光和照明）、通风、污染物质的控制等。对于涂装车间（厂房）外部的环境要求，应通过厂区总平面布置远离污染源，加强绿化和防尘，改善环境质量。涂料、涂装设备都要求有一定的使用环境，不重视对涂装环境的技术要求，就会影响系统中其它要素的作用，特别是在制造阶段是必须特别重视的大问题。另外，当涂层体系形成之后，涂层体系所处的外界腐蚀环境，是影响涂层体系使用寿命的重要界面。

涂装工艺是指在涂装生产过程中，对于涂装需要的材料、设备、环境等诸要素的结合方式及运作状态的要求、设计和规定。涂装工艺应该包括工艺方法、工序、工艺过程，包括涂装工艺设计及工艺试验，也包括对涂装车间（涂装生产场所）的各种要素进行系统综合考虑、安排、布置；还包括对其它相关专业提出要求，并根据法律法规提出各种限制条件等工作内容。涂装工艺作为"软件"，将材料、设备、环境等"硬件"进行串联起来，形成有机的生产模式，好的工艺会使系统内各部分的单元更为协调地组合。

涂装管理是指涂装车间或者专业的涂装工厂（或涂装承包公司、承包队）的管理。涂装管理，就是在特定的环境下，对组织所拥有的涂装资源进行有效的计划、组织、领导和控制，以便达成既定的涂装目标的过程。对于涂装管理应该包括的内容说法比较多，重点是制造阶段的管理，实际上在设计阶段、储运阶段、安调阶段、使用阶段也有大量的管理工作，也是很重要的。管理是系统中覆盖面最大的要素，它对材料、设备、环境、工艺等要素，处于最高层次的地位。

涂装材料、设备、环境是看得见、摸得着的有形物质和空间，是硬件；而工艺、管理是无形的、内在的，是软件；"五要素"是由"三硬二软"构成。而且各个要素之间是有机联系，相互影响，不是孤立存在的。材料对于设备有功能要求；环境对于材料、设备有很大影响；工艺涵盖了"三硬"；管理是最高的层次，涵盖了其它四要素，影响范围最广。

7.1.3 涂装系统的"三层次"

"三层次"（企业层次、国家或行业管理层次、国际层次）是涂装系统中不能忽视的问题，这就是企业、国家、国际有关组织对涂装工作的行政管理、强制限定、一般指导等作用。企业运作模式的不同，国家行业的不同，国际组织机构的不同，对于形成的涂装系统的影响作用也是有差别的。

企业层次上，企业组织形式主要有直线制、职能制、直线职能制、事业部制、矩阵式、模拟分权组织结构等几种，各企业会根据各自的规模、特点等实际情况，合理划分管理层次和管理幅度，并由此决定涂装工作的形式和人财物的投入。企业的不同会给涂装系统带来很大的影响，是非常重要的组成部分。另外，企业所制定的各种企业涂装标准，也是企业管理的一个重要内容。

国家层次（行业管理层次）上，国家对于涂装行业的管理，主要是通过国家法律、法规进行鼓励、支持、约束、限制和禁止。行业及其产品的不同，其涂层体系的质量要求就会有很大的差别，涂装系统就各具特色，我们进行系统分析时，就需要区别对待。

国际层次（国际组织管理层次）上，世界各国、地区都有自己的法律法规和标准，特别是主要经济发达国家的国家标准和通行的团体标准（包括知名跨国企业标准在内的其它国际上公认先进的标准），被称为"国际先进标准"，对于涂装行业都有很大的影响，对我们从事国际商务和技术合作也非常重要。世界各国对产品涂层质量的要求有着很大的差别，同样的产品在我们国家是合格的，但到了欧美等工业先进国家就不一定是合格产品，因此，我们在分析涂装系统的时候，要充分注意到这种因国家不同带来的差别。

7.2 涂料、涂层体系与涂装工艺

基体材料、前处理、涂料、涂覆、涂层（涂层体系）、涂装之间有着复杂的关系，图 7-1 是简单的图解。对于产品设计和制造者来说，涂料只是一个"半成品"。涂料制造和涂装实施的最终目的，是要在产品或设备的表面，获得人们设计所需要的涂层体系，有的叫做复合涂层。在涂装的实施过程中，根据实际需要的不同，涂层体系将呈现出多种多样的形式。按照所形成的涂层体系的结构划分，可以分为二涂层体系、三涂层体系、四涂层体系、多涂层体系等。严格地讲，涂层体系应该由基体表面、前处理层、底漆层、中涂层、面漆层、后处理层等所组成，根据产品或环境的不同涂层体系可以进行添加或省略。

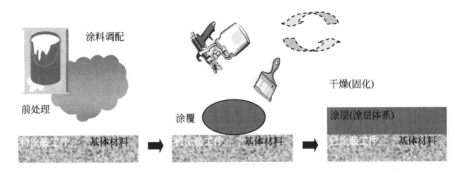

图 7-1 基体材料、前处理、涂料、涂覆、涂层（涂层体系）、涂装关系图解

7.2.1 涂料、涂层的类型及作用

(1) 涂料的分类

① 按涂料形态分类　溶剂型涂料、高固体分涂料、无溶剂型涂料、水性涂料、粉末涂料等。

② 按涂料用途分类　建筑涂料、工业涂料和维护涂料。

③ 按成膜工序分类　底漆、腻子、中涂、面漆、罩光漆等。

④ 按涂膜功能分类　防锈漆、防腐漆、绝缘漆、耐高温涂料、导电涂料等。

⑤ 按成膜机理分类 转化型涂料和非转化型涂料。非转化型涂料是热塑性涂料，包括挥发性涂料、热塑性粉末涂料、乳胶漆等；转化型涂料包括气干性涂料、固化剂固化涂料、辐射固化涂料等。

⑥ 按主要成膜物质分类 根据 GB/T 2705—2003《涂料产品分类和命名》将按用途划分和按主要成膜物质的划分进行组合，列于表 7-2 供读者使用参考。

(2) 涂层的类型及作用

按照其使用功能划分涂层可以分为各类涂层，其名称和作用见表 7-3。

7.2.2 涂层体系的功能

一般情况下，产品或设备等被涂装的物品，都不是使用单层的涂层，而是根据需要将多层涂层组合起来形成一个涂层体系而使用。一般讲到涂层的功能时，对涂料使用者来讲主要考虑的就是涂层体系的综合功能。

(1) 腐蚀防护功能

① 屏蔽作用 金属表面涂覆漆膜后，把金属表面与环境隔开，起到了屏蔽腐蚀介质的作用。屏蔽作用——抗渗性是关键。

② 钝化缓蚀作用 涂料中的防锈颜料与金属表面反应，使其钝化或生成保护性的物质以提高涂层的保护作用；另外，许多油料在金属皂的催化作用下生成的降解产物也能起到有机缓蚀剂的作用。钝化缓蚀作用——活性防锈颜料很重要。

③ 电化学保护作用 涂料中使用电位比铁低的金属粉为填料（如锌），且其量足以使金属粉之间和金属粉与基体金属之间达到电接触程度，会起到牺牲阳极的阴极保护作用，使基体金属免受腐蚀。

(2) 装饰功能

用色彩来装饰我们的环境，是人类的天性，并伴随着人类及其社会整个发展过程。涂料色彩丰富很容易配出成百上千种颜色；涂层既可以做到平滑光亮，也可以做出各种立体质感的效果。涂层体系的色彩对于企业有着重要的意义：改善企业形象、增强企业竞争力；弥补产品外观造型上的不足，增强产品的整体感和现代感；给使用者创造一个舒适友好的工作和生活环境；与企业色彩规划设计配套，树立企业的良好形象。

(3) 标志功能

标志作用是利用色彩的明度和反差强烈的特性，引起人们警觉，避免危险事故发生，保障人们的安全，方便人们的生活和工作。

(4) 特殊功能

根据人类的需要，可以制作各种各样的涂层或涂层体系。例如，力学功能方

表 7-2 涂料分类一览表（根据 GB/T 2705—2003 涂料产品分类和命名）

按用途分 \ 按主要成膜物		油脂漆类	天然树脂漆类	酚醛树脂漆类	沥青漆类	醇酸树脂漆类	氨基树脂漆类	硝基漆类	过氯乙烯树脂漆类	烯类树脂漆类	丙烯酸酯类树脂漆类	聚酯树脂漆类	环氧树脂漆类	聚氨酯树脂漆类	元素有机漆类	橡胶漆类	其它成膜物类涂料
① 工业涂料	① 汽车涂料(含摩托车涂料)										★	★	★	★			★PVC
	② 木器涂料			★		★	★	★			★	★		★			★虫胶
	③ 铁路公路涂料					★	★				★		★	★			
	④ 轻工涂料			★	★	★	★			★	★	★	★	★			
	⑤ 船舶涂料			★	★	★			★	★	★		★	★		★	★氟碳
	⑥ 防腐涂料			★		★			★	★	★	★	★	★	★	★	★氟碳
	⑦ 其它专用涂料			★			★	★					★	★	★		
② 通用涂料及辅助材料	① 调和漆	★	★														
	② 清漆																
	③ 磁漆																
	④ 底漆																
	⑤ 腻子																
	⑥ 稀释剂																
	⑦ 防潮剂																
	⑧ 催干剂																
	⑨ 脱漆剂																
	⑩ 固化剂																
	⑪ 其它通用涂料及辅助材料																
③ 建筑涂料	① 墙面涂料	丙烯酸酯类及其改性共聚乳液;乙酸乙烯及其改性共聚乳液;聚氨酯,沥青,PVC胶泥或油膏,氟碳等乳液															
	② 防水涂料	EVA,丙烯酸酯类乳液;聚氨酯,沥青,PVC胶泥或油膏,聚丁二烯等树脂															
	③ 地平涂料	EVA,丙烯酸酯类乳液;聚氨酯,沥青,PVC胶泥或油膏,聚丁二烯等树脂															
	④ 功能性建筑涂料	聚氨酯,丙烯酸,环氧等树脂															

注：表格中"★"表示是 GB/T 2705—2003《涂料产品分类和命名》中所列举的涂料类型。

表 7-3 各类涂层及其功能

序号	涂层的名称		各类涂层的功能特点	备注
1	底层 涂层体系中处于中间层面层之下的涂层，或直接涂于基底表面的涂层（GB/T 8264—2008）又叫底漆涂层	溶剂型底漆涂层	底漆涂层是与被涂工件基体材料或前处理层直接接触的最下层的涂层，其主要作用是强化涂层与基体材料或前处理之间的附着力，提高涂层耐腐蚀能力	单组分、双组分等
2		水性底漆涂层		
3		电泳底漆涂层		底漆或底面二合一涂层
4		车间底漆涂层		可与溶剂型、水性底漆配套使用
5		磷化底漆涂层		
6		封闭底漆涂层		可与溶剂型、水性底漆配套使用
7		带锈底漆涂层		可与溶剂型、水性底漆配套使用
8		自泳漆涂层		底漆或单一涂层
9		其它底漆涂层		
10	中间层 涂层系统中处于底层和面层之间的涂层（GB/T 8264—2008）又叫中涂层，中间漆涂层	一般溶剂型中涂层	中涂层主要是增厚提高屏蔽作用、缓冲冲击力、平整涂层表面；与底、面漆结合良好，起到承上启下作用；在底漆、腻子完成后填平被涂工件表面的微小缺陷；提高涂层的装饰性	单组分、双组分等
11		一般水性中涂层		
12		厚浆型中涂层		
13		云铁中涂层		
14		玻璃鳞片中涂层		
15		其它中涂层		
16	面层 涂层系统中处于中间层和底层上的涂层（GB/T 8264—2008）又叫面漆涂层	本色面漆涂层（又称为素色面漆涂层、实色面漆涂层）	面漆涂层主要作用是提高装饰性，具有耐环境化学腐蚀性、装饰美观性、标志性、抗紫外线、耐候性等	
17		金属闪光色涂层		与清漆涂层配套使用
18		珠光色涂层		与清漆涂层配套使用
19		清漆涂层（罩光漆层）		
20	其它涂层		各种特种涂层、特殊功能要求的涂层，适合各种各样的表面需要	如：耐高温涂料，耐油料，绝缘涂料，导电涂料，耐磨涂料等等

面：耐磨涂料、润滑涂料等；热功能方面：耐高温涂料、阻燃涂料等；电磁学功能方面：导电涂料、防静电涂料等；光学功能方面：发光涂料、荧光涂料等；生物功能方面：防污涂料、防霉涂料等；化学功能方面：耐酸、碱等化学介质涂料等。

7.2.3 涂层体系的性能指标

按涂层结构区分有单涂层、多涂层、复合涂层的性能指标。一般涂料研究开发部门，对单涂层研究的较多，涂料使用者对多涂层、复合涂层的性能指标会更加关注，考虑综合性能指标较多。

按研究目的区分有涂料开发研究、涂装技术研究、工程/工厂实用等性能指标。研究相关单位，较多关注涂层的电化学性能，如：交流阻抗（EIS）性能，电化学噪声（ENM）性能指标等。而在工厂和工程的实际生产中，使用较多的是一些简便、直观、能够快速检测的性能指标。

按对涂层的测试方法区分有实验室测试试验、生产现场测试试验、大气暴晒测试试验性能指标。生产现场的测试和试验，是解决生产过程中以及对所形成的产品进行的质量控制；实验室测试和试验则是为解决重要涂装涂层技术问题、仲裁以及科学研究等需要；大气暴晒测试和试验需要时间较长，对于需要快速得到性能指标结果的情况不太适合。以上几种性能指标有的具有较好的相关性，有的相关性不确定，有的则无法建立相关性，实际使用过程中，需要根据具体情况使用不同的性能指标。

工厂和工程实用性的涂层体系性能指标主要有：涂层外部表面类（外观，颜色，光泽，鲜映性等）；涂层厚度（基体为金属，非金属，多孔性底材，非多孔性底材；单涂层，多涂层，复合涂层）；涂层机械性能类（附着力，柔韧性，硬度，冲击强度，耐磨性，耐石击性等）；涂层耐久性能类（耐候性，耐湿性/耐湿热性，耐温变性，耐水性，耐盐雾性，防霉性等）；涂层耐介质性能类（耐酸，耐碱，耐柴油，耐机油，耐汽油，其它）；涂层的其它性能（耐热性，电绝缘性）。具体见表7-4。

表7-4 涂层体系的主要性能指标分类及定义

序号	性能名称	定义	备注
一	涂层外部表面		
1	涂层外观	在可见光下，矫正视力的肉眼可观测到的涂膜的表面状态（GB/T 8264—2008）	按照设定的各类标准指标,使用肉眼进行检查和评定涂层外观是否有各种可见缺陷(弊病)
2	色差	以定量表示的色知觉差异（GB/T 5206.3—86）	使用色彩计、色卡、标准样板、样件等,使产品的外观颜色与所定标准一致
3	光泽	涂层表面反射光线能力为特征的一种光学性质（GB/T 8264—2008）	使用光泽计进行检测
4	鲜映性	涂膜的平滑性和光泽的依存性质,用数字化等级表示（GB/T 8264—2008）	使用鲜映性仪进行检测
二	涂层厚度		

续表

序号	性能名称	定义	备注
5	涂层厚度（涂膜厚度/漆膜厚度）	漆膜(涂层)厚薄的量度，一般以微米(μm)表示（GB/T 5206.4—89）	使用各种厚度检测方法进行检测
		干膜厚度：涂膜完全干燥后的厚度。湿膜厚度：涂料施涂后，涂膜尚未表干涂膜的厚度（GB/T 8264—2008）	
三	涂层力学性能		
6	附着力	涂层与基底间结合力的总和（GB/T 8264—2008）	使用各种附着力检测方法进行检测
7	柔韧性	涂膜适应其基体变形的能力（GB/T 8264—2008）	使用柔韧性测定器、锥形轴检测方法进行检测
8	硬度（涂膜硬度）	涂膜抵抗机械压入塑性变形、划痕或磨削作用的能力（GB/T 8264—2008）	使用铅笔硬度计、摆杆阻尼试验方法进行检测
9	耐压痕性	涂膜抵抗外力使其表面压陷的能力（GB/T 8264—2008）	使用杯突试验仪进行检测
10	耐冲击性	涂膜在冲击作用下保持涂膜完好无损的能力（GB/T 8264—2008）	使用冲击试验器进行检测
11	耐磨性	涂膜抵抗磨损作用下导致涂膜失效的能力（GB/T 8264—2008）	使用旋转橡胶砂轮法进行检测
12	耐崩裂性	涂膜抵抗冲击作用引起涂膜局部碎落的能力（GB/T 8264—2008）	耐石击性是使用石击仪进行检测
四	涂层耐久性能	涂膜长期抵抗所处环境的破坏作用而保持其特性的能力（GB/T 8264—2008）	
13	耐候性	在阳光、雨、露、风、霜等气候环境中导致的涂膜老化（失光、变色、粉化、龟裂、长霉、脱落及基底腐蚀）的能力（GB/T 8264—2008）	在自然曝晒条件下进行耐候性试验，需要时间较长［试验标准为 GB/T 9278(IDT ISO 2810)涂层自然气候曝露试验方法］
14	耐光性	涂膜抵抗光作用保持其原有光泽和色泽的能力（GB/T 8264—2008）	使用经滤光器滤过的氙弧灯光（氙光法）对涂层进行人工曝露辐射进行检测
15	耐温变性	漆膜经受冷热交替的温度变化而保持其原性能的能力（GB/T 5206.4—89）	使用恒温箱、低温箱以及其它涂层测试方法进行检测
16	耐湿热性	涂膜在特定湿热环境作用下保护基体不产生锈蚀的能力（GB/T 8264—2008）	使用调温调湿箱试验，然后分别评定试板生锈、起泡、变色、开裂或其它破坏现象

续表

序号	性能名称	定义	备注
17	耐水性	抵抗水渗透作用导致涂膜发白、失光、起泡、脱落或基底锈蚀的能力(GB/T 8264—2008)	使用可调节水温的水槽并在其中加入足够量的符合要求的去离子水进行检测
18	耐蚀性(耐腐蚀性)	涂膜保护基体耐受环境腐蚀作用的能力,是评价涂膜防腐性能的关键指标(GB/T 8264—2008)	通过中性盐雾(NSS)、乙酸盐雾(AASS)、铜加速乙酸盐雾(CASS)、循环盐雾(CCT)等试验方法检测评定涂层或涂层体系的耐腐蚀性能
19	防霉性	涂膜防止霉菌在其表面上生长的能力(GB/T 8264—2008)	使用有温湿度交变循环条件的特定霉菌试验箱(室),接种经证实对产品产生腐蚀的菌种,检查试验样品表面,评定霉菌试验结果
五	涂层耐介质性能		
20	耐化学性	抵抗酸、碱、盐类物质渗透和溶解作用导致涂膜丧失对基底保护的能力(GB/T 8264—2008)	分别使用浸泡法、用吸收性介质法、点滴法,将单相或两相酸、碱、盐液体与涂层试片接触进行试验
21	耐油性	抵抗油类渗透作用导致涂膜脱落和其它损伤的能力(GB/T 8264—2008)	使用柴油、机油、汽油、润滑油等油品与涂层试片接触,检测涂耐油的性能
22	耐其它介质		
六	涂层的其它性能		
23	耐热性	在热作用下涂膜抵抗变色、粉化、脱落等的能力(GB/T 8264—2008)	根据涂层的使用受热环境,设计试验方法进行检测
24	电绝缘性	漆膜阻碍电流通过的能力。电绝缘性主要指漆膜的体积电阻、电气强度、介电常数等(GB/T 5206.4—89)	根据涂层的使用电绝缘环境,设计试验方法进行检测
25	其它特殊性能		

7.2.4 涂装工艺

如果按涂装工艺方法进行分类,有手工涂装、静电涂装、电泳涂装、粉末涂装等。表 7-5 是按照工艺方法列出的各种形式。

表 7-5 涂料涂覆工艺方法一览表

序号	类别	名称	原理简述	主要特点	适用范围
1	(1)手工工具涂覆	①手工刷涂	利用漆刷蘸涂料进行涂装的方法	工具简单,施工灵活方便。可弥补喷涂机具不易喷涂到的局部死角或边角。费力费工,生产效率低下	大量应用于建筑工程、机械制造等广大行业,适用于各种各样的设备或工程

续表

序号	类别	名称	原理简述	主要特点	适用范围
2	(1)手工工具涂覆	②手工辊涂	利用蘸涂料的辊子在工件表面滚动的涂装方法	省时省力,工作效率比刷涂高。适用多种不同材料的基底表面。窄小及复杂表面不易使用	广泛应用于建筑、家装等行业
3		③搓涂	利用蘸涂料的纱团反复划圈进行擦涂的方法,又叫揩涂法或擦涂法	工具简易,可适用于各种复杂的要求较高的小工件表面,可获得美工效果,但生产效率低	常用于家具、装饰装修、工艺美术等行业
4		④刮涂	使用刮刀对黏稠涂料进行厚膜涂装的方法	作为涂装必要的辅助工序,常用来刮涂腻子和填孔剂等,有时用来涂布油性清漆、硝基漆等	应用于各类行业、各类涂装的辅助工序
5		⑤气雾罐喷涂(气雾罐自喷漆)	将涂料灌入气雾罐中,利用气雾剂的压力将涂料喷出并雾化的涂装方法	携带方便,使用便捷。只能用于要求不高的局部修补	应用于要求不高的局部修补,维修行业常用
6		⑥丝网涂装(丝网印刷涂装)	将刻印好的丝筛放在欲涂的表面,用刮刀将涂料涂刮在丝网表面并使之渗透到下面而形成图案或文字的涂装方法	可在基材上涂饰多种颜色的套版图案或文字。不便用于复杂工件表面,图案大小受丝网版的限制	应用于各类产品的LOGO或复杂的图案、操作指示、标识的等制作
7	(2)机动工具涂覆	①空气喷涂	利用压缩空气将涂料雾化并射向工件表面进行涂装的方法	喷涂效率高,适应性强,使用方便,涂层装饰性好。一次喷涂成膜低,稀释剂使用量大,涂料利用率低	应用于各行各业的各类产品或工程设备,适用范围广泛
8		②高压无气喷涂	利用动力使涂料增压,迅速膨胀而达到雾化的涂装方法	喷涂效率高,附着效果好,一次成膜厚,稀释剂使用量小,涂料利用率高,环境污染低。涂层装饰性差,操作复杂。改进型的喷枪,可提高喷涂质量	应用于各种大型和装饰性要求不高的工件,尤其面积较大的工件
9		③加热喷涂	利用加热使涂料的黏度降低,以达到喷涂所需要的黏度而进行涂装的方法	涂料固体分高,一次成膜厚,稀释剂使用量小,涂料利用率高,环境污染小。使用于特殊要求的涂装,可获得优异的涂层	根据不同涂料或产品的需要而选用各种方式。如用于聚脲(双组分)的涂装,可广泛用于建筑、工程及装备的很多领域

续表

序号	类别	名称	原理简述	主要特点	适用范围
10	（2）机动工具涂覆	④手提静电喷涂	利用静电涂装的原理，将喷枪及附属器件轻型化并由人工操作进行涂装的方法	具有涂料利用率高，涂层质量好，环境污染小，使用简捷方便的特点。操作较复杂，安全性要求高	可以喷涂溶剂型涂料、水性涂料、粉末涂料等，与其它喷涂方式结合可以应用于很多行业
11		①浸涂	将工件浸没于涂料中，取出，除去过量涂料的涂装方法	设备简单，机械化程度高，适用于结构不易兜漆的工件。但溶剂型涂料易产生污染，防火要求严格，涂层厚度均匀性差，易产生流挂	使用于工件不太复杂、可大批量流水线生产的零部件。汽车底盘及其附件应用较多
12		②淋涂、幕帘涂装	淋涂：将涂料喷淋或流淌过工件表面的涂装方法 幕帘涂装：使工件连续通过不断往下流的涂料液幕的涂装方法	设备简单，机械化程度高，适用于外形较简单、不易产生涂料留存的工件。但涂层均匀性差，涂层不平整或覆盖不完整。幕帘涂装质量较好	适用于单一工件、大批量连续底漆的涂覆。幕帘涂装最适合于平板式的被涂工件
13	（3）机械设备涂覆（涂装生产线）	③电泳涂装	利用外加电场使悬浮于电泳液中的颜料和树脂等微粒定向迁移并沉积于电极之一的基底表面的涂装方法	涂料利用率高，环保污染小，无火灾危险性，可实现全自动化和无人化涂装生产。被涂工件的涂层均匀，附着力和耐蚀性强。但设备一次性投资大，涂装管理复杂。限于导电、耐高温（≥120℃）烘烤的工件，不适合于小批量生产	有阳极电泳、阴极电泳涂装方法。主要用于大批量涂装生产的底漆。广泛用于汽车、家电、轻工、建材、农机等行业
14		④自泳涂装	利用化学反应使涂料自动沉积在基底表面的涂装方法	不耗用电能，不需要严格的温控，有利节能。设备比电泳简单，工序简化。涂层厚度均匀，耐蚀性强。但仅适用于钢铁部件的涂装。前处理的质量和工件表面的粗糙度，对涂层质量影响大	应用于汽车行业和通用机械方面，主要有车架、空调风管、钢制暖气片等
15		⑤静电涂装（液体型涂料静电喷涂）	利用电晕放电原理使雾化涂料在高压直流电场作用下荷负电，并吸附于荷正电基底表面放电的涂装方法	涂料雾化效果好，在工件上附着率高，涂层装饰性能好，环境污染小，便于涂装生产自动化。但工件凹孔、折角内边不易喷到，非导电工件要进行特殊处理。容易发生火灾，操作要求严格	固定式静电涂装设备适于大批单一产品的自动流水线生产。静电喷枪有盘式静电喷枪、旋杯式、空气雾化式、液力雾化式等多种形式，应用于各行各业的不同产品

续表

序号	类别	名称	原理简述	主要特点	适用范围
16	(3)机械设备涂覆（涂装生产线）	⑥粉末涂装	将粉末形态的涂料以静电喷涂、火焰喷涂或流化床涂覆方式喷涂到被涂物的表面，经烘烤成膜后得到涂层的涂装方法	涂料利用率和生产效率高，环保污染与火灾危险性小，一次喷涂即可得到较厚的涂层。但换色换品种困难，涂层装饰性受限制。限用于耐温性超过200℃的金属材料，有粉尘污染和爆炸的危险	已有静电粉末喷涂、流化床、静电流化床、熔射法等多种方式，广泛应用于家用电器、交通运输、化工防腐、造船等各个领域
17		⑦自动喷涂	利用电器或机械原理（机械手或机器人）程序控制进行的一种喷涂方法	涂装效率高，涂装环境好，自动化程度高，各种涂装技术参数控制精确，可获得优质的涂层	使用于自动生产线上，可使用各种喷涂机具，如高级空气喷枪、静电喷枪、高速旋杯喷枪等

注：1. 参考 GB/T 8264—2008《涂装技术术语》。

2. 实际生产过程中，可以将各种涂料涂敷模式进行组合，形成高级、复杂的涂装生产线，如将电泳、静电喷涂、自动喷涂进行组合，是汽车涂装生产线上常见的涂装模式。

7.3 涂层体系的缺陷（弊病）

涂层缺陷（弊病），是指在不同时间段内所检测（或观察）到的涂层或涂层体系的技术数据不符合适用标准所规定的技术性能指标。缺陷（弊病）属于"临床表现"，在不同的时间阶段内的会有各种各样的"症状"。按时间先后进行分类，便于分析病因，有利于企业的实际使用。由于涂层缺陷（弊病）与产品设计关系较大，在此列出，供读者参考。

(1) 缺陷(弊病)的分类

按照"涂装系统"的时间维度进行划分，共有五个阶段的内容，如表7-6~表7-10所示。

(2) 缺陷(弊病)的检测与评定的依据(标准)

对涂层/涂层体系的检测评定的技术标准中，国家标准有：GB/T 1766—2008《色漆和清漆 涂层老化的评级方法》；国际标准有：ISO 4628《色漆和清漆 涂层老化的评定 缺陷的数量和大小以及外观均衡变化程度的评定》。

ISO 4628-1：2003 第1部分：总则和评定体系

ISO 4628-2：2003 第2部分：起泡等级的评定

ISO 4628-3：2003 第3部分：锈蚀等级的评定

ISO 4628-4：2003 第4部分：开裂等级的评定

表 7-6 设计阶段隐藏的缺陷和问题

出现的缺陷(弊病)名称	类似名称 (其它名称,相近名称)	说　明
①产品设计的问题		产品设计(结构设计等)不当表现在多个方面,如 ①可到达性的预留 ②缝隙、积水积尘、边缘、焊接部位、联结的处理 ③箱形构件和空心组件、凹槽、加强板特殊设计 ④电偶腐蚀的防止 ⑤对装卸、运输和安装的考虑等 以上方面如果处置不当,将带来涂层体系的破坏
结构设计缺陷产生无法解决的涂层体系的缺陷(弊病)	设计缺陷(如积水、积尘等)	
其它表面工程技术的选用不当带来涂层缺陷(弊病)	表面工程技术选择不当	
设计图纸标注技术要求不完整(缺少外观的指标,如棱边的 $r>2\mathrm{mm}$)	图纸设计缺项,技术要求不全	
缺少涂装实施工艺的论证	涂装工艺性不好,无法实施或不便于实施	
②涂层体系设计(涂装设计)		涂层体系的设计与涂层体系缺陷(弊病)有很强的关联性,有很重大的影响,如果处理失当,会造成涂装实施的混乱,带来涂层体系的各种缺陷(弊病)
无涂装专业的设计文件	缺少涂装设计文件	
设计文件不规范(缺少关键数据,存在错误)	涂装设计文件不合格	
涂装材料选择错误	选材错误	
涂层体系设计不合理(各层间的配套,技术参数,试验验证)	涂层体系设计错误	
涂装设备选择不当	涂装设备不适用	
涂装工艺选择不当	涂装工艺应用错误	

表 7-7 制造阶段出现的缺陷（弊病）

出现的缺陷(弊病)名称	类似名称 (其它名称,相近名称)	说　明
①涂料缺陷(弊病)		未涂装之前涂料所产生的缺陷(弊病)问题,会造成多种涂层体系缺陷(弊病),必须引起重视
透明涂料发糊和发混	混浊	
增稠,结块,胶化和肝化	变厚,发胀	
结皮		
沉淀与结块		
变色	原漆变色	
容器变形等		
②涂覆过程中的缺陷(弊病)		含流平(闪干、闪蒸)过程
颗粒/起粒/灰尘	尘埃,异物附着,涂料颗粒,金属颗粒,焊锡焊渣	另外,烘干室内的灰尘或其它污染物亦会引起
流挂	下沉,滴流,垂流,流痕	
露底	缺漆,盖底不良,涂得太薄	
缩孔(鱼眼)	抽缩,油缩孔,缩边	另外,烘干室内的污浊亦会产生

续表

出现的缺陷(弊病)名称	类似名称 (其它名称,相近名称)	说　明
陷穴/凹洼	凹坑,麻点	
针孔	气泡孔	流平不充分、急剧升温亦会产生
起气泡	气泡,溶剂气泡,空气泡,起痱子	急剧升温亦会产生
咬底	咬起	
起皱	皱纹,微皱纹	
定向不均匀现象	金属闪光色不匀,银粉不匀	
拉丝		
浮色	色分离	
开花现象(花瓣)	白华现象	金属闪光涂料静电喷涂时
反转		两层中涂涂料湿碰湿喷涂时
落上漆雾,干喷		
白化	发白	
涂层(漆膜)过厚		
③固化(干燥)成膜后的缺陷(弊病)		
橘皮	柚子皮	
发花/色花	色发花	
色差		与标准色板或与所定色的参数有差异
渗色	底层污染	
掉色		
金属闪光色不匀	银粉不匀,银粉立起,铝粉浮起	
光泽不良	发糊,低光泽	
鲜映性不良		
丰满度不良		
起皱	皱纹	与涂装时出现的会有差别
气裂		烘干炉内的酸性气体等引起
砂纸纹/打磨不均匀	打磨不足,打磨划伤,打磨坑	
残余黏性/干燥不良	烘干不良,未烘干透,过烘干,慢干	
附着力不良	附着力差,涂层剥落	
涂层硬度不足		
腻子残痕		因吸油引起,面漆表面痕迹
胶带痕迹/水痕迹		
其它缺陷,如拉铆孔痕迹,塞焊痕迹		

表 7-8　储运阶段出现的缺陷（弊病）

出现的缺陷(弊病)名称	类似名称 （其它名称,相近名称）	说　　明
划伤	刮伤,压伤,啄伤,摩擦伤	
失光		烈日下存放
涂层变色/变色		烈日下存放
粉化		烈日下存放
沾污		包装不当引起,外部污染
起泡		包装不当引起
剥落/脱落		包装不当引起
生锈		包装不当引起
其它		

表 7-9　安调阶段出现的缺陷（弊病）

出现的缺陷(弊病)名称	类似名称 （其它名称,相近名称）	说　　明
划伤(刮伤,压伤,摩擦伤)		
沾污		胶带痕迹,化工材料
起泡		局部积水
剥落/脱落		原涂层附着力不良致使安调过程中脱落
生锈		划伤生锈
胶带痕迹/水痕迹		沾污,斑点

表 7-10　使用阶段出现的缺陷（弊病）

出现的缺陷(弊病)名称	类似名称 （其它名称,相近名称）	说　　明
失光		
涂层变色/变色	掉色,褪色,变黄	
粉化	风化	
泛金光/泛金	返铜光,亮铜色	
沾污		
斑点		
开裂/裂纹	裂痕	
起泡	水泡	
剥落/脱落	层间附着力不良	
生锈	锈蚀,丝状腐蚀,疤状腐蚀,淌黄水	

续表

出现的缺陷(弊病)名称	类似名称 (其它名称,相近名称)	说　明
发霉		
涂层体系修复产生的缺陷(弊病)		虚漆,修补亮斑(极光,斑印),打磨抛光痕迹,色差等

　　ISO 4628-5：2003　　第 5 部分：剥落等级的评定
　　ISO 4628-6：2007　　第 6 部分：粉化等级的胶带评定法
　　ISO 4628-7：2003　　第 7 部分：粉化等级的丝绒布评定法
　　ISO 4628-8：2005　　第 8 部分：分层腐蚀等级的评定
　　ISO 4628-10：2003　 第 10 部分：丝状腐蚀等级的评定

　　以上标准，可以看作涂层/涂层体系主要在使用阶段（有的在储运、安调阶段也会出现）的检测评定标准。对于涂层/涂层体系的检测评定标准国际标准还有 ASTM、NACE、NORSOK、IMO 等国际标准；国家各行业也都有各自的涂层/涂层体系检测评定标准；还有大量的检测与评定方法标准；在此不一一列举。

　　对于包括涂装全过程的检测评定标准，比较有影响的是 ISO 12944.1～8《色漆和清漆——涂层防护体系对钢结构的腐蚀防护 1～8》、《SSPC 规范——油漆 20》等综合类标准，它们涉及从设计到竣工验收直至设备或工程的最终的各种各样的检测与评定问题。对涂装企业来讲，主要参考各类国际先进标准、引用国家标准，制定适合客户和自己企业情况的企业标准，在实际生产中对涂层/涂层体系的各阶段进行检测与评审。

7.4　工业设计中的涂装技术问题

　　随着我国机械制造业的迅猛发展，工业设计已成为产品设计工程师非常关注的一个重要内容。工业设计与涂装技术（表面工程技术）两者之间还有相互联系、相互统一、相互制约的关系。

　　① 相互联系　工业设计的设计人员需要关注产品的整个生命周期。在设计阶段，工业设计人员要认真全面地考虑到工程技术（包括涂装技术）人员的设计工作，设计人员之间必须及时经常地进行交流和沟通，有利于减少设计冲突和反复性，提高设计质量和效率。在生产阶段，要充分考虑生产的实际限制条件，与腐蚀防护人员共同沟通，解决设计意图与实际产品之间的偏差问题。

　　② 相互统一　涂装技术技术与工业设计的相当多的方面有共同性，例如，在产品外观方面，表面工程技术要求边角要圆滑过渡，有利局部通风避免积水积尘，与工业设计的设计要求非常一致；在材料选择方面，涂装技术人员与工业设计人员共同关注材料的表面性能以及其在使用过程中的耐久性。

③ 相互制约　有的结构形式是不利于涂装技术的，在工业设计中要进行避免；工业设计人员选择的表面涂层，在涂层生产线上可能无法进行生产，这样的设计方案就要修改或放弃。

工业设计侧重于产品的形态、结构、材料、色彩、装饰等方面；表面工程技术侧重于减少产品不利防腐蚀的结构形式和表面形状，选择耐蚀性基体材料，选择各种价格性能比高的表面工程技术，为实施工业设计所需的内容提出设计方案，因此，需要处理好两者间的设计衔接问题。

有的工业设计产品，可能无法进行表面工程技术（涂装、电镀等）的施工或实施非常困难，也就无法实现表面的效果。如果不考虑涂装、电镀层的各项指标和数据，也不会取得优良的表面效果。工业设计最终是要面向制造的，好的创意最终体现在实物上才算成功。但是一些工业设计人员设计出来的方案过于标新立异或者不利于表面工程技术工艺的实施，使得设计出来的产品不利于后续的设计与制造。在产品设计过程中，如果能有效地结合工程技术设计和工业设计来塑造产品，并将产品的功能、结构、工艺、宜人性、视觉传达、市场关系等统一在一起，才能取得人-机（产品-环境）的和谐，提高产品的竞争力。从整个产品设计与制造的发展趋势看，腐蚀防护（涂装）工程设计人员与工业设计人员将逐步融合，并走向统一。

7.4.1　色彩设计工作及表示方法

工业设计对于色彩的选择有很多原则和具体方法，笔者在此不进行具体讨论，主要关注的是：当工业设计工程师将产品色彩选定之后，如何进行表示并传递给涂装工程师实施。

由于色彩设计工作涉及众多单位（特别是色彩设计外委时），众口难调，需要很多协调管理工作，图7-2是工作流程，经过笔者的使用证明，这是有效的工作流程。

为了做好产品的色彩设计工作，最好由工业设计人员和涂装技术人员先编制《产品色彩规范》，规定本公司产品的外观色彩和标识色彩的分类与应用（产品色彩系统分类表、产品应用色彩体系、标识应用色彩体系）；产品色彩系统一般要求（美学原则、色彩设计原则、主/辅色选择、装饰色、色彩禁忌、象征图形）；产品色彩设计图样要求（涂层要求、色彩施工图、图幅及格式、图样画法）；标准色板确认。图7-3是产品色彩设计的图样内容及版式，对于色彩设计的传递工作是非常重要的。

其中，色彩的传递失真是非常值得注意的问题。工业设计工程师经常使用RGB和CMYK色彩模式，而涂装工程师使用的色彩模式常常为RAL色卡、PANTONE色卡、标准色板或专用色板。这些不同的色彩模式，往往会引起色彩的传递失真。

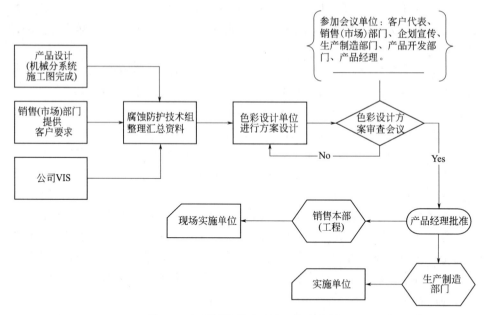

图 7-2 色彩设计外委时的工作流程图

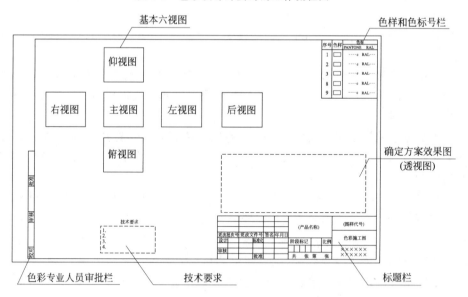

图 7-3 产品色彩设计的图样内容及版式

RGB 是表示红色、绿色、蓝色又称为三原色光，即 R（red）、G（green）、B（blue）。RGB 模式是显示器的物理色彩模式，这就意味着无论工业设计工程师在软件中使用何种色彩模式，只要是在显示器上显示的，图像最终就是以 RGB 方式出现。我们在电脑或者在投影幕布中看到的产品效果图或色彩设计图，均是 RGB 模式。

CMYK 色彩模式也称作印刷色彩模式。CMY 是 3 种印刷油墨名称的首字母：青色（cyan）、洋红色（magenta）、黄色（yellow）。而 K 取的是"black"最后一个字母，之所以不取首字母，是为了避免与蓝色（blue）混淆。CMYK 是一种依靠反光的色彩模式，它需要由外界光源的照射。在印刷品上看到的图像，就是 CMYK 模式的表现。我们看到的彩色打印机打印出来的产品效果图或色彩设计图，都是 CMYK 色彩模式。

RAL 国际色卡是德国工业（DIN）的色彩标准，是经德国有关机构注册和证明的色卡，是国际上最主要的工业色卡，主要用于涂料、塑胶、五金、化工、陶瓷、工美设计，全部 210 种颜色，是工业上最常用的色彩（因此称为古典色，即 classic），现在我国许多涉外钢结构制造业对面漆的颜色要求均采 RAL 色卡颜色及编号。涂装工程师向涂料供应商订购涂料，就可以使用 RAL 色卡。

PANTONE 国际色卡是美国色彩标准，英文名为 PANTONE MATCHING SYSTEM（曾缩写为 PMS），中文官方名称为"彩通"，已成为全球流行的色彩标准。随着印刷、设计、纺织、服装、涂料、油墨行业的日益全球化，为保证在不同工厂生产的产品颜色的一致性，人们需要一种在全球通用的颜色语言，有的大型企业为保证目前生产的产品与多年以前生产的产品的颜色保证一致，也需要一种可以延续使用的标准颜色语言，PANTONE 公司向市场提供这种色彩标准。为了满足不同的行业特点，有多种多样的潘通色卡，其中的 PANTONE GP-1201 为涂料常用的一种色卡，一套有两本，分有光和无光两本；PANTONE GP-1202 一套共三本，包括有光、半光、无光三本，是比 PANTONE GP-1201 型多一本半光；PANTONE GGS-201 色卡配对 CMYK 和 RGB 模拟专色，是 PANTONE 色卡与 CMYK 和 RGB 之间的桥梁，可以直接从每一种色卡是知道其 CMYK 值和 RGB 值。涂装工程师向涂料供应商订购涂料时，也常常使用 PANTONE GP-1201 色卡。

由于工厂企业条件的限制，在评价产品的色彩效果时，常常使用显示器（投影仪）或者彩色打印的纸质文件，而实际涂装时又使用色卡订货的涂料，由于缺少 CMYK 和 RGB 与色卡的严格比对，就会发生很大的失真，出现"效果图很好，实际产品不好"的现象。解决这个问题的方法，就是直接制作专用色板，按照 GB/T 9761—2008 的相关规定，经过产品设计工程师、涂装工程师、主管领导进行多方案评审后，喷涂实物产品（样品），再进行最终的评审，方可进入小批量或批量的涂装生产，这样可以避免电脑屏幕颜色及打印颜色与实际要求的颜色不一致所引起的麻烦。

7.4.2 光泽的选择及表示方法

在产品设计过程中，产品设计工程师对于影响产品外观质量的涂装涂层光泽，是非常重视的。高光泽的涂层以其色泽鲜艳、光彩明亮等优点，为产品增光添彩；亚光涂层以其光泽柔和、质感强、时尚个性等优点，备受用户青睐。

但是，对于涂料光泽类型的划分并没有统一的标准，使用中也显得非常混乱，表7-11是笔者查找到的常见分类方法，供读者参考。

表7-11 常见光泽分类（以60°光泽计测量的涂膜光泽分类）

序号	名称	《涂料工艺》第九分册分类	《防腐蚀涂料涂装和质量控制》分类	其它分类
1	高光泽	≥70%	>85%	亮光>60%
2	有光		61%~85%	
3	半光或中等光泽（亚光）	30%~70%	半光31%~60%	亚光15%~60%
4	蛋壳光	6%~30%	16%~30%	
5	平光	2%~6%		
6	无光	≤2%	0~15%	<10%

光泽选择时遇到最多的问题是：亮光（高光）涂层好还是亚光涂层好？其实这是一个很难有统一答案的问题，需要根据具体情况具体分析。表7-12是亮光涂层与亚光涂层的优缺点对比，请读者根据自己产品设计的实际情况进行综合分析，然后决定取舍。

表7-12 亮光涂层与亚光涂层的优缺点对比

序号	比较项目	亚光涂层（30%~70%光电光泽计60°测试）	光亮涂层（≥70%光电光泽计60°或20°测试）
1	产品的整体效果	光泽柔和、质感强、时尚个性等优点，备受用户青睐	色泽鲜艳、光彩明亮，引人注目。但其反光，有时容易引起视觉疲劳
2	产品的微观表面	对于下料、焊接、机加工等形成的表面不平整性等缺陷，可以弥补，肉眼观察不明显或者较轻	对于下料、焊接、机加工等形成的表面不平整性等缺陷，不能弥补，肉眼观察较明显
3	产品表面的耐沾污性	容易黏附灰尘、油污等，而且不便清理。特别在室外使用的产品，难以进行清洁工作，容易变旧	不容易黏附灰尘、油污等，而且很容易进行清理。在室外使用的产品，自洁性较好，容易进行清洁工作
4	产品表面的耐腐蚀性	对于水分、粉尘等腐蚀介质容易滞留在涂层表面，且停留时间较长，容易破坏涂层	因表面光滑，对于水分、粉尘等腐蚀介质不容易滞留在涂层表面，对于涂层耐腐蚀性较好
5	产品涂层的可维修性	涂层因意外被损坏之后，修补时困难，需要喷涂一个面，造成浪费。工件越大，越容易损坏。小工件使用有优势	涂层因意外被损坏之后，修补时容易，只需要喷涂局部，然后进行打磨、抛光即可。对于大型工件有优势
6	产品制造过程中的难易	涂装生产工艺大致与光亮漆一致，但对生产过程中的缺陷修补有难度	涂装生产工艺大致与亚光漆一致，对生产过程中的缺陷修补较容易

7.4.3 各种涂层质地纹理的选择

产品设计工程师在进行产品设计时，追求"远看有形色，近看有纹理"的视觉效果，同时也兼顾触摸感觉，就会产生良好的质感效果，耐人寻味，富有感情色彩，以获取客户对产品的最佳印象。因此，产品表面的质地、纹理、花纹特性，也就成为产品的一个重要组成部分。

与其它各种方法相比，涂装涂层在获得质地、纹理方面有着"种类齐全、价廉物美、简便易行"的特点，表 7-13 中列举了机电产品常用美术涂料及涂层分类及特点，供读者参考。

当然，不同的基体材料、涂装涂层材料，对于各种不同等级的腐蚀环境其耐蚀性是有很大的差别。如果不注意此类问题，在产品的长期使用过程中就会产生各种腐蚀现象，进而影响产品的外观质量。

对于大型的机电设备，铸造、锻造、机加工、焊接、装配质量的好坏，直接影响产品的外观质量。例如，冲焊的外壳（机壳）出现拼缝不齐、零部件错边错位、表面凹凸不平、焊缝粗糙、零部件的光洁度不够等现象，影响了产品外观质量，降低了产品的品质和档次。

7.4.4 产品色彩图案和标识制作的工艺方法

产品的色彩图案是产品外观质量的重要组成部分。产品的色彩与图案会对人的视觉和心理产生相应的影响，有的会对人们产生强烈的视觉震撼力。尽管不同地区、不同行业或者不同年龄的人群，对色彩和图案的选择会有所不同，但都会符合每个时代大众的视觉欣赏习惯和规律。

产品色彩图案如果做得好，能够体现流行色与时代感相结合的特点，外观颜色和图案多样化，就会产生很好的外观效果。例如，我们经常看到和使用的私家车，其表面的金属漆、珠光漆给人一种梦幻、高贵、艳明的感觉。如果对色彩和图案不进行精心设计，外观只是色调单一的大片色块，缺少变化和特点，个性不明显，外观就不能给人带来新鲜感、新颖感，就不能吸引客户的眼球，无法产生宣传和竞争的商业效果。

产品标识是指用于识别产品及其特征、特性、使用所做的有关表示的统称。产品标识可以用文字、符号、标志、标记、数字、图案等表示。产品标识包括基本标识、通用标识两类。基本标识：是指在产品上必须出现，用于品牌识别的图形和文字。包括企业 LOGO、产品型号和产品铭牌三部分。通用标识：是指应用在工作场所及设备上，国际通用或行业通用的图形和文字。包括图形标识、警示线、警示语句、电气设备用标识。产品标识的定位、布局、组合，材料使用及其贴敷的牢固程度，对于产品的外观质量特别是外观的美化均会产生较大的作用，如果设计和实施的不好，将会产生不良的影响。

表 7-13　机电产品常用美术涂料及涂层分类一览

序号	名称	涂层形态特点	涂层形成原理	应用范围	常见涂料品种
1	锤纹漆（锤纹涂料）	在被涂物体的表面形成一层漆膜，该漆膜似有铁锤敲打下所留下的锤纹花样，锤纹花片的大小和深浅均匀，闪烁着金属的光泽	涂料喷涂到工件表面呈凹状的液滴，其中的铝粉边下沉边做旋转运动，促使清漆和颜料出现分层现象。当喷涂的各个液滴在物体表面流淌到互相连接时，颜料已在液滴的最外缘形成了色圈分界线，而色圈内则由铝粉形成浅碟子似的旋涡，清漆溶于铝粉上面，使得碟涡显现出美丽的锤纹	用于仪器仪表，电器开关，控制台，电机，机床，纺织机械，轻工机械等	①硝基锤纹漆；②过氯乙烯锤纹漆；③氨基锤纹漆；④丙烯酸锤纹漆；⑤聚氨酯锤纹漆；⑥氯化橡胶锤纹漆
2	橘纹漆（橘纹涂料）	橘纹漆覆盖成膜后外观像橘子皮，故称橘纹漆。涂膜表面花纹凹凸不平，外观立体感强，且力学性能优异，路路重显装饰性	涂料在流平时，由于橘纹漆的表面张力小于正常的涂料涂膜的表面张力，分散于涂膜的局部张力较高点的地方产生"凹"状分布而呈现橘纹效果	各类机械、设备、机床等保护装饰涂装，能掩饰各种金属表面粗糙不平的瑕疵起到美术装饰的效果	丙烯酸橘纹漆、聚氨酯橘纹漆、双组分丙烯酸聚氨酯橘纹漆、丙烯酸脂酸胺酯橘纹漆
3	裂纹漆	溶剂型裂纹漆粉性含量高，溶剂的挥发性大，因而它的收缩性大，柔韧性小，喷涂后内部应力产生均匀的裂纹，形成良好、均匀的裂纹图案、增强涂层表面的美观，提高装饰性	溶剂型裂纹漆是通过减少基料量、增加颜填料用量和溶剂的挥发性，因此具有较大的收缩性和较低的均匀的韧性，结果由内应力产生较高的拉扯强度，形成均匀的裂纹。水洗裂纹漆是利用无机磷酸盐涂料在有机层上产生的高收缩率裂纹，或者利用自交联型水性丙烯酸乳液独特的单体组成和核壳结构，控制成膜条件，使水性漆膜连续性的同时形成表面裂纹的装饰效果	建筑装饰装修、家具、轻工金属制品、日用品金属外壳、仪表、医疗器械等	溶剂型漆有各色硝基裂纹漆；水性漆有无机磷酸盐涂料、水性丙烯酸乳液涂料等
4	皱纹漆	皱纹漆属油基性漆，它能形成有规则的丰满皱纹，干皱漆装饰物表面，同时能将粗糙的物面隐蔽	现在常用的酚醛树脂皱纹漆和醇酸树脂皱纹漆，是在配方中加入酚醛树脂皱纹皱花纹，其起皱机理是利用完全聚合、使得部分甲型桐油在干结成膜的过程中，通过烘烤，加速氧化聚合、使得部分甲型桐油转变成乙型桐油酸，漆膜内外层发生体积收缩，产生皱纹现象。因颜质颜料的种类和数量不同，起皱的花纹大小不同，一般颜质颜料多的花纹粗，颜料少的花纹细，皱纹漆依炼制稠度和含钴量的不同分为粗、中、细纹三类	打字机、仪器仪表、文具、闹钟和五金用具等	醇酸烘干皱纹漆、酚醛细花皱纹漆、氯化橡胶乳胶自干皱纹漆等

续表

序号	名称	涂层形态特点	涂层形成原理	应用范围	常见涂料品种
5	金属闪光漆（金属闪光涂料）	光线射到涂层之后，被铝（片）粒反射，会让漆膜上看上去好像金属在闪闪发光一样。在不同的角度下由于光线的折射，外观看起来更丰富有趣，金属闪光漆为双涂层体系（即金属闪光漆+清漆）	金属漆是以特制的鳞片状金属粉（如铝粉、青铜粉等）为颜料配制而成。形成涂膜后，金属粉在不同层次中呈定向排列，随着光线入射角和反射角的变化，从不同深处反射出灿烂繁星闪烁的金属光泽（闪光效应）。改变铝粒的形状和大小，就可以控制金属闪光漆膜的闪光度。同时配有各色透明的有机或无机颜料，可制成多种色彩，由底漆和罩面清漆配套使用	用于轿车、客车、卡车、摩托车、自行车、轮椅、家用电器、机械设备、高档建筑等装饰性要求较高的涂装	热固性丙烯酸漆、聚酯漆、氨基醇酸漆、水溶性丙烯酸树脂类漆等
6	珠光漆（珠光涂料）	珠光漆形成的涂层，光线射入的角度不同，折射和干涉就会发生变化，从不同的角度观看颜色各不相同，因此，珠光漆就给人一种新奇的、五光十色、琳琅满目的感觉	它的原理与金属漆基本相同。它用云母代替铝粒。在它的漆基中加有涂有二氧化钛和氧化铁的云母颜料。光线射到云母颗粒上后，先带上二氧化钛和氧化铁的颜色，然后在云母颗粒中发生复杂的折射和干涉。这样，云母本身也有一种特殊的、有透明感的颜色闪光。而且，反射出来的光线，就具有黄色、有好像珍珠散射的浅蓝色，斜视时又改变为浅蓝色，从不同二氧化钛的角度去看，具有不同的颜色	广泛用于汽车、摩托车、自行车及家电的涂装	热固性丙烯酸漆、聚酯漆、氨基醇酸漆、水溶性丙烯酸树脂类漆等
7	发光漆（发光涂料）	在吸收日光、灯光、环境杂散光等即可见光后，在黑暗处即可自动持续发光，给人们更多的信息指示。其特点是具有吸收一发光一吸收一发光的无数次反复变化的特点，同时还具有无毒、无需电源、化学性能稳定等特点	此处的发光涂料，主要是指蓄光型发光涂料，它是第三代自发光材料的一种。该涂料所使用的发光材料主要是第三代高效蓄光型自发光材料，它在涂料中作为添加剂加入而制得自发光涂料或太阳光灯光，停止照射就完全无光。能吸收紫外光灯光，停止照射就完全无光三种涂料不同 ①荧光涂料经紫外灯光照射而发光的涂料，在紫外线照射下发光，停止照射时，其中的玻璃珠将以下的光反射回来而其本身并不发光 ②自发光涂料受到灯光照射时，其特点是与以上的光反射不同，具有蓄能后可再发光的特点 ③反光涂料不仅吸收射线能量而来使用了加入有蓄光型涂料的玻璃珠将反射线的光反射出来，而且产生可以产生荧光的物质	用于建筑材料、装潢设计、铁路、公路、飞机场标志、广告牌、人行道、重要设备标识等	聚氨酯树脂、丙烯酸树脂、环氧树脂、醋酸树脂、PVC树脂、聚乙烯醇缩丁醛树脂等类型发光涂料

续表

序号	名称	涂层形态特点	涂层形成原理	应用范围	常见涂料品种
8	石纹漆	石纹漆所讲的石纹指大理石纹。用涂料做成的大理石纹涂层,形象逼真,有特殊的装饰效果	石纹漆涂层是使用一般涂料,通过特殊工艺涂装而成的。施工方法既可以刷涂又可以喷涂	金属制品,日用家具,建筑物及室内外装饰品等	所用的涂料为油性调合漆、醇酸磁漆、硝基磁漆、氨基磁漆、醇酸磁漆等
9	木纹漆	木纹漆与有色底漆搭配,可通真地模仿出各种效果,制造出可根据不同的需要,制造出不同的各具风格的木纹效果	木纹漆涂层就是在没有木纹的底材上,喷涂底色漆,然后做出木纹的效果出来,最后罩上清漆。主要方法有:①通过手工的方法描画出木纹;②用木纹的艺术辊筒滚出木纹效果;③用木纹纸贴上、①用水转印的方式转印上木纹的漆膜	金属制品、日用家具、仪器仪表、建筑物及室内外装饰品等	所用油性调合漆、醇酸磁漆、酯胶磁漆、酚醛清漆、硝基清漆、虫胶清漆等
10	绒面质感涂料	绒面质感涂料也称绒面涂料,是一种涂膜具有丝绒饰效果,触感柔韧而富有弹性的新型装饰性涂料	绒面涂料的组成主要包括着色树脂微球(或称彩色聚合物微球,俗称绒毛粉)、基料树脂,溶剂和助剂组成。绒面涂料成膜时依靠绒毛粉在绒膜表面和表面张力迁移到漆膜表面,绒毛粉和颜料粒子漂浮上层,形成绒毛层。在底材上喷涂施工时,绒毛粉和颜料结合作用,在底材与绒面间牢固粘接,形成完物则发挥黏结剂作用,在底材与绒面间牢固粘接,形成完美而柔和的绒面	电子产品、汽车类产品、各种日常用品、仪器仪表、光学仪器、建材、家具等	溶剂型:聚酯聚氨酯(双组分)、热塑料性丙烯酸酯、聚酯氨基树脂(烘烤型)、聚氨酯、聚氨酯类涂料;水性漆:丙烯酸共聚物、聚氨酯乳液类涂料;紫外线固化型:丙烯酸酯类涂料

产品的色彩图案与产品标识的实施,一般都属于涂装的范畴,了解其工艺方法,对于产品设计工程师也是非常重要的。

(1) 涂料(油漆)喷涂

根据设计完成的产品色彩图案和标识图纸,在整机(或部件)需要的部位进行清洗—打磨—清理—屏蔽—喷涂涂料—干燥—去屏蔽,如果有多种颜色或图案标识复杂,就需要反复进行以上工序,直至完成图案或标识。该工艺的缺点是工序繁多,且需要喷漆室、烘干室等涂装设备。

(2) 手绘图案

手绘是使用涂料或油墨直接在产品(如汽车车身)上手工绘制,与人体彩绘类似。手绘更纯粹,艺术气息更浓,个性色彩更强,需要手绘者具有一定的绘画艺术技能。最后一道经常使用罩光清漆进行喷涂。该工艺的缺点是绘制速度慢,成本高。

(3) 人工喷绘图案

人工喷绘是操作者使用专用喷枪(或喷笔或自喷漆罐)喷涂涂料或油墨,根据所设计的图案底样,在产品(如汽车)表面进行绘制。人工喷绘在追求色彩饱和度、视觉冲击力等方面具有一定优势。该工艺的缺点是需要喷绘操作者具有较高的技能和艺术水平。

(4) 彩绘膜与改色膜技术

彩绘膜是先用喷绘机在含有PVC(聚氯乙烯)的喷绘介质上,喷绘出所需要的图案或标识,再将已绘上图案或标识的介质,分块或整体贴到产品(如汽车车身)表面上设定的位置。贴膜具有成本低廉、可批量生产、使用和更换方便、经久耐用且不会损害产品表面涂层的特点。

汽车车身使用的改色膜技术是用色系丰富、颜色多样的薄膜,以整体覆盖粘贴的方式改变全车或局部外观的一种技术,与车贴彩绘膜有些接近。与全车喷漆相比,改色贴膜施工简易,对车辆完整性的保护更好;颜色搭配自主性更强,且不会存在相同颜色不同部位产生色差的烦恼。目前的改色贴膜分为国产和进口两类,主要有以下几种:亚光膜、亮光膜、电镀膜、碳纤维膜、透明膜等。

(5) 自动喷绘机喷绘

自动喷绘机喷绘(有的称为汽车彩绘机、彩绘机),是指采用专业的喷绘设备直接对车身进行喷绘。汽车彩绘机是一款集电脑、数码、机械完美结合,运用环保理念,实现客户任意创意的"汽车艺术机器人"。

自动喷绘机喷绘有如下特点:①可以曲面跟踪,即使车身凸凹不平也能实现完美打印;②干燥迅速,墨水(油墨)干燥很快;③成本低廉;④耐久性好,不喷清漆的喷绘图案的耐用2年,喷清漆的可以维持5年以上。

贴纸是附着于涂装表面的粘贴物,而自动喷绘机喷绘是把图案喷绘在涂层上,达到浑然一体的效果;同时,贴纸是一种被动接受的过程,个性不突出。自动喷绘机喷绘则是一种主动性较强的创作过程,消费者通过和设计人员充分的交流,体现自己的意图,最后通过艺术加工来达到自己所要的效果。该工艺的缺点是速度慢(与喷涂相比),设备价格昂贵。自动喷绘机喷绘常常用于大巴、货柜车、小汽车、机电设备、玻璃、壁橱、个人电脑、钢琴等产品的喷绘。

(6) 丝网印刷

对于机电产品上面积比较小的图案和标识,丝网印刷的工艺方法也是经常使用的。丝网印刷是利用丝网印版图文部分网孔透油墨,非图文部分网孔不透墨的基本原理进行印刷的。印刷时在丝网印版一端上倒入油墨,用刮印刮板在丝网印版上的油墨部位施加一定压力,同时朝丝网印版另一端移动。油墨在移动中被刮板从图文部分的网孔中挤压到承印物上。

丝网印刷时要对产品表面的局部涂层进行除油、打磨、清理等表面处理工序,并根据金属的表面性能选用适当的印刷油墨。如氨基烤漆及环氧烤漆的涂层面上进行丝网印刷,要用氨基及环氧树脂类热固油墨;硝基清漆等自然干燥型的涂层上,可用溶剂挥发型或氧化干燥型油墨,但必须慎用溶剂或稀释剂,以防止破坏漆面,且在印刷后增涂一层罩光油,以提高光泽和保护整个表面。金属的电镀涂层表面也可用热固油墨印刷,但须注意电镀层与金属的热膨胀系数之差,以控制加热温度,避免膨胀系数相差悬殊而导致镀层开裂。铝板的阳极氧化会形成一层空隙均匀的氧化层(厚为 $2\sim10\mu m$),具有较大的表面积,能提高涂层(油墨)的附着力,另外,还有吸附染料的性能,能用扩散型油墨或浸染法制作染色标牌。

7.5 涂层体系的选择要点及 ISO 12944-5

在为设计的产品选择涂层体系时,不是仅仅选择涂料类型和涂料供应商,必须综合考虑以下重点问题,并形成设计文件以便于有关制造部门的实施。

(1) 确定产品的使用环境,即腐蚀环境的等级(包括总体环境、局部环境、微观环境)

大气腐蚀环境的等级一般分为 C1、C2、C3、C4、C5-I、C5-M,详细见本书第 1 章 1.4.2 中的表 1-5 以及第 2 章的有关章节,也可以查阅 ISO 12944-2《环境分类》标准。

对于水、土壤环境的腐蚀等级,如表 7-14 所示。

表 7-14 水、土壤环境的腐蚀等级（根据 ISO 12944-2《环境分类》）

分类	环境	环境和结构的案例
Im1	淡水	河流上安装的设施，水力发电站
Im2	海水或盐水	港口区的钢结构，如水闸、锁具、防波堤、码头；海上结构
Im3	土壤	埋地储罐、钢桩和钢管

对于特殊情况下的腐蚀环境需要特别关注，例如，内部有密闭或半密闭箱型空间的零部件，与腐蚀性很强的化学物质接触的零部件，与中温（60~150℃）、高温（150~400℃）接触的零部件，易受摩擦、易产生冷凝水的零部件等。

腐蚀环境是一种客观存在，应进行实事求是的调查研究，最好使用已有的数据库、实物或照片进行佐证，认真比对有关标准和规定后最终确定其环境腐蚀等级。

(2) 设定产品外表面涂层的耐久性

根据所设计产品整机的使用寿命，确定涂层的耐久性。在设计时考虑的耐久性是主观的，是市场、客户或设计人员的设想，因此，必须考虑其各种现有的限制条件，例如：涂层体系的类型，结构的设计，表面处理前的底材状况，表面处理等级，表面处理工作的质量，表面处理前产品连接处、边缘、焊缝等的状态，施工所遵循的标准，施工条件，施工后的暴露状况，等等。

ISO 12944 标准中定义了 3 个范围的耐久性（按 ISO 4628-3 评定达到 Ri3 级）。低（L）：2~5 年；中（M）：5~15 年；高（H）：15 年以上。

(3) 对基体材料种类、表面状态、锈蚀等级等提出要求

产品设计时选择的材料或部件比较多，例如，裸金属材料（如钢板、型材等），火焰或电弧喷锌、喷铝或锌铝合金的钢材，热浸镀锌材料，电镀锌材料，热渗锌材料，钢板预处理过的材料，各种复合材料（例如，富锌铝板、夹层板等），带着各种涂层的外购件、外协件、标准件，等等。对各种材料成分及其表面状态、锈蚀等级等，要有一定的技术要求，并要根据有关标准进行等级评价，使其符合设计所要求的技术参数和指标。

(4) 选择前处理工艺和涂覆涂料前工件表面处理状态

前处理对于涂层质量影响非常大，因此，受到专业技术人员的高度重视。前处理的工艺形式有各种各样，如机械喷抛丸、化学前处理等，限于产品的特点和工厂条件，需要慎重选择。产品零部件的表面也有多种情况，例如，将整个表面处理成裸钢面的（除锈等级使用 Sa、St、F1、Be 字母＋数字表示）；有部分涂层或金属涂层的（除锈等级使用：PSa、PSt 和 PMa 字母＋数字表示）等等。

前处理后的产品零部件表面状态必须提出技术要求和质量检验基准，根据实际的具体情况决定检验的内容，表 7-15 提供了部分内容供读者参考，具体指标请与涂装工程师咨询，或查阅有关专业技术资料。

表 7-15 涂覆涂料前工件表面处理状态的需检验内容

序号	材料类型	肉眼直观缺陷	除锈等级	表面粗糙度	洁净度（粉尘）	可溶性盐类	油污	膜层厚度	膜层耐腐蚀性	表面酸碱度
1	钢结构件	★	★	★	★	★	★			
2	薄钢板磷化膜	★			★	★	★	★		★
3	铝合金钝化膜	★		★	★	★	★	★	★	★
4	电镀锌层	★		★	★	★	★	★	★	★
5	金属热喷涂层	★			★		★			
6	塑料	★		★						
7	玻璃钢	★			★		★			

注：★表示需要进行检验。

(5) 选定涂层体系的主要数据

(1)～(4) 的内容，都是为最终选定涂层体系而做的铺垫，产品设计工程师需要定性了解涂层体系（或每种涂料类型）的特点，以便于划定大的选择范围。由于涂料/涂层体系的繁杂多样和动态多变，对于非涂装专业的产品设计工程师来讲，在确定涂层体系时，最快捷的方法就是查阅有关涂层体系的标准或手册，选定每一涂层（底漆层、中涂层、面漆层）所用的涂料［树脂、颜料（防锈颜料）的类型］种类，涂层的干膜厚度（单层、多层）及其它有关内容，与设计图纸一起形成技术文件。

1998 年，国际标准化组织 ISO 推出了 ISO 12944-1～8《钢结构腐蚀保护涂层体系 (Corrosion Protection of Steel Structures by Protective Paint Systems)》系列重要标准，经过多年的实践证明，该标准是有效实用的，受到世界各地的客户、涂料商和防腐蚀设计人员等的赞誉，对于产品设计人员选择涂层体系同样也是必要的。其中，"ISO 12944-5 防护涂层体系"描述了常见的用于钢结构防腐蚀保护的涂料类型以及涂层体系，在 2007 年又单独对 1998 版的 "ISO 12944-5 防护涂层体系" 进行了更新，使其更简练、清晰和实用。对于在不同的腐蚀环境（参见 ISO 12944-2）中，不同的表面处理等级（参见 ISO 12944-4）状态，不同的耐久性（参见 ISO 12944-1）需求，ISO 12944-5 提供了 "如何选择涂层体系" 指导性意见。下面简单介绍一下使用 "ISO 12944-5 附表 A" 选择涂层体系的方法，请结合本书的表 7-16～表 7-23 进行练习并掌握。表 7-24 列出了各种不同类型涂料的一般性能。

设计人员需要利用表中所列出的涂层体系时，需要首先确定是否采用概述性表格（表 A.1，表 A.7 和表 A.8）或者单独的表格（表 A.2，表 A.3，表 A.4，表 A.5，表 A.6），因为这两种类型的表格中的体系编号不同。

① 表 A.1，表 A.7 和表 A.8 中列举的体系对应多种腐蚀性级别（表 A.1 是概括

表 7-16 表 A.1 腐蚀环境为 C2、C3、C4、C5-I、C5-M 条件下的低碳钢涂层保护体系

基材：低合金碳钢；表面处理：钢材锈蚀等级只能是 A、B、C，喷砂达到相应的 Sa2.5（参见 ISO 8501-1）

涂层配套编号	底漆涂层				后道涂层		涂层体系		期待的寿命（见 ISO 12944-1 的 5.5 条款）													体系相关联的表格				
	树脂[4]	底漆种类[1]	道数	膜厚/μm[2]	树脂	道数	NDFT/μm[2]	C2 低	C2 中	C2 高	C3 低	C3 中	C3 高	C4 低	C4 中	C4 高	C5-I 低	C5-I 中	C5-I 高	C5-M 低	C5-M 中	C5-M 高	A.2	A.3	A.4	A.5 (I)	A.5 (M)
A1.01	AK,AY	Misc.	1~2	100	—	1~2	100																A2.04				
A1.02	EP,PUR,ESI	Zn(R)	1	60[5]	—	1	60																A2.08	A3.10			
A1.03	AK	Misc.	1~2	80	AK	2~3	120																A2.02	A3.01			
A1.04	AK	Misc.	1~2	80	AK	2~4	160																A2.03	A3.02			
A1.05	AK	Misc.	1~2	80	AK	3~5	200																	A3.03			
A1.06	EP	Misc.	1	160	AK	2	200																		A4.06	A5I.01	
A1.07	AK,AY,CR[3],PVC	Misc.	1~2	80	AY,CR,PVC	2~4	160																A2.03 A2.05	A3.05			
A1.08	EP,PUR,ESI	Zn(R)	1	60[5]	AY,CR,PVC	2~4	160																	A3.12	A4.10		
A1.09	AK,AY,CR[3],PVC	Misc.	1~2	80	AY,CR,PVC	3~5	200																	A3.04 A3.06	A4.02 A4.04		
A1.10	EP,PUR	Misc.	1~2	120	AY,CR,PVC	3~4	200																		A4.06	A5I.01	
A1.11	EP,PUR,ESI	Zn(R)	1	60[5]	AY,CR,PVC	2~4	200																	A3.13	A4.11		
A1.12	AK,AY,CR[3],PVC	Misc.	1~2	80	AY,CR,PVC	3~5	240																		A4.03 A4.05		
A1.13	EP,PUR,ESI	Zn(R)	1	60[5]	AY,CR,PVC	3~4	240																		A4.12		
A1.14	EP,PUR,ESI	Zn(R)	1	60[5]	AY,CR,PVC	4~5	320																			A5I.06	
A1.15	EP	Misc.	1~2	80	EP,PUR	2~3	120																A2.06	A3.07			
A1.16	EP	Misc.	1~2	80	EP,PUR	2~4	160																A2.07	A3.08			
A1.17	EP,PUR,ESI	Zn(R)	1	60[5]	EP,PUR	2~3	160																	A3.11	A4.13		

续表

基材：低合金碳钢；表面处理：钢材锈蚀等级只能是 A,B,C，喷砂达到相应的 Sa2.5（参见 ISO 8501-1）

涂层配套编号	底漆涂层				后道涂层			期待的寿命（见 ISO 12944-1 的 5.5 条款）					体系相关联的表格			
	树脂	底漆种类①	道数	膜厚/μm②	树脂	道数	NDFT④/μm	C2 低/中/高	C3 低/中/高	C4 低/中/高	C5-I 低/中/高	C5-M 低/中/高	A.2	A.3	A.4	A.5(I)	A.5(M)
A1.18	EP	Misc.	1~2	80	EP,PUR	3~5	200							A3.09			
A1.19	EP,PUR,ESI	Zn(R)	1	60⑤	EP,PUR	3~4	200										
A1.20	EP,PUR,ESI	Zn(R)	1	60⑤	EP,PUR	3~4	240								A4.14	A5I.04	A5M.05
A1.21	EP	Misc.	1~2	80	EP,PUR	3~5	280								A4.15		
A1.22	EP,PUR	Misc.	1~2	150	EP,PUR	2	300								A4.09		
A1.23	EP,PUR,ESI	Zn(R)	1	60⑤	EP,PUR	3~4	320									A5I.03	A5M.01
A1.24	EP,PUR	Misc.	1~2	80	EP,PUR	3~4	320									A5I.05	A5M.06
A1.25	EP,PUR	Misc.	1~2	250	EP,PUR	2	500									A5I.02	A5M.02
A1.26	EP,PUR	Misc.	1~2	400	—	1	400										A5M.04
A1.27	EPC	Misc.	1~2	100	EPC	3	300										A5M.03
A1.28	EP,PUR	Zn(R)	1	60⑤	EPC	3~4	400										A5M.08 / A5M.07

底漆种类：
AK＝醇酸漆
CR＝氯化橡胶漆
AY＝丙烯酸漆
PVC＝氯化聚乙烯漆
EP＝环氧漆
ESI＝硅酸乙酯漆
PUR＝聚氨酯漆，芳香族或脂肪族

面漆种类：
AK＝醇酸漆
CR＝氯化橡胶漆
AY＝丙烯酸漆
PVC＝氯化聚乙烯漆
EP＝环氧漆
PUR＝聚氨酯漆，脂肪族
EPC＝改性环氧漆

涂料（液体）组分数 / 水性化的可能性：
底漆种类	单组分	双组分	水性化的可能性
AK	×		×
CR	×		
AY	×		×
PVC	×		
EP		×	×
ESI		×	×
PUR		×	

涂料（液体）组分数 / 水性化的可能性（面漆）：
面漆种类	单组分	双组分	水性化的可能性
AK	×		×
CR	×		
AY	×		×
PVC	×		
EP		×	×
PUR		×	×
EPC		×	×

① Zn（R）＝富锌底漆，见 5.2 条，Misc.＝有各种防锈颜料制成的底漆。
② NDFT＝额定干膜厚度，详细要求见 5.4 条。
③ 推荐的涂料须与涂料制造商进行配套性的确认。
④ 推荐在硅酸乙酯漆上喷涂一道后续涂层作为过渡层。
⑤ 尽可能选择富锌底漆的干膜厚度范围在 40～80μm。

表 7-17　表 A.2 处于腐蚀环境等级 C2 的低碳钢涂装涂层体系

基材：低合金碳钢
表面处理：钢材锈蚀等级只能是 A、B、C，喷砂达到相应的 Sa2.5（参见 ISO 8501-1）

涂层配套编号	底漆涂层				后道涂层		涂层体系	期望耐久性		
	树脂	底漆种类①	道数	膜厚/μm②	树脂	道数	NDFT/μm②	低	中	高
A2.01	AK	Misc.	1	40	AK	2	80			
A2.02	AK	Misc.	1～2	80	AK	2～3	120			
A2.03	AK	Misc.	1～2	80	AK、AY、PVC、CR③	2～4	160			
A2.04	AK	Misc.	1～2	100	—	1～2	100			
A2.05	AY、PVC、CR	Misc.	1～2	80	AY、PVC、CR③	2～4	160			
A2.06	EP	Misc.	1～2	80	EP、PUR	2～3	120			
A2.07	EP	Misc.	1～2	80	EP、PUR	2～4	160			
A2.08	EP、PUR、ESI④	Misc.	1	60⑤	—	1	60			

底漆树脂	类型	水性化的可能性	后道涂层	类型	水性化的可能性
AK＝醇酸漆	单组分	×	AK＝醇酸漆	单组分	×
CR＝氯化橡胶漆	单组分		CR＝氯化橡胶漆	单组分	
AY＝丙烯酸漆	单组分	×	AY＝丙烯酸漆	单组分	×
PVC＝氯化聚乙烯漆	单组分		PVC＝氯化聚乙烯漆	单组分	
EP＝环氧漆	双组分	×	EP＝环氧漆	双组分	×
ESI＝硅酸乙酯漆	单、双组分	×	PUR＝聚氨酯漆，脂肪族	单、双组分	×
PUR＝聚氨酯漆，芳香族或脂肪族	单、双组分	×			

① Zn（R）＝富锌底漆，见 5.2 条，Misc.＝有各种防锈颜料制成的底漆。
② NDFT＝额定干膜厚度，详细要求见 5.4 条。
③ 推荐的涂料须与涂料制造商进行配套性确认。
④ 推荐在硅酸乙酯漆上喷涂一道后续涂层作为过渡层。
⑤ 尽可能选择富锌底漆的干膜厚度范围在 40～80μm。

表 7-18　表 A.3 处于腐蚀环境等级 C3 的低碳钢涂装涂层体系

基材：低合金碳钢
表面处理：钢材锈蚀等级只能是 A、B、C，喷砂达到相应的 Sa2.5（参见 ISO 8501-1）

涂层配套编号	底漆涂层				后道涂层		涂层体系	期望耐久性		
	树脂	底漆种类	道数	膜厚/μm	树脂	道数	NDFT/μm	低	中	高
A3.01	AK	Misc.	1～2	80	AK	2～3	120			
A3.02	AK	Misc.	1～2	80	AK	2～4	160			
A3.03	AK	Misc.	1～2	80	AK	3～5	200			

续表

基材：低合金碳钢
表面处理：钢材锈蚀等级只能是 A、B、C，喷砂达到相应的 Sa2.5（参见 ISO 8501-1）

涂层配套编号	底漆涂层				后道涂层		涂层体系	期望耐久性		
	树脂	底漆种类	道数	膜厚/μm	树脂	道数	NDFT/μm	低	中	高
A3.04	AK	Misc.	1~2	80	AY、PVC、CR	3~5	200			
A3.05	AY、PVC、CR	Misc.	1~2	80	AY、PVC、CR	2~4	160			
A3.06	AY、PVC、CR	Misc.	1~2	80	AY、PVC、CR	3~5	200			
A3.07	EP	Misc.	1	80	EP、PUR	2~3	120			
A3.08	EP	Misc.	1	80	EP、PUR	2~4	160			
A3.09	EP	Misc.	1	80	EP、PUR	3~5	200			
A3.10	EP、PUR、ESI	Zn(R)	1	60	—	1	60			
A3.11	EP、PUR、ESI	Zn(R)	1	60	EP、PUR	2	160			
A3.12	EP、PUR、ESI	Zn(R)	1	60	AY、PVC、CR	2~3	160			
A3.13	EP、PUR	Zn(R)	1	60	AY、PVC、CR	3	200			

底漆树脂	类型	水性化的可能性	后道涂层	类型	水性化的可能性
AK＝醇酸漆	单组分	×	AK＝醇酸漆	单组分	×
CR＝氯化橡胶漆	单组分		CR＝氯化橡胶漆	单组分	
AY＝丙烯酸漆	单组分	×	AY＝丙烯酸漆	单组分	×
PVC＝氯化聚乙烯漆	单组分		PVC＝氯化聚乙烯漆	单组分	
EP＝环氧漆	双组分	×	EP＝环氧漆	双组分	×
ESI＝硅酸乙酯漆	单、双组分	×	PUR＝聚氨酯漆，脂肪族	单、双组分	×
PUR＝聚氨酯漆，芳香族或脂肪族	单、双组分	×			

表 7-19　表 A.4 处于腐蚀环境等级 C4 的低碳钢涂装涂层体系

基材：低合金碳钢
表面处理：钢材锈蚀等级只能是 A、B、C，喷砂达到相应的 Sa2.5（参见 ISO 8501-1）

涂层配套编号	底漆涂层				后道涂层		涂层体系	期望耐久性		
	树脂	底漆种类	道数	膜厚/μm	树脂	道数	NDFT/μm	低	中	高
A4.01	AK	Misc.	1~2	80	AK	3~5	200			
A4.02	AK	Misc.	1~2	80	AY、CR、PVC	3~5	200			
A4.03	AK	Misc.	1~2	80	AY、CR、PVC	3~5	240			
A4.04	AY、CR、PVC	Misc.	1~2	80	AY、CR、PVC	3~5	200			
A4.05	AY、CR、PVC	Misc.	1~2	80	AY、CR、PVC	3~5	240			

续表

基材：低合金碳钢
表面处理：钢材锈蚀等级只能是 A、B、C，喷砂达到相应的 Sa2.5（参见 ISO 8501-1）

涂层配套编号	底漆涂层				后道涂层		涂层体系	期望耐久性		
	树脂	底漆种类	道数	膜厚/μm	树脂	道数	NDFT/μm	低	中	高
A4.06	EP	Misc.	1~2	160	AY、CR、PVC	2~3	200	■		
A4.07	EP	Misc.	1~2	160	AY、CR、PVC	2~3	280		■	
A4.08	EP	Misc.	1	80	EP、PUR	2~3	240		■	
A4.09	EP	Misc.	1	80	EP、PUR	2~3	280			■
A4.10	EP、PUR、ESI	Zn(R)	1	60	AY、CR、PVC	2~3	160	■		
A4.11	EP、PUR、ESI	Zn(R)	1	60	AY、CR、PVC	2~4	200		■	
A4.12	EP、PUR、ESI	Zn(R)	1	60	AY、CR、PVC	3~4	240			■
A4.13	EP、PUR、ESI	Zn(R)	1	60	EP、PUR	2~3	160	■		
A4.14	EP、PUR、ESI	Zn(R)	1	60	EP、PUR	2~3	200		■	
A4.15	EP、PUR、ESI	Zn(R)	1	60	EP、PUR	3~4	240			■
A4.16	ESI	Zn(R)	1	60	—	1	60	■		

底漆树脂	类型	水性化的可能性	后道涂层	类型	水性化的可能性
AK＝醇酸漆	单组分	×	AK＝醇酸漆	单组分	×
CR＝氯化橡胶漆	单组分		CR＝氯化橡胶漆	单组分	
AY＝丙烯酸漆	单组分	×	AY＝丙烯酸漆	单组分	×
PVC＝氯化聚乙烯漆	单组分		PVC＝氯化聚乙烯漆	单组分	
EP＝环氧漆	双组分	×	EP＝环氧漆	双组分	×
ESI＝硅酸乙酯漆	单、双组分	×	PUR＝聚氨酯漆，脂肪族	单、双组分	×
PUR＝聚氨酯漆，芳香族或脂肪族	单、双组分	×			

表 7-20　表 A.5 处于腐蚀环境等级在 C5-I 和 C5-M 的低碳钢涂装涂层体系

基材：低合金碳钢
表面处理：钢材锈蚀等级只能是 A、B、C，喷砂达到相应的 Sa2.5（参见 ISO 8501-1）

涂层配套编号	底漆涂层				后道涂层		涂层体系	期望耐久性		
	树脂	底漆种类	道数	膜厚/μm	树脂	道数	NDFT/μm	低	中	高
C5-I										
A5I.01	EP、PUR	Misc.	1~2	120	AY、CR、PVC	3~4	200		■	
A5I.02	EP、PUR	Misc.	1	80	EP、PUR	3~4	320		■	
A5I.03	EP、PUR	Misc.	1	150	EP、PUR	2	300		■	

续表

基材:低合金碳钢
表面处理:钢材锈蚀等级只能是 A、B、C,喷砂达到相应的 Sa2.5(参见 ISO 8501-1)

涂层配套编号	底漆涂层				后道涂层		涂层体系	期望耐久性		
	树脂	底漆种类	道数	膜厚/μm	树脂	道数	NDFT/μm	低	中	高
C5-I										
A5I.04	EP、PUR、ESI	Zn(R)	1	60	EP、PUR	3～4	240			
A5I.05	EP、PUR、ESI	Zn(R)	1	60	EP、PUR	3～5	320			
A5I.06	EP、PUR、ESI	Zn(R)	1	60	AY、CR、PVC	4～5	320			
C5-M										
A5M.01	EP、PUR	Misc.	1	150	EP、PUR	2	300			
A5M.02	EP、PUR	Misc.	1	80	EP、PUR	3～4	320			
A5M.03	EP、PUR	Misc.	1	400		1	400			
A5M.04	EP、PUR	Misc.	1	250	EP、PUR	2	500			
A5M.05	EP、PUR、ESI	Zn(R)	1	60	EP、PUR	4	240			
A5M.06	EP、PUR、ESI	Zn(R)	1	60	EP、PUR	4～5	320			
A5M.07	EP、PUR、ESI	Zn(R)	1	60	EPC	3～4	400			
A5M.08	EPC	Misc.	1	100	EPC	3	300			

底漆树脂	类型	水性化的可能性	后道涂层	类型	水性化的可能性
EP=环氧漆	双组分	×	EP=环氧漆	双组分	×
EPC=改性环氧漆	双组分		EPC=改性环氧漆	双组分	
ESI=硅酸乙酯漆	单、双组分	×	PUR=聚氨酯漆,芳香族或脂肪族	单、双组分	×
PUR=聚氨酯漆,芳香族或脂肪族	单、双组分	×	CR=氯化橡胶漆	单组分	
			AY=丙烯酸漆	单组分	×
			PVC=氯化聚乙烯漆	单组分	

表 7-21　表 A.6 低碳钢处于侵入（水下或埋地）等级为 Im1～Im3 的腐蚀环境涂装涂层体系

基材:低合金碳钢
表面处理:钢材锈蚀等级只能是 A、B、C,喷砂达到相应的 Sa2.5(参见 ISO 8501-1)
低耐久性的涂层不推荐使用,因此,表中没有列出低耐久性的涂层体系

涂层配套编号	底漆涂层				后道涂层		涂层体系	期望耐久性		
	树脂	底漆种类	道数	膜厚/μm	树脂	道数	NDFT/μm	低	中	高
A6.01	EP	Zn(R)	1	60	EP、PUR	3～5	360			

续表

基材:低合金碳钢
表面处理:钢材锈蚀等级只能是 A、B、C,喷砂达到相应的 Sa2.5(参见 ISO 8501-1)
低耐久性的涂层不推荐使用,因此,表中没有列出低耐久性的涂层体系

涂层配套编号	底漆涂层				后道涂层		涂层体系	期望耐久性		
	树脂	底漆种类	道数	膜厚/μm	树脂	道数	NDFT/μm	低	中	高
A6.02	EP	Zn(R)	1	60	EP、PURC	3～5	540			
A6.03	EP	Misc.	1	80	EP、PUR	2～4	380			
A6.04	EP	Misc.	1	80	EPGF、EP、PUR	3	500			
A6.05	EP	Misc.	1	80	EP	2	330			
A6.06	EP	Misc.	1	800	—	—	800			
A6.07	ESI	Zn(R)	1	60	EP、EPGF	3	450			
A6.08	EP	Misc.	1	80	EPGF	3	80			
A6.09	EP、PUR	Misc.				1～3	400			
A6.10	EP、PUR	Misc.	—			1～3	600			

底漆树脂	类型	水性化的可能性	后道涂层	类型	水性化的可能性
EP=环氧漆	双组分	×	EP=环氧漆	双组分	×
ESI=硅酸乙酯漆	单、双组分	×	EPGF=高光泽环氧漆	双组分	
PURC=改性聚氨酯漆	双组分		PURC=改性聚氨酯漆	双组分	
PUR=聚氨酯漆,芳香族或脂肪族	单、双组分	×	PUR=聚氨酯漆,芳香族或脂肪族	单、双组分	×

表 7-22 表 A.7 热浸镀锌钢处于 C2～C5-I、C5-M 的腐蚀环境下涂装涂层体系

基材:热浸镀锌钢
ISO 12944-4 给出了一些表面处理的例子,表面处理的等级取决于涂层体系,应由涂料制造商表明

涂层配套编号	底漆涂层			后道涂层		涂层体系	期望耐久性(见 ISO 12944-1 中的 5.5 条)													
	树脂	道数	膜厚/μm	树脂	道数	NDFT/μm	C2			C3			C4			C5-I			C5-M		
							低	中	高	低	中	高	低	中	高	低	中	高	低	中	高
A7.01	—	—	—	PVC	1	80															
A7.02	PVC	1	40	PVC	2	120															
A7.03	PVC	1	80	PVC	2	160															
A7.04	PVC	1	80	PVC	3	240															
A7.05	—	—	—	AY	1	80															
A7.06	AY	1	40	AY	2	120															
A7.07	AY	1	80	AY	2	160															

续表

基材:热浸镀锌钢
ISO 12944-4 给出了一些表面处理的例子,表面处理的等级取决于涂层体系,应由涂料制造商表明

涂层配套编号	底漆涂层			后道涂层		涂层体系 NDFT/μm	期望耐久性(见 ISO 12944-1 中的 5.5 条)													
	树脂	道数	膜厚/μm	树脂	道数		C2			C3			C4			C5-I			C5-M		
							低	中	高	低	中	高	低	中	高	低	中	高	低	中	高
A7.08	AY	1	80	AY	3	240	■	■	■	■	■										
A7.09	—	—	—	EP,PUR	1	80	■	■		■											
A7.10	EP,PUR	1	60	EP,PUR	2	120	■	■	■	■	■	■	■								
A7.11	EP,PUR	1	80	EP,PUR	2	160	■	■	■	■	■	■	■	■		■			■		
A7.12	EP,PUR	1	80	EP,PUR	3	240	■	■	■	■	■	■	■	■	■	■	■		■	■	
A7.13	EP,PUR	1	80	EP,PUR	3	320	■	■	■	■	■	■	■	■	■	■	■	■	■	■	■

底漆树脂	类型	水性化的可能性	后道涂层	类型	水性化的可能性
AY=丙烯酸漆	单组分	×	AY=丙烯酸漆	单组分	×
PVC=氯化聚乙烯漆	单组分		PVC=氯化聚乙烯漆	单组分	
EP=环氧漆	双组分	×	EP=环氧漆	双组分	
PUR=聚氨酯漆,芳香族或脂肪族	单、双组分	×	PUR=聚氨酯漆,脂肪族	单、双组分	×

表 7-23 表 A.8 热喷涂金属材料处于 C4、C5-I、C5-M 和 Im1～Im3 的腐蚀环境下涂装涂层体系

基材:热喷涂金属表面(热喷锌、喷锌铝合金和热喷铝)
表面处理:见 ISO 12944-4:1998 中的条款 13
推荐在热喷涂 4h 内封闭或喷涂一遍涂层
如果使用封闭涂层,须与后道涂层配套

涂层配套编号	封闭涂层			后道涂层		涂层体系 NDFT/μm	期望耐久性(见 ISO 12944-1 中的 5.5 条)											
	树脂	道数	膜厚/μm	树脂	道数		C4			C5-I			C5-M			Im1～Im3		
							低	中	高	低	中	高	低	中	高	低	中	高
A8.01	EP,PUR	1	NA[①]	EP,PUR	2	160	■	■	■	■	■		■					
A8.02	EP,PUR	1	NA	EP,PUR	3	240	■	■	■	■	■	■	■	■		■		
A8.03	EP	1	NA	EP,PUR	3	450	■	■	■	■	■	■	■	■	■	■	■	■
A8.04	EP,PUR	1	NA	EP,PUR	3	320	■	■	■	■	■	■	■	■	■	■	■	

底漆树脂	类型	水性化的可能性	后道涂层	类型	水性化的可能性
EP=环氧漆	双组分	×	EP=环氧漆	双组分	×
EPC=改性环氧	双组分		EPC=改性环氧	双组分	
PUR=聚氨酯漆,芳香族或脂肪族	单、双组分	×	PUR=聚氨酯漆,脂肪族	单、双组分	×

① NA=可不作要求,封闭涂层的厚度对涂层的总厚度没有太大意义。

表 7-24　ISO 12944-5　附录 C（参考件）一般性能表 C.1　各种不同类型涂料的一般性能

性能 ■好 ▲有限 ●差 —不相关	氯化乙烯聚合物 (PVC)	氯化橡胶 (CR)	丙烯酸 (AY)	醇酸 (AK)	芳香族聚氨酯 (PUR)	脂肪族聚氨酯 (PUR)	硅酸乙酯 (ESI)	环氧 (EP)	改性环氧 (EPC)
保光性	▲	▲	▲	▲	●	■	—	●	●
保色性	▲	▲	■	▲	●	■	—	●	●
耐化学品性									
水浸泡	▲	■	▲	●	▲	▲	■	■	■
雨、凝露	■	■	■	▲	■	■	▲	■	■
溶剂	●	●	▲	●	▲	▲	■	▲	▲
溶剂（飞溅）	■	■	▲	▲	■	■	■	▲	▲
酸	▲	▲	▲	●	▲	▲	●	■	■
酸（飞溅）	■	■	▲	▲	■	■	●	■	■
碱	▲	▲	▲	●	▲	▲	●	■	■
碱（飞溅）	■	■	▲	●	■	■	●	■	■
耐干热温度									
60~70℃	●	●	▲	■	■	■	■	■	■
70~120℃	—	—	▲	■	■	■	■	■	▲
120~150℃	—	—	●	▲	▲	▲	■	▲	▲
>150℃，且≤400℃	—	—	—	—	—	—	■	—	—
物理性能									
耐磨性	●	●	●	▲	■	▲		■	▲
耐冲击性	▲	▲	▲	▲	▲	▲		■	▲
柔韧性	■	■	■	▲	▲	▲	●	▲	▲
硬度	▲	▲	▲	■	▲	▲	■	■	■

注：表中信息是综合各方面大量的数据而得出的，旨在尽可能地对现有的常见类型涂料的性能提供常规指导。由于树脂基团的不同，可能存在多种变化，有些品种是专为耐某种化学品或条件而设计的。为特定条件应用而选择的涂料应当咨询涂料制造商。

性的总表），涂层体系是按照面漆的基料来划分的。这种划分方式有利于用户以面漆的性能作为基础来选择涂层体系。这种情况下的腐蚀性级别不是很明确，每个配套对应不止一种腐蚀性级别。

② 表 A.2，表 A.3，表 A.4，表 A.5，表 A.6（参考下面的单个表格）列出的体系对应的是单一的腐蚀性级别（将 C5-I 和 C5-M 分开各作为一个分类）。这些涂层体系是按照底漆的类型来划分的，这种划分方式有利于用户（user）确切了解结构将暴露的环境的腐蚀性级别来选择涂层体系。

使用步骤：

① 确定设计产品所处的腐蚀环境（大气候）属于哪种等级（参见 ISO

12944-2）；

② 确定是否有一些特殊情况（局部环境、微观环境）存在而导致设计产品处在比大气环境腐蚀性强的腐蚀环境中（参见 ISO 12944-2）；

③ 查看附录 A 中的相关表格。表格 A.2 至表 A.5 给出了对于腐蚀性级别为 C2 至 C5 级时各种常见的不同涂料体系的选择建议，而表格 A.1 给出了表A.2～表 A.5 的内容概述；

④ 根据耐久性要求选择表格中的涂料/涂层体系；

⑤ 考虑到将采用的表面处理方法，选取最合适的一组；

⑥ 咨询涂料制造商，证实你选择的涂层体系的可行性、有效性和经济性，并最终决定经济有效的涂层体系。

需要说明的是，ISO 12944-5《防护涂层体系》附录 A 表 A.1～表 A.8 中，只是给出了腐蚀环境类型与符合耐久性要求的防腐蚀涂层体系的各种范例，但并不是全部；虽然这些涂层体系在实践中已经被证实是行之有效的，但涂料及涂装技术发展迅速新材料不断涌现；如果经实验室试验或实践证明其它材料或新技术是有效的，可以不受表格中所列内容的限制。

参 考 文 献

[1] 初世宪，王洪仁编著. 工程防腐蚀指南——设计、材料、方法、监理检测. 北京：化学工业出版社，2006.

[2] 成大先主编. 机械设计手册. 第 1 卷. 第 4 版. 北京：化学工业出版社，2002.

[3] 李金桂主编. 腐蚀控制设计手册. 北京：化学工业出版社，2006.

第8章

机械产品设计中的镀覆涂层体系

8.1 镀覆涂层基础知识

(1) 基本概念

技术书籍、标准和资料中,经常将电镀层、转化膜等具有一定功能作用涂层的形成过程叫做镀覆。查找有关标准和资料,目前没有统一的标准术语定义。

根据 GB/T 13911—2008《金属镀覆和化学处理标识方法》的规定,金属镀覆及化学处理的标识通常由 4 个部分组成:第 1 部分包括镀覆方法,该部分为组成标识的必要元素;第 2 部分包括执行的标准和基体材料,该部分为组成标识的必要元素;第 3 部分包括镀层材料、镀层要求和镀层特征,该部分构成了镀覆层的主要工艺特性,组成的标识随工艺特性变化而变化;第 4 部分包括每部分的详细说明,如化学处理的方式、应力消除的要求和合金元素的标注、该部分为组成标识的可选择元素。

在机械制造图纸上,应该按照标准进行规范的标注镀覆涂层,通用标识方法参见表 8-1。

表 8-1 单金属及多层镀覆及化学后处理的通用标识

基本信息				底镀层			中镀层			面镀层			
镀覆方法	本标准号	—	基体材料	—	底镀层	最小厚度	底镀层特征	中镀层	最小厚度	中镀层特征	面镀层	最小厚度	面镀层特征	后处理

以下标识为简单的举例,详细内容,请看标准 GB/T 13911—2008《金属镀覆和化学处理标识方法》。

示例 1:电镀层 GB/T 9799-Fe/Zn 25 clA

该标识表示,在钢铁基体上电镀锌层至少为 $25\mu m$,电镀后镀层光亮铬酸盐处理。

示例2：电镀层 GB/T 11379-Fe//Cr50hr

该标识表示，在低碳钢基体上直接电镀厚度为 $50\mu m$ 的常规硬铬（Cr50hr）电镀层的标识。

示例3：电镀层 GB/T 9797-Fe/Cu20a Ni30b Cr mc

该镀覆标识表示，在钢铁基体上镀覆 $20\mu m$ 延展并整平铜＋$30\mu m$ 光亮镍＋$0.3\mu m$ 微裂纹铬的电镀层标识。

示例4：电镀层 GB/T 12600-PL/Cu15a Ni10b Cr mp（或 mc）

该镀覆标识表示，塑料基体上镀覆 $15\mu m$ 延展并整平铜＋$10\mu m$ 光亮镍＋$0.3\mu m$ 微孔或微裂纹铬的电镀层标识。

示例5：电镀层 GB/T 11379-Fe/[SR(210)2]/Cr50hr/[ER(210)22]

该标识表示，在钢基体上电镀厚度为 $50\mu m$ 的常规硬铬电镀层，电镀前在 210℃下进行消除应力的热处理 2h，电镀后在 210℃下进行降低脆性的热处理 22h。

铬镀层及面镀层和底镀层的符号，每一层之间按镀层的先后顺序用斜线（/）分开。镀层标识应包括镀层的厚度（以微米计）和热处理要求。工序间不作要求的步骤应用双斜线（//）标明。

镀层热处理特征标识，例如：[SR(210)1]表示在210℃下消除应力处理1h。

(2) 常用镀覆涂层的标准

见表8-2。

表8-2 机电产品设计常用镀覆涂层的标准

序号	标准编号	标准名称
1	GB/T 13911—2008	金属镀覆和化学处理标识方法
2	GB/T 3138—1995	金属镀覆和化学处理与有关过程术语
3	GB/T 12611—2008	金属零(部)件镀覆前质量控制技术要求
4	GB/T 26107—2010	金属与其它无机覆盖层　镀覆和未镀覆金属的外螺纹和螺杆的残余氢脆试验　斜楔法
5	SJ 20129—1992	金属镀覆层　厚度测量方法
6	GB/T 11379—2008	金属覆盖层　工程用铬电镀层
7	GB/T 12332—2008	金属覆盖层　工程用镍电镀层
8	GB 12333—90	金属覆盖层　工程用铜电镀层
9	SJ/T 11104—1996	金属覆盖层　工程用金和金合金电镀层
10	SJ/T 11110—1996	金属覆盖层　工程用银和银合金电镀层
11	GB/T 12599—2002	金属覆盖层　锡电镀层　技术规范和试验方法
12	GB/T 17461—1998	金属覆盖层　锡-铅合金电镀层

续表

序号	标准编号	标准名称
13	GB/T 17462—1998	金属覆盖层 锡-镍合金电镀层
14	GB/T 9797—2005	金属覆盖层 镍＋铬和铜＋镍＋铬电镀层
15	JB/T 10620—2006	金属覆盖层 铜-锡合金电镀层
16	GB/T 13322—91	金属覆盖层 低氢脆镉钛电镀层
17	GB/T 12600—2005	金属覆盖层 塑料上镍＋铬电镀层
18	JB/T 10241—2001	金属覆盖层 装饰性多色彩组合 电镀层
19	GB/T 5267.1—2002	紧固件 电镀层
20	GB 9800—88	电镀锌和电镀镉层的铬酸盐转化膜
21	JB/T 7507—1994	刷镀 通用技术规范
22	QC/T 29031—1991	汽车发动机轴瓦电镀层技术条件
23	GB/T 13346—2012	金属及其它无机覆盖层 钢铁上经过处理的镉电镀层
24	GB/T 9799—2011	金属及其它无机覆盖层 钢铁上经过处理的锌电镀层
25	GB/T 15675—2008	连续电镀锌、锌镍合金镀层钢板及钢带
26	GB/T 13913—2008	金属覆盖层 化学镀镍-磷合金镀层 规范和试验方法
27	GB/T 26106—2010	机械镀锌层 技术规范和试验方法
28	JB/T 8928—1999	钢铁制件机械镀锌
29	GB/T 15519—2002	化学转化膜 钢铁黑色氧化膜 规范和试验方法
30	GB/T 19822—2005	铝及铝合金硬质阳极氧化膜规范
31	SJ 20892—2003	铝和铝合金阳极氧化膜规范
32	SJ 20813—2002	铝和铝合金化学转化膜规范
33	JB/T 10581—2006	化学转化膜 铝及铝合金上漂洗和不漂洗铬酸盐转化膜
34	GB/T 11376—1997	金属的磷酸盐转化膜
35	GB 9800—88	电镀锌和电镀镉层的铬酸盐转化膜
36	GB/T 18719—2002	热喷涂 术语、分类
37	JB/T 10580—2006	热喷涂涂层命名方法
38	DL/T 1114—2009	钢结构腐蚀防护热喷涂(锌、铝及合金涂层)及其试验方法
39	GB 11373—89	热喷涂金属件表面预处理通则
40	GB/T 19352.1—2003	热喷涂 热喷涂结构的质量要求 第1部分:选择和使用指南
41	GB/T 19352.2—2003	热喷涂 热喷涂结构的质量要求 第2部分:全面的质量要求
42	GB/T 19352.3—2003	热喷涂 热喷涂结构的质量要求 第3部分:标准的质量要求
43	GB/T 19352.4—2003	热喷涂 热喷涂结构的质量要求 第4部分:基本的质量要求
44	GB/T 19823—2005	热喷涂工程零件热喷涂涂层的应用步骤

续表

序号	标准编号	标准名称
45	GB/T 9793—2012	热喷涂 金属和其它无机覆盖层 锌、铝及其合金
46	JB/T 7703—1995	热喷涂陶瓷涂层 技术条件
47	GB/T 13912—2002	金属覆盖层 钢铁制件热浸镀锌层 技术要求及试验方法
48	GB/T 18592—2001	金属覆盖层 钢铁制品热浸镀铝 技术条件
49	GB/T 5267.3—2008	紧固件 热浸镀锌层
50	JB/T 8177—1999	绝缘子金属附件热镀锌层 通用技术条件

(3) 镀覆涂层选择的目的

从机电产品设计的角度来看，产品设计工程师选择金属镀层及转化层的目的主要有以下几种：

① 形成金属或非金属保护层，提高产品基体金属的耐腐蚀性；要重点关注镀覆层的种类选择、涂覆层厚度、适用环境的指标（如耐盐雾、耐湿热等）。

② 获得工业设计所需要的金属表面状态，提高产品的装饰性（外观装饰效果）能；要重点关注涂层的外观、光泽、质感、纹理、图案等。

③ 改变基体金属表面状态，提高基体金属表面的各种性能；要重点关注导电性能、导磁性、致密性、耐磨、耐热、硬度、光亮度、非金属表面金属化等特殊功能。

④ 修复金属零件的尺寸等。要考虑产品在使用一阶段时间之后，部分零部件损坏，可以通过镀覆技术进行修复。

(4) 镀覆涂层选择的注意事项

当选择金属镀层或转化层时，应该注意如下几点：

① 正确分析产品零部件的工作运行条件，确定对保护层的技术指标要求；

② 被处理产品零部件的基体金属的种类及该保护层在使用环境介质中的稳定性；

③ 被处理产品零部件的结构、形状和尺寸的公差以及在零件表面上所需均匀厚度保护层的可能性；不能影响产品的装配性能，不能过多增加生产过程的工序；

④ 保护层与被保护产品零部件表面的结合力是否满足要求；

⑤ 所选择的镀覆层的成本（单件费用或每平方米费用）是否可以接受，对产品整体价格的影响有多大？力争做到最佳的性能价格比；

⑥ 在保证产品性能的前提下，要注意选择低污染或无污染、节能降耗、有利劳保/环保/消防/安全的镀覆工艺；特别是出口产品要注意出口国家的法律、法令对镀覆涂层的规定。

镀覆涂层的种类比较多（详见本书"表 6-1 腐蚀防护常用的工艺方法、定义及其作用"），在机电产品行业金属镀层使用最多的有电镀、化学镀（自催化镀）、机械镀等；转化层使用最多的有磷化、钢铁化学氧化（发蓝或发黑）、化学氧化、阳极氧化、化学钝化、化学热处理等。由于历史原因和使用习惯，教科书和文献资料经常将金属镀层与转化层放在一起使用。

8.2 金属镀层的分类、性能及选择

8.2.1 电镀层

电镀是指利用电解在制件表面形成均匀、致密、结合良好的金属或合金沉积层的过程（GB/T 3138—1995），其原理是利用外加电流作用从电解液中析出金属，并在物件表面沉积而获得金属覆盖层的方法。

(1) 电镀层的分类

按电化学性质分类，可以分为阳极性电镀层和阴极性电镀层。电镀层金属的电极电位比基体金属负时，此镀覆层称为阳极性镀层，当其完整性被破坏之后，仍可继续保护基体金属免遭腐蚀。电镀层金属的电极电位比基体金属正时，此镀层称为阴极性镀层。此类镀层只能机械地保护基体金属不被腐蚀，镀层的完整性较差或破坏之后，将加速基体金属的腐蚀。

电镀层的分类及产品设计所需的功能，详见表 8-3 和表 8-4。

表 8-3 按电镀层电极电位与使用目的的分类

分　类		说　明	产品设计时的选择
按电极电位分类	阳极性镀层	是指比被保护的金属电极电位负，而使基体金属在一定介质中不受电化学腐蚀的镀层	对钢铁来说，镀锌层在大气腐蚀条件下就是阳极性镀层
	阴极性镀层	是指比被保护的基体金属电极电位正，仅能机械地保护而不能使基体金属不受电化学腐蚀的镀层	对钢铁来说，镍、铜、铬、银、金等镀层都是阴极性镀层
按使用目的分类	保护性镀层（防止锈蚀或腐蚀）	①一般大气条件下的黑色金属制品 ②海洋性气候条件下 ③要求镀层薄而抗腐蚀能力强 ④用铜合金做的海洋仪器 ⑤接触有机酸的黑色金属制品，如食品容器 ⑥抵抗硫酸和铬酸的腐蚀	①镀锌 ②镀镉 ③用镉锡合金代替单一的锌或镉镀层 ④镀银镉合金 ⑤镀锡 ⑥镀铅
	工作保护性镀层	除了防止零件免受腐蚀外，主要在于提高零件的抗机械磨损和表面硬镀	铬、镍

续表

分类		说明	产品设计时的选择
按使用目的分类	保护-装饰性镀层	防腐蚀及使制品具有经久不变的光泽外观。常为多层镀覆，底层+（或中间层）+表层。底层常用铜锡镀层，或镀锌铜，或镀铜；表面常用铬或镍+铬	铜锡镀层+光亮铬；锌铜镀层+光亮铬；铜镀层+镍+铬 汽车、自行车、钟表等使用这类镀层
	耐磨和减摩镀层	耐磨是借提高表面硬度，减摩是借在滑动接触面上镀覆能起固体润滑作用的韧性金属（减摩合金）以减小滑动摩擦	耐磨镀层采用镀硬铬，如大型轴、曲轴的轴颈、发动机的汽缸和活塞环、冲击模具的内腔等 减摩镀层多用锡、铅铟合金、银铅合金、铜铅合金及铅锡锑三元合金等，多用于轴瓦或轴套上
	热加工镀层	防止局部渗碳 防止局部渗氮 防止局部碳氮共渗 钎焊前	镀铜 镀锡 镀锡 镀铜、镀铜或镀银
	高温抗氧化镀层	①防止高温氧化转子发动机内腔，喷气发动机转子叶片等高温工作零件 ②更特殊场合下工作的零件	①镀铬或镀铬合金 ②镀铂铑合金
	修复性镀层	修复报废或磨损的零件	镀铬、铜、铁等，用于轴与齿轮等零件
	导电性镀层	提高表面导电性能的镀层 ①一般情况 ②同时要求耐磨的 ③在高频波导生产中	①镀铜、镀银 ②镀银锑合金、银金合金、金钴合金等 ③采用镜面光泽的镀银层
	磁性镀层	电镀工艺参数改变可以调整镀层的磁性能参数	常用的电沉积磁性合金有镍铁、镍钴、镍钴磷等。这种镀层多用于录音机、电子计算机等设备中的录音带、磁环线上
	其它镀层	①保持零件表面的润滑性 ②改善零件表面的磨合性 ③为了增加钢丝和橡胶热压时的黏合性 ④为了增加反光能力	①多孔性镀铬 ②镀铜、镀锡、镀铬 ③镀黄铜 ④镀铬、镀银、镀高锡青铜等

表 8-4 电镀层种类与产品设计所需的功能

电镀工艺名称	镀覆金属层名称	产品设计时需要的功能
单金属电镀	锌、铁、铜、铅、锡、镍、金、银、铬、镉、钴、铑、铟、铂、钯等	防腐蚀装饰、耐磨、耐热、底层、导电、反射、修复等特种功能
合金电镀	锌-锡、锌-镉、锌-镍、锌-钴、锌-镍-钴、铜-锌、铜-锡、镍-铁、镍-磷、镍-锌、镍-钴、锡-钴、锡-铜、锡-镍、锡-铅、铅-铟、铅-锌、铁-锌、银-铅、金-铜、金-银、金-钴、锡-镍-铜、镍-钴-磷、镍-铁-磷、钨-镍、钨-铁等	防腐、装饰、耐磨、耐热、减摩等特种功能

续表

电镀工艺名称	镀覆金属层名称	产品设计时需要的功能
异种金属多层复合镀	铜+镍+铬、铜+镍+铜+铬、光铜+光镍+黄铜、钯+银、镍+铬、铜+钯+金等	防腐蚀装饰、耐磨、耐热、微电子件等
非晶态电镀	镍-磷、镍-碳-磷、铁-磷、钴-磷、钴-铼、钴-钨、铬-钨、铬-钼、铁-镍-铬等	防腐蚀、耐磨等
弥散复合电镀	镍+金属氧化物,镍+金属碳化物,镍+石墨,镍+金刚石,(镍-钴)+氧化铝,(镍-铁)+碳化硅,(镍-锰)+碳化铬,铜、钴、铁、铬、锌、金、银、铅、锡等金属+金属氧化物或金属碳化物等	防腐蚀、装饰、耐磨、润滑、增大与有机高分子结合力等
非金属表面电镀	铜、镍、铬、金、银、银-钴合金等	装饰、导电、导热、耐热、耐磨、抗老化等特种功能层
钝态金属(不锈钢等)表面电镀	金、银、铜、镍、锡、锌、铁等	装饰、导热、钎焊性等
有色合金(锌、铝、镁等)表面电镀	铜、锌、镍、铬、金、银等	装饰、导热、钎焊性等
电刷镀	铁、镍、钴、锌、镍-磷、镍-钴等	防腐蚀、修复、耐磨、减摩等

(2) 电镀过程注意事项

电镀一般都是"工件在水溶性电镀液中进行电沉积"的工艺,以下几点需要注意:

① 不能进行组合件电镀,只能单件电镀后组装;

② 镀件一般应是单一金属材料表面电镀,不能是两种以上金属的焊接件同时电镀;

③ 镀件不能有细、长、深的盲孔,因为前、后处理液及镀液不容易洗净;而且电力线达不到,造成深孔镀不上;

④ 因为电力线的分布问题,电镀层有不均匀的问题,所以特别复杂件应考虑辅助阳极的安装可能性问题;

⑤ 电镀层的厚度一般在 $10\sim40\mu m$,因为太厚的镀层一方面效率不高,而且镀层的质量也难以保持均匀良好,而化学镀层的厚度一般在 $0.5\sim20\mu m$,太厚也不经济或难以达到;

⑥ 电镀层一般作为普通室内装饰防腐蚀或功能层,一般不作长寿命防腐蚀层应用;

⑦ 非金属材料等特种基体表面上的电镀层,可以扩大这些材料的应用范围;

⑧ 贵金属镀层可节约贵金属,扩大贵金属的应用范围;

⑨ 电镀件尺寸受镀槽尺寸限制,虽然刷镀不受尺寸限制,但大面积刷镀不经济;

⑩ 电镀层的物化性能与原金属物化性能略有不同,例如,电镀层多有孔隙,

故其密度会降低，另外，其电阻率也会提高，而硬度与脆性则会增加等；

⑪ 电镀层与基体的结合是在金属基晶面上的电结晶结合，因此，它与基体的结合力大于有机涂料与基体的结合力，而小于热浸镀扩散层与基体的冶金结合力；

⑫ 电镀层形成的同时，会在基体表面析出氢气，尤其是高强钢，当析出氢气量多到渗入基体足够量时，会产生氢脆，影响高强钢的断裂强度，此时要特别注意镀后除氢问题。

（3）电镀锌及其合金

锌的标准电位（－0.763V）较负，对于铁（－0.440V）、铜（0.519V）等很多电极电位较高的金属均为阳极性镀层。

锌电镀层，在干燥空气中比较稳定，不易变色，在一般及工业大气条件下具有较好的防护性能，在水中及潮湿大气中则与氧或二氧化碳作用生成氧化物或碱性碳酸锌薄膜，可以防止锌继续氧化，起保护作用；在海水、盐雾的直接接触下，其防护性能不如镉镀层；在矿物油中能可靠地防止零件腐蚀。在承受弯曲、延展及拧合时，不宜脱落，但其弹性、耐压和耐磨性比镉镀层差。

镀锌层一般都要经钝化处理，由于形成的钝化膜不易与潮湿空气作用，防腐能力大大加强。经铬酸或在铬酸盐液中钝化处理后，能显著提高其防护性能。中性盐雾试验（GB/T 979，出白锈的时间）：光亮膜及漂白膜≥16h；彩色钝化膜≥96h；黑色钝化膜≥48h；不透明膜≥96h。锌镀层中性盐雾试验出红锈，一般不低于192h。但是，镀锌层钝化后不易焊接及涂装，白色钝化的镀锌层其耐腐蚀性较差。

由于镀锌工艺成本低、加工方便、效果良好，因此，目前在机电产品中被广泛应用。

电镀锌合金层与镀锌层相比，具有较高的耐蚀性能，良好的装饰防护性能，较好的价格性能比，最近几年迅速推广，大幅度提高了室外机电产品的耐腐蚀性和装饰性（见表8-5～表8-7）。

表8-5 电镀锌及其合金镀层特性及产品设计时的选择

镀层名称	主要特性	产品设计时的选择
Zn（纯锌）	干燥空气中耐腐蚀，耐酸、碱性差	主要用于室内钢铁制品的腐蚀防护与装饰
Zn-Fe［锌-铁（8%～20%)合金］	耐蚀性比纯锌层好，电位－0.89V	主要用于钢板和钢件防腐蚀装饰层
Zn-Ni［锌-镍（8%～15%)合金］	耐蚀、耐磨性比纯锌层高3～5倍，耐热达250℃，硬度550HV，氢脆性少，毒性小，电位－0.86V	车辆、电器、食品钢件防腐蚀装饰层，代替镉镀层使用
Zn-Co［锌-钴（10%)合金］	耐蚀、耐磨性比纯锌层好，电位－1.00V	可作耐蚀装饰层和镀铬底层

续表

镀层名称	主要特性	产品设计时的选择
Zn-Ni-Fe[锌镍(6%～10%)铁(2%～5%)合金]	呈白色且耐腐蚀、耐磨	可作耐蚀装饰层和镀铬底层
Zn-Fe-Co[锌铁(7%～9%)钴(1%～2%)合金]	与钢基体结合好,呈白色,耐腐蚀、耐磨性高	可作耐蚀装饰层和镀铬、铜底层
Zn-Ni-Co[锌镍(18%)钴(1%)合金]	比锌-镍合金层好,电位－0.75V	可作耐蚀装饰层

表8-6 钢铁上锌电镀层的分级号、最小局部厚度、使用条件和使用寿命

序号	使用条件或使用寿命	分级号	最小局部厚度/μm
1	随着使用环境严酷性增加和(或)使用寿命延长,最小局部厚度应相应增加	Fe/Zn5	5
2		Fe/Zn8	8
3		Fe/Zn12	12
4		Fe/Zn25	25

注：此表内容来源于GB/T 9799—2011《金属覆盖层钢铁上的锌电镀层》。

表8-7 电镀锌及其合金镀层的适用与不适用的范围

适用范围	①使用温度在250℃以下,要求耐腐蚀而不要求装饰和耐磨的零件 ②与橡胶衬垫接触的零件；与铝和铝合金接触的零件 ③为减缓接触腐蚀而又不能进行阳极化的铝合金零件 ④要求识别标志的零件(应进行着色处理) ⑤在过氧化氢介质中工作的零件,锌镀层必须无孔隙,且不进行钝化 ⑥在煤油、汽油中工作的零件 ⑦对于受力的零部件,镀后应进行除氢处理。对弹簧零件、薄壁零件和要求机械强度较高的钢铁零件,必须进行除氢,铜及铜合金零件可不除氢
不适用范围	①锌在酸及碱、硫化物中极易受腐蚀,在此环境内工作的产品,不可使用镀锌工艺 ②不能单独使用于需要重防腐的环境 ③工作温度超过250℃的钢零件不允许使用 ④锌的腐蚀产物会影响产品或部件正常功能的零件不允许使用 ⑤与纤维织物接触的零件不允许使用 ⑥工作中受摩擦的零件不宜使用 ⑦厚度小于0.5mm的薄壁零件不宜使用 ⑧气孔比较多的铸件不允许使用 ⑨具有渗碳表面的零件不宜使用 ⑩抗拉强度大于1240MPa的钢制零件不允许使用 ⑪直径大于或等于10mm的30CrMnSiA钢螺栓不允许使用 ⑫不允许增加表面电阻的接地零件不允许使用 ⑬在工序中有凿孔、捆扎等内容的零件不允许使用

(4) 电镀铜及其合金

铜的标准电极电位（0.519V）较高,对铁来说是阴极性镀层。铜在空气中不太稳定,易于氧化,在加热过程中尤甚。但是,铜具有较高的导电性,铜镀层紧密细致,与基体金属结合牢固,有良好的抛光性能等。

铜镀层很少用作防护性镀层,一般用来提高其它材料的导电性,作其它电镀的底层,防止渗碳的保护层,在轴瓦上用来减少摩擦或作装饰等。

镀铜是应用广泛的一种覆盖层,镀铜液的种类可分为氰化镀铜液和非氰化镀铜液。镀铜作外层使用时,为提高其抗变色能力,应做钝化处理或涂覆涂料。钝化处理方法有电化学法和化学法等。

电镀铜合金可以提高硬度、改变颜色(如作为装饰性的仿古镀层、仿金镀层等),以及获得其它特殊的性能。电镀铜合金应用较多的是铜锌合金(黄铜)、铜锡合金(青铜)和仿金镀层(见表8-8和表8-9)。

表8-8 电镀铜及其合金镀层特性及产品设计时的选择

镀层名称	主要特性	产品设计时的选择
Cu(纯铜)	良好的导电性和导热性,质软有延展性,硬度150~220HV,空气中易氧化变色	多作防腐蚀装饰层底层或防渗碳镀层使用,也可作修复层和镀制电器线路板用
Cu-Sn[锡(8%~40%)青铜]	耐腐蚀性好,孔隙率低,易抛光再镀铬,含锡量8%~15%为低锡青铜,锡30%~35%为中锡青铜呈金黄色,锡35%~40%以上为高锡青铜呈白色	可取代镍镀层,低锡青铜作铬底层,广泛用于轻工仪表的防腐蚀装饰层,中锡青铜作装饰层,高锡青铜可作代银或代铬层,用于日用五金、仪器仪表、餐具、反光器械等
Cu-Zn[锌(20%~80%)黄铜]	含锌20%~30%锌黄铜呈金黄色,含锌30%~40%锌黄铜呈黄铜色,含锌>40%则呈白铜色,常用锌黄铜含锌25%~32%呈纯金色,锌黄铜随锌量增多,耐蚀性增高,含锌26%~32%锌黄铜是钢与橡胶的最好中间黏合层	广泛用于日用五金、灯具、工艺品的装饰层和钢丝轮胎中间黏合层
Cu-Zn、Sn、Ni、Co(仿金镀层)	通过镀覆不同含量锌、锡、镍、钴的铜合金镀层得到彩色全真仿金镀层	主要用于装饰首饰件代替金首饰

表8-9 电镀铜及其合金镀层的适用与不适用的范围

适用范围	①可用于装饰镀层防护体系的底镀层或中间镀层 ②用于塑料上的光亮装饰层 ③用于需要浸锡和钎焊的零件 ④用于要求黑色外观的钢零件(镀后应氧化处理) ⑤防止钢或耐热钢制螺纹(螺距小于或等于0.8mm)在较高温度工作时的粘接 ⑥用于挤压成型或冷墩时的润滑 ⑦提高黑色金属的导电性时使用 ⑧防止渗碳、脱碳、氰化和氮化时使用 ⑨防止精密零件表面冷作硬化时使用 ⑩防止齿轮啮合产生摩擦噪声时使用 ⑪用于印刷行业中的凸印 ⑫在金属或非金属上复制唱片或艺术品时使用
不适用范围	①对于钢、铝为阴极性镀层,易受硫化物、碳酸铵及汗液的影响,在大气中易变色,不能单独作为钢和铝合金的防护层 ②温度超过300℃工作环境的导电零件 ③高强度钢制零件

(5) 电镀镍及其合金

镍具有铁磁性,通常其表面存在一层钝化膜,故具有很高的化学稳定性,在常温水和空气中稳定，耐碱、耐氧化性浓酸，不耐稀酸，所以镍镀层得以广泛的应用。

镍的标准电极电位（-0.246V）较高，对铁基体是阴极性镀层，对铜为阳极性镀层。镍镀层硬度高、易于抛光、有较高的光反射性并可增加美观，主要用于防护装饰性镀层。因其孔隙率较高，需要用镀铜层作底层或采用多层镍电镀。

电镀镍合金比电镀镍具有更好的装饰性、耐蚀性，具有更好的耐磨性、磁性等多种功能。由于镀层中加入了新的元素，使镍合金镀层的功能比单一镀镍层获得进一步的改善。

镀镍溶液种类比较多，镀镍种类大致可分为，电镀暗镍、镀半光亮与光亮镍、特种镀镍（镀缎镍、黑镍等）、镀镍合金等，不同的电镀液所得出的镀层的力学性能差异很大（见表8-10和表8-11）。

表8-10　电镀镍及其合金镀层特性及产品设计时的选择

镀层名称	主要特性	产品设计时的选择
Ni（暗镍,光亮镍、缎镍、黑镍）	耐碱、酸，不耐稀硝酸，属阴极性镀层，结合力好，可作打底层，可抛光，半光亮镍比暗镍耐蚀，比光亮镍电位正，层内应力小	暗镍多作加厚底层修复使用,半光亮镍多作防腐蚀底层,光亮镍作装饰面层,缎镍用于光学仪器要求的柔和光滑镀层使用,黑镍主要用于精密仪器
Ni+Ni+Cr（暗或半亮镍+光亮镍+铬）	镍上加镀镍或铬、黄铜等其它金属的多层复合层，具有好的结合力、韧性、耐磨、耐蚀等综合性能	主要用于防腐蚀装饰覆盖层使用
Ni-Fe［镍铁（10%～40%）合金］	镀层比镍白，综合性能比镍和光亮镍好，镀后可形变加工，成本低。	多以30%～40%铁的高铁镍合金层打底,10%～15%铁的低铁合金层作面层的防腐蚀装饰层,使用于摩托车、缝纫机等轻工产品
Ni-Co［镍钴（15%～35%）合金］	良好的化学稳定性和耐磨性，是白色磁性镀层	主要用于装饰层和计算机件的磁性镀层使用
Ni-W、Mo（镍钨或钼合金）	耐碱和无氧酸腐蚀优异，比奥氏体不锈钢好，如果再渗铬的扩散层，则可耐含氧酸腐蚀	可代替哈氏合金用于化工防腐蚀

表8-11　电镀镍及其合金镀层的适用与不适用的范围

适用范围	①装饰镀层的底层或中间层 ②钝态金属电镀的底层 ③黑色油漆的底层 ④在中温(250～300℃)条件下工作的零件 ⑤要求钎焊的不锈钢零件 ⑥氧气系统工作的铜合金件 ⑦要求黑色外观，但不承受摩擦的零件 ⑧要求不反光的仪器、仪表零件 ⑨抗拉强度大于1240MPa的钢制关键件、重要件镀镍后应做氢脆检查；抗拉强度大于1034MPa的钢制件，电镀镍前应消除应力处理；抗拉强度大于1374MPa的钢零件，镀前不允许阴极除油

续表

不适用范围	①在浓的过氧化氢中工作的零件 ②以硝酸为基的氧化剂中工作的零件 ③在矿物油类中工作的零件 ④对铜为阳极性镀层,单层镍一般不作防护层

(6) 电镀铬及其合金

铬的标准电极电位（$-0.74V$，Cr^{3+}/Cr）比铁的标准电极电位略负，按其标准电极电位所列的位置而言是较活泼的金属，但由于铬具有很强的表面钝化能力，其表面上很容易生成铬的氧化物，实际上铬表现出类似非活泼金属的性能，它对钢、铝及铝合金是阴极保护层，对铜及铜合金（黄铜除外）则是阳极保护层。铬表面极易形成钝化膜，即使是潮湿空气中也能长久保持光泽和颜色；由于铬的憎水性即铬不亲和含水的介质，也提高了镀铬层的耐腐蚀性。

铬镀层具有较高的硬度、优良的结合力、耐蚀性、较好的耐热性、反光能力和抗失光性、优异的耐磨性和外观装饰性，特别是六价铬（Cr^{6+}）镀层具有光亮、坚硬、抗变色、耐热、耐磨等特点；在大气中能长久保持原来的光泽；在酸碱中都有很高的化学稳定性。

铬硬度高（850～1200HV），线胀系数比钢、铅、铜等都小，所以受热振后易于龟裂，因此，多以复合镀层形式使用。铬镀层性脆不能承受冲击和弯曲，镀铬会严重降低钢的疲劳强度。铬镀层不能与塑料和橡胶粘接。

铬镀层按工业上的用途和工艺方法分类有：硬铬镀层、乳白铬镀层、装饰铬镀层、松孔铬镀层和黑铬镀层，其性能和功能各不相同。也有人将镀铬层分为防腐蚀装饰性镀铬层和耐磨镀铬两类。

① 硬铬镀层　镀层具有硬度高、耐磨、耐热、耐磨蚀、摩擦系数低等特点，当与其它金属表面对磨时不易磨损、卡住和咬死。

② 乳白铬镀层　镀层呈无光泽的灰白色，硬度低，但孔隙比硬铬层少，孔隙率随厚度增加而减少，厚度在 $20\mu m$ 以上时，镀层几乎无孔，镀层无裂纹网，比硬铬层有更好的机械保护作用。在 480℃ 时，铬层开始氧化，由于它有良好的耐热性和孔隙少的特点，可以作为中温防护层在工作温度为 250～600℃ 且不要求耐磨的零件上使用。

③ 松孔铬镀层　镀层的表面布满彼此相连的、稀疏的或稠密的网状沟纹，或彼此不相连的微孔。沟纹或微孔内能够储存润滑油，使铬镀层在高温、高压下工作时具有良好的耐磨性，可以弥补铬镀层表面储油性差的缺点。松孔铬镀层最早是应用于活塞环和汽缸套。

④ 黑铬镀层　镀层呈无光泽的深灰色至黑色，涂蜡或油使其表面颜色变深。在所有黑色镀层中，黑铬的耐磨性最好，但长时间使用或经常受到摩擦时，颜色仍会逐渐减退。黑铬镀层耐温可达 477℃。表面不易被沾污，不反射光，镀层与

底层结合力好,可以作为要求黑色外观零件的镀层,也可以作为识别标记用。

⑤ 装饰铬镀层　镀层有很高的反光能力,反射系数为 70%～72%,并能长时间保持其反光性,是极好的装饰性镀层,但必须有中间镀层以保证有足够的防腐蚀能力,常用的中间层有铜、镍、铜锡、镍铁等,在光亮的或经过抛光的中间层上镀铬后,可以得到带银蓝色光泽的镜面般镀层,其光亮外观可以保持很长时间。其光亮保持时间的长短,取决于装饰镀层体系与中间层厚度的选择,铜镀层、镍镀层的厚度及其类型对装饰铬镀层的防锈能力起主要作用。随着铜镀层、镍镀层厚度的增加其耐蚀能力加大,而控制镀层的孔隙率也是一个重要因素。选择电镀微孔铬镀层或微裂纹铬镀层也有助于提高装饰性镀层的防护能力。

镀铬溶液主要有:铬酸镀液、铬酸复合酸镀液、自动调节高速镀液、三价铬镀液等。无论哪种镀液都多含有氧化性很强的铬酸酐,它对人体有害,污染环境,所以必须有效防护和排放处理。另外,镀铬液多数电流效率低,镀时大量析氢,耗电量大,分散能力差。

镀铬合金层目前工业化应用品种不多,镀铬层的种类与特性见表 8-12 和表 8-13。

表 8-12　电镀铬的镀层特性及产品设计时的选择

镀层名称	主要特性	产品设计时的选择
防腐蚀装饰性镀层（多层、微孔、微裂纹）	镀铜、镍及其合金后,镀铬,无孔、耐蚀光亮;要求高的耐蚀性与装饰性,可用双层镍-铬或三层镍-铬镀层	各种器具防腐蚀装饰层;要求较高反射能力表面的零件,可采用装饰铬镀层
耐磨硬铬镀层	硬而耐磨,镀层厚可达 2～1000μm,镀后在 180～250℃ 中进行热处理	要求耐磨的零件、修复磨损零件的尺寸;多用于防腐蚀耐磨件,例如,模具、化工阀门、曲轴、滚筒或加修复层等
镀乳白色铬层	镀层晶体组织紧密细致,无孔、无裂纹	中温(250～600℃)条件下保护钢可采用;作耐蚀、耐磨或防腐蚀装饰层底层用
镀松孔铬覆层	硬而多孔,吸油润滑	要求吸附润滑油的耐磨零件、高压条件下的耐磨零件可采用;主要用于摩擦件,例如,活塞环、活塞销、汽缸套等
镀黑铬覆层	比其它黑色装饰层耐磨、耐温、耐蚀	要求黑色外观的零件可采用;用于光学仪器和太阳能集热板等
铬镍铁合金层	硬度高,抗变色性好	可代替不锈钢使用
镀铬水合氧化处理	膜厚度为 0.02～0.03μm,生产效率高,为新型代锡镀层	代镀锡层用于罐头制品包装钢板镀层

表 8-13　电镀铬的镀层的适用与不适用的范围

适用范围	①耐磨铬镀层允许使用的最高温度为 370℃;乳白铬镀层可用于 600℃ 以下 ②适用于需要质硬耐磨、但该表面不受冲击和弯曲的钢制表面 ③黑铬镀层适用于要求黑色外观或需要识别标记的零件可采用 ④装饰铬镀层适用于要求较高反射能力表面的零件 ⑤松孔铬镀层适用于要求吸附润滑油的耐磨零件,如胀圈等;要求吸附润滑油并在较高压力下工作的零件(耐磨),如汽缸等 ⑥松孔铬镀层适用于高压条件下的耐磨零件;在中温条件下,防止气体腐蚀的钢零件,可采用松孔铬镀层

续表

不适用范围	①不能用于在恶劣或海水条件下工作的零件 ②不能用于形状复杂而又要求有均匀镀层的零件 ③不能与塑料、橡胶粘接

(7) 电镀锡及其合金

锡的标准电极电位（-0.136V）比铁的要高，在一定条件下，金属锡镀层对于钢基体是阴极性镀层，在某些有机酸中对钢为阳极性防护层。对铜和铜合金也是阳极性防护层，所以钢铁件一般经镀铜后再镀锡。

锡具有无毒、柔软、延展性、拧合性和可焊性好的特点，能防止渗氮。锡镀层在空气中稳定、无毒、耐弱酸、碱，具有良好的钎焊性，早期多用于食品工业镀锡马口铁制罐等，现代多数用于电子工业以锡代银层使用。锡具有较高的化学稳定性，硫化物对锡不起作用，锡在有机酸中也很稳定，其化合物无毒。锡在硫酸、硝酸、盐酸的稀溶液中几乎不溶解，在加热的条件下，锡缓慢地溶于浓酸中。在浓、热的碱液中溶解并生成锡酸盐。在封闭的环境中有机气氛会加速锡镀层的腐蚀。由于它在低温下（<-13.2℃）会变成灰色锡粉，而且在内应力作用下会产生"晶须"，所以在低温电器件上一般不单独使用镀锡层，而是以镀合金层形式使用。含少量锑、铋的锡合金镀层，能有效地控制"灰锡"的产生。锡镀层能承受弯曲。通过处理可得到有晶形花纹状的锡镀层，称为花纹锡，花纹锡镀层孔隙少，易于钎焊又有一定的装饰作用，锡镀层可以用电镀、化学镀和热浸镀等方法获得。花纹锡镀层可提高抗变色能力和耐蚀性。

常见镀锡溶液有：酸性硫酸盐光亮镀液、甲酚黄酸盐镀液、碱性锡酸盐镀液、氟硼酸镀液等。镀锡及其合金种类与特性见表 8-14 和表 8-15。

表 8-14 电镀锡及其合金镀层特性及产品设计时的选择

镀层名称	主要特性	产品设计时的选择
Sn(纯锡)	属阴极性镀层，对铜是阳极，软延性、钎焊性好、化学稳定性好，耐弱酸、碱，无毒，宜于在-13℃以上使用	主要用作镀锡马口铁和电子钎焊件；防止渗氮（10～20μm）；广泛用于食品工业的容器上和航空、航海及无线电器的零件上。还可以用来防止铜导线不受橡胶中硫的作用，以及作为非渗氮表面保护层。
Sn(2%～45%)Pb (锡铅合金)	耐蚀、润滑减摩、助焊，无"锡须"	主要用于钢、铜、铝等金属的助焊层和电器件的防腐蚀钎焊层。
Sn-Ni(锡镍合金)	比纯锡、镍层耐蚀，俗称"不锈钢"镀层，耐酸碱，不耐浓硫酸和盐酸，对钢属阴极性镀层，非磁性，硬度高（700HV），耐磨性、钎焊性均优于镍镀层，但是其内应力大、多孔，故脆性较大	主要用于电器件、测量仪器等摩擦件和食品卫生器具防腐蚀装饰层

续表

镀层名称	主要特性	产品设计时的选择
Sn-Co(锡钴合金)	对钢属阴极性镀层,耐蚀性优于铬,硬度耐磨性不如铬层,可作代铬层使用于低摩擦件	主要用作防腐蚀装饰层

表 8-15 电镀锡及其合金镀层的适用与不适用的范围

适用范围	①用于食品与氧气系统零件的防护 ②用于工作温度在 100℃ 以下的导电零件 ③用于要求改善焊接性能的零件 ④用于与含硫的非金属接触的零件 ⑤局部渗氮时,用于保护不需渗氮的部位 ⑥花纹锡可用于装饰性防护要求的产品或零部件
不适用范围	①锡镀层和铜合金之间会发生扩散,低温时扩散速度小,高温时扩散速度大,因此铜及铜合金零件锡镀层厚度薄时,在长期储存条件下会发黑并影响焊接性能,增加镀层厚度可以减少对焊接性能的影响 ②不能用于最高温度大于 200℃ 的零部件 ③与锡镀层接触的钢件应镀锌或镀镉 ④与锡镀层接触的铝及铝合金零件应阳极化,镁合金应化学氧化并涂漆

(8) 电镀铅及其合金

铅的标准电极电位（$-0.126V$，Pb^{2+}/Pb）比铁的要高,对于铁是属于阴极性镀层,对铜和铜合金是阳极性防护层,用于保护铜和铜合金不受润滑油氧化产物的腐蚀。铅镀层均匀、细致、柔软、延展性好,多用于减摩部位,可改善磨合。铅镀层具有很好的化学稳定性。在空气中铅表面能形成一层致密的保护膜,故铅具有良好的抗氧化侵蚀作用,尤其是在含有硫的工业气氛中,以及周围有水的环境里,性能稳定。铅可以防止硫酸、二氧化硫和其它硫化物以及冷的氢氟酸的侵蚀,但热的硫酸也能使铅发生腐蚀。铅与稀盐酸反应较慢,易溶于浓盐酸。铅对硝酸、王水以及强碱的抗蚀能力很差,在有机酸——乙酸、乳酸、草酸中也比较稳定。

在一定的温度和应力的同时作用下,铅镀层对钢也有"铅脆"问题,熔融铅能使受力不锈钢产生脆断（见表 8-16 和表 8-17）。

表 8-16 电镀铅及其合金镀层特性及产品设计时的选择

镀层名称	主要特性	产品设计时的选择
Pb(纯铅)	属阴极性镀层,化学稳定性好,耐硫酸和氢氟酸,尤其耐含硫氧化腐蚀,不耐热硫酸、浓盐酸和强碱	主要用于电池、化工件防腐;在化学工业中应用较多,如加热器、结晶器、真空蒸发器等内壁镀铅
Pb+In(铅+铟)	柔软减摩,热处理后耐润滑油腐蚀	主要用于轴承和轴瓦润滑涂层
Pb-(4%～55%)Sn(铅锡合金)	耐蚀、润滑、减摩、助焊	含 4%～10% 锡镀层用于防腐蚀减摩,含锡 15%～25% 镀层用于润滑减摩、助焊,含锡 45%～55% 镀层用于防海水或其它介质腐蚀

表8-17 电镀铅及其合金镀层的适用与不适用的范围

适用范围	①适用于要求改善磨合和封严的零件 ②用于防止润滑油氧化产物腐蚀的零件;温度较低情况下改善零件磨合和封严作用,以防止润滑油氧化产物的腐蚀 ③用于在硫化物中工作的零件 ④适用于接触硫酸的设备和零件,也用于接触二氧化硫气体的器具和仪表的防腐蚀 ⑤利用其良好的塑性和韧性,也可作为冷加工的润滑材料
不适用范围	①铅电镀只能作为功能性镀层使用,不能作为防护装饰性镀层使用 ②由于环保的要求越来越严格,电镀铅的应用受到限制

8.2.2 化学镀镀层

化学镀(自催化镀)是溶液中的金属离子在一定条件下(可产生自催化还原或置换反应时),不用通电就被还原沉积在基体表面形成金属镀层,被称为"化学镀"或"无电电镀"。化学镀有如下优点:①不需要外加电源;②可在金属、非金属或半导体等各种基材表面上镀覆;③可以对各种几何形态件表面上获取均匀的金属镀层,无明显边缘效应;④镀层致密,孔隙率低。化学镀的缺点:溶液稳定性较差,维护与调整比较麻烦,镀层薄。

化学镀有镍、铜、银、钯、金、铂、钴等金属或合金及复合镀层。其中,常用的是化学镀镍和化学镀铜。

(1)化学镀镍及其合金

化学镀镍层的硬度比电镀镍层的高,经过热处理后可高于硬铬镀层。化学镀镍层具有优良的耐磨性、耐蚀性、钎焊性和润滑性能,广泛应用于工业、农业、国防等各个领域。化学镀镍溶液稳定性高、深镀及均镀能力好、操作简便、使用寿命较长、成本较低,占据了化学镀市场份额的90%以上。

以次亚磷酸钠作为还原剂的化学镀 Ni-P 溶液应用最广泛,分为酸性镀液和碱性镀液两种。酸性镀液的沉积速率快,镀层的磷含量高,耐蚀性好,但施镀温度高,能耗大。碱性镀液的稳定性高,但其沉积速率较慢,镀层的磷含量较低,孔隙率较大,耐蚀性较差。另外,还有以硼氢化物和二甲氨基硼烷为还原剂的化学镀 Ni-B 溶液。

化学镀镍磷合金镀层在制件表面形成与基体牢固结合的一种合金镀层,是含有一定量磷的镍磷共沉积镀层。不仅在钢、铜、黄铜、铝、钛和不锈钢上能化学镀镍,在经过活化处理的非金属材料(如塑料、玻璃等)表面上也可以化学镀镍磷。化学镀镍磷合金镀层对于钢为阴极性保护层,对于铜及铜合金(除黄铜外)为阳极性保护层,具有优异的耐蚀、耐磨性能和硬度,往往能应用于电镀镍镀层无法应用的场合(见表8-18和表8-19)。

表 8-18　化学镀镍及其合金镀层特性及产品设计时的选择

镀层名称	主要特性	产品设计时的选择
Ni(99.5%)镍	耐磨、耐蚀性不如镍磷、硼合金,但其磁性能好	可用于生产磁性膜,特别适用于要求沉积纯镍的场合
Ni(3%~14%)P 镍-磷合金	①镀层孔隙率比电镀镍镀层低,抗氧化腐蚀性能更好;②镀层的硬度高、耐磨性好,与镀层中磷含量成正比;③镀层的化学稳定性随磷含量提高而增加,磷含量增加到14%时,其化学稳定性超过电镀镍层;④镀层中磷含量小于8%镀层有磁性,大于8%镀层无磁性;⑤镀层中磷含量增加镀层脆性增加,与基体结合力降低;⑥镀后热处理不同镀层硬度和耐蚀性都会变化;⑦镀层导电性差,磷含量越高,导电性越差;⑧镀层外观不如电镀层光亮;⑨对钢基体疲劳性能影响小;⑩磷含量不同的镀层,物理、力学性能也有所不同	用作其它镀层的底层,钢铁零件的中温保护层,磨损件的尺寸修复镀层,铜与钢铁制件防护装饰等。在石油(如管道)、电子(如印刷电路、磁屏蔽罩)和汽车等工业上广泛应用
Ni(0.5%~5%)B 镍-硼合金	镀层的耐碱和耐有机溶剂性能,比镍磷合金好;镀层的内应力比硬铬小,耐冲击性能好;镀层的接触电阻接近银;孔隙率低,耐蚀	在仪器仪表、印制线路板、集成电路、管壳和电接点等处取代贵金属镀层;用于纺织机械上的导杆、绕线筒和喷嘴等的耐磨表面
镍-磷或镍硼固体微粒(金刚石、碳化物、氧化铝、氟化石墨、聚四氟乙烯等)	根据添加固体微粒的不同,赋予镍-磷和镍-硼合金更好的耐磨性、耐蚀性及润滑性等特殊功能	航空、航天、汽车等工业中广泛应用于零件表面的耐磨、耐蚀等高性能的要求

表 8-19　化学镀镍及其合金镀层的适用范围

适用范围	①不仅可使金属,而且可使经特殊镀前处理的非金属(如塑料、玻璃、陶瓷等)直接获得镀层 ②需要具有优异的耐蚀、耐磨性能和硬度的零件 ③要求镀层厚度均匀(即使是形状复杂的零件)的零件 ④尺寸精度要求较高的零件 ⑤用于其它镀层的底层 ⑥修复耐磨件尺寸时应用 ⑦用于发动机缸体砂型模具 ⑧用于制造玻璃制品金属模具的表面防黏模耐磨层等

(2) 化学镀铜及其合金

化学镀铜层的物理、化学性质与电镀法所得铜层基本相似,化学镀铜层的杂质含量较多,内应力较大,硬度、抗拉强度和电阻较高,而密度、延展性较低。无论是哪一种工艺得到的化学镀铜层,其力学、物理性能都受到镀液组成、操作条件、沉积速率等因素的影响(表 8-20)。

化学镀铜主要用于非导体材料的表面金属化处理。目前,化学镀铜最重要的应用是印制电路制造过程中的通孔镀,即通孔镀上导电层。化学镀铜技术能使非导体的孔壁上和导线上生成厚度均匀的镀铜层,极大地提高了印制电路的可靠

表 8-20　化学镀铜镀层特性及产品设计时的选择

镀层名称	主要特性	产品设计时的选择
镀铜(Cu)	导电性、延展性、韧性好，与基体结合力强。多作非金属电镀时打底层或电器件导电层用	适用于印制电路制造过程中的通孔镀，塑料件装饰镀，电磁屏蔽，混合电路和微电子器件，电子元器件电极

性。如果印制电路板是非覆铜板制造的，除了通孔镀外，化学镀铜还要实现表面选择性金属化。

在塑料制品表面进行装饰镀时，要对其实施表面金属化。通常以化学镀铜层作为底镀层，然后电镀增厚，最后一道镀层可以是镀镍、镀铬、镀金、镀银或镀铜合金（仿金）等其它装饰性镀层，使塑料件具有金属的光泽，化学镀铜广泛应用于家电、汽车、轻工等行业。

电子、信息、计算机设备的塑料机箱，容易受电磁波的干扰和信息泄密，若在塑料外壳上进行表面化学镀铜，可以大幅度提高电子产品的电磁屏蔽能力。

8.2.3　机械镀镀层

机械镀是在细金属粉和合适的化学试剂存在下，用坚硬的小圆球撞击金属表面，以使细金属粉覆盖该表面。机械镀（GB/T 3138—1995）是通过滚筒转动，在加热或在某些介质促进下，靠镀件与介质之间的滚动摩擦，将一种或一种以上金属末"辗压"到镀件上，主要是一种物理的方法。机械镀分热镀和冷镀两种方法。

机械镀突出的优点是镀层均匀，在镀覆过程中不渗氢不会产生"氢脆"，因而机电产品上常用的标准件上得到广泛的应用。机械镀还有速度快、成本低和节电等优点。

可以适用机械镀的金属基体有：碳素结构钢、低合金高强度钢、优质碳素结构钢、合金结构钢、可锻铸铁、灰铸铁；粉末冶金件、黄铜铸件、青铜铸件、烧结铜件等材料。工件能否进行机械镀根据其尺寸和形状而定，一般长度小于300mm、质量小于0.5kg的工件适合于机械镀，带盲孔和深凹槽的工件不适合机械镀。

油箱类（燃油箱、液压油箱等）产品的内壁腐蚀防护，一直是难以解决的问题。使用机械镀工艺使油箱内壁的防腐性能和镀层稳定性明显提高。与其它防腐蚀工艺（磷化、电镀等）相比，机械镀具有明显的成本低、环保、操作简单等优势。

机械镀目前的主要镀种是镀锌、锌铝和复合镀锌，机电产品中最常用的是机械镀锌。机械镀锌层外观光滑，无锌瘤、毛刺，呈银白色；厚度均为可控，在 $5\sim100\mu m$ 之内任意选择；无氢脆危害，可保证材料力学性能不变；可代替部分需热镀锌的工艺；耐腐蚀性好，中性盐雾试验达240h或以上，镀后可进行钝化，提高镀层的耐腐蚀性。

① 热机械镀锌（干法） 是将脱脂、除掉氧化皮及锈蚀的干燥零件，放入一个密封的特制钢滚筒内。滚筒内同时加入需要量的锌粉和石英砂，将滚筒加热到350～400℃使锌粉软化。借助滚筒的转动和石英砂的滚压作用，同时经几十分钟的热扩散反应，使锌铁产生共渗，形成一层锌铁合金覆盖层。

② 冷机械镀锌（湿法） 是在室温条件下的水溶液中进行，在化学促进剂"催化"作用下，靠镀件与镀件、镀件与玻璃球之间的摩擦和锤击力，将锌粉"冷焊"到镀件表面上。冷机械镀锌仅需让滚筒转动的电动机所耗的电力，因而能比电镀锌节约电能70%左右，总成本也能降低约20%。

机械镀锌适用于小型的零件，螺栓、螺母、自来水水管接头、钢丝绳夹头等。镀件重一般不大于1kg，长度不超过15cm。镀件太重和太长，不利于滚动，不能获得充分的能量；太细、太小和太薄的零件也不适宜用机械镀锌的方法。

8.2.4 热浸镀

热浸镀是把金属件（或金属半成品）表面经过预处理后，全浸入某一种熔融金属液里再取出，则熔融金属与基体金属表面发生一定的冶金界面扩散而形成的金属覆盖层，称为热浸金属覆盖层，热浸也称为热浸镀、火镀。

热浸镀层一般由扩散合金层与黏附在外表面的热浸金属两部分组成，热浸镀有如下特点：

① 热浸镀层与基体结合力好，是扩散冶金结合；与电镀层和热喷涂层有本质上的不同；

② 一般情况下，热浸层的防腐蚀性能比同样厚度的电镀覆盖层和热喷涂覆盖层要高；

③ 被镀覆基体件要受到较高温度的作用；

④ 热浸镀一般情况下工艺成本较高；

⑤ 被热浸镀件的尺寸要受到热浸槽或扩散炉的尺寸限制。

热浸镀层目前广泛应用的有热浸锌、铝、铅、锡及其合金，多数是低熔点金属，主要是用于产品或零部件的腐蚀防护，一般只适于形状简单的板材、带材、管材、丝材等。热浸镀锌主要用于钢管、钢板、钢带和钢丝。热浸镀锡可用于薄钢板，因锡无毒，在食品加工和储存容器上应用较多。热浸镀铅用于化工防腐和包覆电缆。热浸镀铝主要用于钢铁高温抗氧化。

热浸镀锌工艺一般分为两种：熔剂法和氧化还原法（俗称的"森吉米尔法"属于该法）。熔剂法又分为"湿法"和"干法"两种，"湿法"工艺已很少使用，多数用"干法"热浸镀。国内批量件热镀锌工厂多数采用"干法"热浸镀锌；而半成品材料，例如，冷轧钢板、钢带的连续热镀锌，则多数采用"氧化还原法"（或"森吉米尔法"）工艺。

影响热浸金属覆盖层特性的主要因素：热浸温度，浸镀时间，从镀槽中提出的速度，基体金属表面成分组成、结构和应力状态，浸镀金属液成分组成等。

常见热浸镀层种类、特性与应用，详见表 8-21。

表 8-21 常见热浸镀层种类、特性与应用

热浸镀金属名称	主要特性	产品设计时的选择
锌（少量铝）	对钢是阳极性镀层，耐大气腐蚀，一般厚度 80μm，耐蚀性随厚度增加而增加	主要用于钢管、板件、铸钢件、螺栓、螺杆等的腐蚀防护
锌合金化	浸锌后扩散热处理的合金化层的可焊性和耐热、耐蚀性均有提高（1～3 倍），一般厚度 10～30μm，硬度 65HB	主要用于薄板（1～3mm 厚度）和钢带半成品材料热镀锌，广泛用于各个工业领域
锌-铝-镁-其它	对钢是阳极性镀层，耐蚀性比纯锌层高 2～4 倍，20～80μm 厚度海岸大气 12 年不锈，可代替铝、锌层使用	可用于腐蚀性苛刻环境中的钢件防腐蚀，可代替纯锌层使用
锌-铝 5%-其它	对钢是阳极性镀层，附着力、柔韧性及成型性、耐蚀性比纯锌层好，与涂料的结合也比纯锌层好	与涂料合用作彩色涂层钢板，广泛用于建筑和家用电器等，可代替纯锌层使用
锌-铝 55%-其它	对钢是阳极性镀层，耐热、耐蚀性比同厚度纯锌层高 2～8 倍，可代替铝层，密度为 3.7g/cm³，在 350℃下可长期使用，与涂料的结合也比纯锌层好，热反射率 88%	用于汽车排气系统、消声器、挡热板等，可代替纯锌、纯铝层使用
铝（Ⅱ型）	对钢阳极性保护差，耐化工大气腐蚀好，耐热性高（500℃长期使用），热反射率 80% 以上	用于化工防腐蚀和耐热炉件等，例如，用于汽车排气系统、消声器、烟囱、挡热板等
铝-硅 5%～15%（Ⅰ型）	对钢阳极性保护差，耐热性高（500～900℃），热反射率 80% 以上，耐硫化气氛腐蚀	用于高温防护，汽车排气系统、消声器、挡热板等
锡	对钢是阴极性镀层，耐有机酸腐蚀，无毒，钎焊性好	多用于食品工业器具和电器件等
铅-锡 6%～25% 或镍+铅-锡 6%～25%	对钢是阴极性镀层，耐酸和石油腐蚀，钎焊性好，为减少针孔，镀镍后再浸镀铅锡合金的合金层耐蚀性更好	热镀钢带，用于化工、汽车工业容器防蚀，例如，汽油箱、空气滤清器、储油容器等
锡-锌 8%	对钢是阴极性镀层，耐酸和石油腐蚀，钎焊性比铅锡合金好	代替铅-锡合金使用

8.3 转化膜的分类、性能及选择

转化膜（conversion coating）是金属经化学或电化学处理所形成的含有该金属化合物的表面膜层，例如锌或镉上的铬酸盐膜或钢上的氧化膜（GB/T 3138—1995），因为这层薄膜是由金属表面转化来的，又称表面转化膜。

一般情况下，转化膜比较致密，覆盖在金属表面将其与腐蚀介质隔绝开，而

且膜层难溶于水，故具有较好的防护性能：

① 耐腐蚀　一般防锈场合，较薄的化学转化膜即可作为底层应用。有较高的防锈性能，又要求能够承受挠曲、冲击等作用，需在表面施加均匀、致密且较厚的膜层。

② 耐磨损　金属摩擦副表面的化学转化膜有较好的减摩和耐磨作用，如金属的磷酸盐膜不仅减摩效果明显，还能吸收润滑油，在摩擦副接触面之间形成油膜，显著地提高了耐磨性。

③ 可作涂装底层　晶粒细小、均匀致密、厚度适中的化学转化膜层用作涂装的底层，可提高涂层与基体的结合力。

④ 塑性成形　金属表面的磷酸盐膜与模具表面的黏附性较小，在钢管材、线材的冷拔、拉伸时，可降低拉拔力，延长模具使用寿命。

⑤ 绝缘耐热　大多数化学转化膜是不良导体，且耐热性良好，可用作为硅钢片等的绝缘膜层。

在机械制造中应用较多的是铝的阳极氧化膜，钢铁上的磷酸盐膜，铝、锌、镉上的铬酸盐膜和钢铁上的发蓝膜等。此外，还有如普通钢上的草酸盐膜，可作为涂装时的前处理层，它能有效地保护基体不受亚硫酸腐蚀；不锈钢和其它含镍、铬等元素的高合金钢上的转化膜，有利于冷变形加工（拉管、拉丝、挤压）时提高拉速、加大断面收缩率、降低工具磨损。利用转化膜对镁制品进行保护的方法也很多。

转化膜的种类很多，详见表 8-22 转化膜的分类。

表 8-22　转化膜的分类一览表

方法原理	方法名称		成膜类型	常用金属
电化学法	阳极氧化	无色封闭	氧化物膜或混合氧化物膜	铝、钛、镁、铜、钢铁、钽、锆、锗、硅、钽、不锈钢等及其合金
		着色封闭		
化学法	化学氧化(含彩色)	复合酸	氧化物膜或混合氧化物膜	铝、钛、镁、铜、钢铁、锌等及其合金
		酸性盐		
		碱性盐		
	草酸盐法		草酸盐膜	钢铁、锌、镉等及其合金
	磷酸盐法	转化型	磷酸盐膜或混合磷酸盐膜	铝、镁、铜、钢铁、锌等及其合金
		假转化型		
		染色型		
	铬酸盐法	无色型	铬酸盐膜或混合铬酸盐膜	铝、钛、镁、铜、钢铁、锌、镉、镓、锡、银等及其合金
		彩色型		
电化学或化学法	染色转化(含氧化)		混合氧化物膜	铝、钛、镁、铜、钢铁、锌、镉、镓、锡、银等及其合金

8.3.1 磷化

磷化是指在钢铁制件表面上形成一层难溶的磷酸盐保护膜的处理过程（GB/T 3138—1995）。

磷化膜又称为磷酸盐膜，是将金属（Fe、Al、Zn等金属及合金）置于含磷酸和可溶性磷酸盐溶液中，通过化学反应在金属表面上生成不溶的、附着性良好的磷酸盐转化膜，膜的组成主要是金属的磷酸盐。磷化的化学反应过程如下：

当金属或合金（以铁为例）浸入含 Mn、Zn、Fe、Ni、Ca（以 M 表示）的磷酸二氢盐溶液中，表面被溶解：$Fe+2H^+ \longrightarrow Fe^{2+}+H_2\uparrow$；金属/溶液界面处的金属离子增加，$H^+$ 浓度降低、酸度降低。由于化学平衡的缘故，界面离子和 pH 值的变化，将促使金属表面可溶性的磷酸二氢盐向难溶的磷酸盐转化，生成磷酸盐保护膜：$M(H_2PO_4)_2 \longrightarrow MHPO_4\downarrow + H_3PO_4$；$3MHPO_4 \longrightarrow M_3(PO_4)_2\downarrow + H_3PO_4$。

有些金属不与磷酸溶液反应沉积或转化成膜，所以，就不能形成磷酸盐转化膜，例如，铜、铅、不锈钢、镍铬合金等。

磷化按磷化液成分和磷化膜组成分类如表 8-23 所示。磷化按膜的重量分类如表 8-24 所示。

表 8-23 不同体系磷化液与磷化膜的组成及性质

类别	磷化液的主要成分	磷化膜的主要组成	膜层颜色	膜重/(g/m²)	中性盐雾腐蚀产物出现最短时间/h
Zn 系	$Zn(H_2PO_4)_2$	$Zn_3(PO_4)_2 \cdot 4H_2O$ $Zn_2Fe(PO_4)_2 \cdot 4H_2O$	浅灰→深灰	1~60	2
Zn-Ca 系	$Zn(H_2PO_4)_2$ $Ca(H_2PO_4)_2$	$Zn_2Ca(PO_4)_2 \cdot 2H_2O$ $Zn_2Fe(PO_4)_2 \cdot 4H_2O$	浅灰→深灰	1~15	2
Mn 系	$Mn(H_2PO_4)_2$ $Fe(H_2PO_4)_2$	$Mn_2Fe(PO_4)_2 \cdot 4H_2O$	灰→深灰	1~60	1.5
Zn-Mn 系	$Mn(H_2PO_4)_2$ $Zn(H_2PO_4)_2$	$Zn_3(PO_4)_2 \cdot 4H_2O$ $Zn_2Fe(PO_4)_2 \cdot 4H_2O$ $Zn_2Mn(PO_4)_2 \cdot 4H_2O$	灰→深灰	1~60	2
Fe 系	$Fe(H_2PO_4)_2$	$FePO_4 \cdot 2H_2O$ $Fe_3(PO_4)_2 \cdot 8H_2O \cdot Fe_2O_3$	深灰	5~10	1.5

表 8-24 磷化膜分类

分类	膜重/(g/m²)	膜的组成	用途
次轻量级	0.2~1.0	主要由磷酸铁、磷酸钙或其它金属的磷酸盐所组成	用作较大形变钢铁工件的涂装底层或耐蚀性要求较低的涂装底层
轻量级	1.1~4.5	主要由磷酸锌和(或)其它金属的磷酸盐所组成	用作涂装底层

续表

分类	膜重/(g/m²)	膜的组成	用途
次重量级	4.6~7.5	主要由磷酸锌和(或)其它金属的磷酸盐所组成	可用作基本不发生形变钢铁工件的涂装底层
重量级	>7.5	主要由磷酸锌、磷酸锰和(或)其它金属的磷酸盐所组成	不宜作涂装底层

注：表中内容来源于 GB/T 6807—2001《钢铁工件涂装前磷化处理技术条件》。

磷化膜膜面均匀，与基体结合牢固，色泽随膜层成分的不同而呈现出灰色、灰黑色、黑色和彩色等。磷化膜多孔，耐蚀性较差，单独使用时必须用重铬酸钾钝化或浸油封闭处理。磷化处理在赋予零件表面以良好的吸附性、润滑性、耐蚀性和绝缘性等的同时，还不会降低零件的力学性能和磁性。

磷化在钢铁件表面使用最多，由于涂装涂层在磷化膜上有很好的附着力，因此常被用于钢铁零件涂装涂层的前处理工序。此外，磷化膜还被用于冷加工润滑、减摩及绝缘等方面，广泛应用于军事、航空航天、船舶、汽车、机械、轻工等领域。详见表 8-25 和表 8-26。

钢铁磷化的工艺：钢铁磷化膜随着材质和磷化溶液组成与工艺的不同，它获得的磷化膜种类、厚度、结构、性能也不同。磷化膜厚度一般为 $1\sim50\mu m$，在实际使用中，通常以单位面积膜层质量表示：$<1g/m^2$ 为薄膜；$1\sim10g/m^2$ 为中厚膜；$>10g/m^2$ 为厚膜。一般钢铁磷化处理工艺流程如下：

除油—水洗—除锈—水洗—磷化—水洗—后处理—水洗—去离子水洗—烘干—封闭或涂装。

选用不同配方工艺可采用浸、涂、喷淋等施工方法。

表 8-25 钢铁零部件磷酸盐膜的用途及厚度的选择

系统构成	使用条件	膜重/(g/m²)	膜类型
钢+磷酸盐膜+矿物油	一般腐蚀环境下的防护	30~40	$(Mn \cdot Fe)_3H_2(PO_4)_4 \cdot H_2O$ 或 $Zn_3(PO_4)_2 \cdot 4H_2O$
钢+磷酸盐膜+漆膜(涂装涂层)	恶劣腐蚀环境下的防护	5~10	$Zn_2Fe(PO_4)_2 \cdot 4H_2O + Zn_3(PO_4)_2 \cdot 4H_2O$
	一般腐蚀环境下的防护	1~5	$Zn_2Fe(PO_4)_2 \cdot 4H_2O + Zn_3(PO_4)_2 \cdot 4H_2O$
	一般腐蚀环境下的防护	0.1~1	化学转化型磷酸盐膜
	电泳涂漆底层	2~4	$Zn_2Ca(PO_4)_2 \cdot 7H_2O + Zn_3(PO_4)_2 \cdot 4H_2O$ $FePO_4 \cdot 2H_2O + Fe_3(PO_4)_2 \cdot 8H_2O \cdot Fe_2O_3$
	涂漆后成型加工的钢件防护	1~6(平均3~5)	在添加多磷酸盐的磷酸二氢锌溶液中形成的膜
钢-磷酸盐(皂类润滑剂)	拉管变形加工	4~10	$Zn_2Ca(PO_4)_2 \cdot 7H_2O$ 或 $Zn_3(PO_4)_2 \cdot 4H_2O$
	拉丝变形加工	5~15	$Zn_3(PO_4)_2 \cdot 4H_2O$
	冷挤压	2~7	$Zn_3(PO_4)_2 \cdot 4H_2O$

表 8-26　各种磷化膜特性及产品设计时的选择

磷化膜类型	主要特性	产品设计时的选择
钢铁及合金的磷化处理	①在有机油类、苯、甲苯及各种气体燃料中有很好的耐蚀性,抗蚀能力为氧化膜的2~10倍以上。但不耐酸、碱、氨、海水及蒸汽等。在大气条件下略优于化学氧化膜,随工艺的不同其耐腐蚀性差别较大,一般不单独用作腐蚀防护 ②磷化膜的孔隙率一般为0.5%~1.5%,它具有良好的吸附性能,与涂装涂层结合力好,是良好的前处理底层 ③磷化膜是不良导体,有高的电绝缘性,10μm厚的膜,其电阻约为$5×10^7Ω$,如果磷化膜浸油或涂装之后,其电绝缘性更好 ④硬度低,弹性小,不耐磨,不能承受弯曲、冲击和焊接,有在400~500℃温度下不被熔融金属黏附的特性 ⑤对零件表面粗糙度有影响,尺寸有改变 ⑥容许使用温度不超过150℃,否则防护性能下降 ⑦磷化后的膜一般含有结晶水,在155℃下加热就会失去结晶水 ⑧磷化后基体的力学性能、强度、磁性等基本不变,但膜本身硬度、强度较低、有一定脆性 ⑨磷化膜中含锌高时,耐腐蚀性好,含锰多,则硬度增加,含铁多则耐热性提高	①常常作为钢铁零件表面涂漆的底层 ②可用于氢脆敏感的高强度钢的防护,使用时,多用涂料或浸油封闭 ③要求电绝缘的钢零件;用于电动机、变压器等电磁装置的硅钢片和要求绝缘的钢件,在不影响透磁的情况下提高绝缘性 ④不允许进行电镀的组合件的腐蚀防护 ⑤导管内腔或形状复杂的零件腐蚀防护 ⑥在润滑油条件下工作的零件 ⑦用于冷冲压、冷墩时的减摩(润滑)和防裂 ⑧可作热浸锌、浸铅-锡及浇注电动机铝转子的钢模的防黏保护层 ⑨局部渗氮的零件,防止渗氮部位黏锡 ⑩不能用于薄或细的弹性元件 ⑪不能用于与铝合金组合的零件 ⑫不能用于要保持原表面光洁度或具有精密尺寸的零件
铝及铝合金的磷化处理	①常见的铝及铝合金表面的磷化处理方法有锌系磷化盐方法(又称锌磷化法)、铬酸盐-磷酸盐方法(又称铬磷化法) ②铝合金磷化膜的耐蚀性很差,不能单独用于腐蚀防护 ③铝及铝合金的磷化液与钢铁的基本相同,只是需要加入适量的氟化物,其膜层的主要组分也是磷化锌,故适宜钢铝组合件的处理 ④铬磷化膜的主要成分是$CrPO_4$、$AlPO_4$,膜重$0.1~5.0g/m^2$,无铜铝合金为蓝绿色,含铜铝合金为橄榄绿色 ⑤锌磷化膜 $Zn_3(PO_4)_2$、AlF_3 膜重$1.0~1.6g/m^2$,灰白色	①一般不单独使用,常作为各种铝及铝合金零部件涂装的前处理使用 ②作为制造过程中冷变形加工的润滑膜使用
镁及镁合金的磷化处理	①磷化液的成分通常以磷酸锰为主,含氟化钠磷化液所得到的膜层主要是磷酸锰,含氟硼酸钠磷化液制得的磷化膜以磷酸镁为主 ②在磷化液中加入锌离子或亚硝酸根离子能够加速磷化,高锰酸盐可提高膜层的质量,对漆膜的结合力和耐蚀性可以提高	①取代毒性大、污染严重的铬酸盐处理 ②一般用作为零部件涂装的前处理,提高腐蚀防护性能
锌及锌合金的磷化处理	①为了使表面锌层不被磷化液溶解,一般采取常温或慢速磷化的方法,而且不可与其它钢铁零件同槽处理 ②锌铝合金的磷化比较困难,处理时需避免铝在槽中的溶解 ③一般锌及锌合金在磷化前需要提高零件表面的活性,进行活化处理,增加磷化膜的形核率,通常是采用在钛-磷酸盐溶液中浸渍或在表面喷涂不溶性的磷酸锌浆料等方法 ④锌及锌合金零件在磷化后,需要在重铬酸钾溶液里进行钝化处理,以改善表面磷化膜的防护性能和对漆膜的黏附性能	①主要应用在镀锌钢板、电镀锌零件、锌铸件等零部件 ②提高零部件的腐蚀防护能力和对涂装层的结合力

8.3.2 化学氧化

化学氧化是指通过化学处理使金属表面形成氧化膜的过程（GB/T 3138—1995）。采用化学介质处理金属表面，通过化学反应使金属表面氧化，生成稳定的防锈氧化膜。化学氧化所用化学溶液都是含有氧化剂的碱性溶液。化学氧化常用于碳钢（钢铁）、铝及铝合金、铜及铜合金等。

(1) 钢铁的化学氧化

钢铁发蓝（钢铁化学氧化）将钢铁制件在空气中加热或浸入氧化性溶液中，使其表面形成通常为蓝（黑）色的氧化膜的过程（GB/T 3138—1995）。钢铁的化学氧化是采用化学方法，在钢铁制品表面上生成一层保护性氧化膜（Fe_2O_3），表面呈蓝黑色或深黑色，故又称为发蓝或发黑。按照工艺温度分类，可以分为高温氧化、中温氧化、常温氧化，其种类、特性和应用详见表8-27。

表8-27 常见钢铁化学氧化种类、特性和应用

名　称	主要特性	产品设计时的选择
高温氧化 （130～155℃）	①高温氧化溶液成分主要有氢氧化钠、亚硝酸钠、硝酸钠，在浓碱中高温氧化工件而成膜 ②钢铁的氧化膜主要由磁性氧化铁（Fe_3O_4）组成。厚度为0.5～1.5μm，一般呈蓝黑色（铸铁和硅钢呈金黄色至浅棕色） ③膜层很薄，不影响工件的尺寸精度 ④氧化没有氢脆现象，但有时会产生碱脆	①钢铁化学氧化膜的耐蚀性较电镀层和化学镀层差，必须与其它防腐措施结合，不能单独应用。一般需要浸肥皂液、浸油或浸重铬酸钾溶液处理后，才能使用 ②由于氧化膜很薄，不用于在苛刻环境下的重防腐蚀，多用于可常擦油的钢铁件，例如枪炮、工具等 ③可用在200℃以下润滑油中工作的尺寸公差小的配合件 ④可用于要求具有黑色外观而又不能采用其它方法处理的零件防腐蚀或装饰 ⑤膜层黑亮，有防护和装饰效果。广泛用于各种精密仪器、光学仪器、机械零件及各式武器上作防护装饰氧化 ⑥不能用于不允许涂油的零部件 ⑦不能用于与锌、镀锌零件组合的组合件 ⑧不能用于与铝和铝合金组合的组合件 ⑨不能用于锡焊的或铅-锡焊的零件、组合的元件 ⑩不能用于与塑料板、橡胶、皮革等制件的垫片组合的零件 ⑪不能用于要求耐磨的零部件
中温氧化 （90～100℃）	①中温氧化溶液成分主要有磷酸、硝酸钙（或硝酸钡）氧化锰，此法所得保护膜呈黑色，其主要成分是由磷酸钙和铁的氧化物所组成 ②其耐腐能力和机械强度均超过高温氧化法所得的保护膜	
常温氧化 （室温）	①常温氧化溶液成分主要有硫酸铜、亚硒酸，零件在氧化溶液里，经过化学和电化学反应，表面形成稳定的膜层 ②膜的组成主要是CuSe和FeSe沉积在零件的表面，生成黑色或蓝色的膜 ③常温氧化膜是多孔的网状结构，水分与酸性氧化液会残留于膜层中，容易产生锈蚀。必须用水彻底清洗干净，然后立即进行脱水封闭处理，使膜层色泽均匀、光亮平整，并具有良好的耐蚀性 ④钢铁常温氧化膜与基体的结合力、耐磨性和耐蚀性都不及高温氧化膜。实际应用中发现，其耐蚀性比高温、中温氧化要差	

(2) 铝及铝合金的化学氧化

在大气条件下，铝及铝合金的表面会生成一层薄的、较致密的、非晶态氧化

膜,具有一定的耐蚀性,但是,这层膜无光泽、疏松、多孔、不连续,防护性能差,易受损加快腐蚀。对铝及铝合金进行化学氧化处理,可在其表面生成厚度为 $0.5\sim5\mu m$ 的氧化膜,膜层致密、质软,有较强的吸附能力,耐磨性和耐蚀性高于自然形成的氧化膜,适用于有机涂层的底层,或不能进行阳极氧化的铝合金零件(见表8-28)。

表8-28 常见铝及铝合金的化学氧化种类、特性和应用

名　称	主要特性	产品设计时的选择
铬酸盐氧化	①含重铬酸钠的溶液所形成的膜致密,耐蚀性好,厚 $0.5\mu m$,无色至深棕色;<60℃条件下使用 ②含铁氰化钾的溶液所形成的膜较薄,导电性好,呈彩虹色。用于有导电要求的铝合金的防护	①铝的化学氧化膜硬度、耐磨、耐腐蚀性均不如阳极氧化膜,多用于涂装打底或装饰;可作电泳涂装的底层 ②可用于铝及铝合金点焊组合件的腐蚀防护;铆钉、垫片、导管或小零件的防护 ③多用于不易阳极氧化的形状复杂件或管件的防护 ④可作工序间防护层;材料库存时腐蚀防护 ⑤与钢或铜合金组合的组合件的防护(用碱性铬酸法) ⑥大型铝件或用电化学氧化难以得到完整膜层的零件 ⑦不宜单独使用于室外腐蚀防护 ⑧不能用于受摩擦或气流冲击的零件 ⑨不能用于使用温度超过65℃的零件
磷酸盐-铬酸盐氧化	①含硼酸/氟化氢铵的溶液所形成的膜致密,耐蚀性好,厚 $3\sim4\mu m$,无色至浅蓝色;适合各种铝合金的防护 ②含氟化钠的溶液所形成的膜较薄,韧性高,耐蚀性号;用于氧化后需变形的铝合金的防护	
碱性铬酸盐氧化	①含氢氧化钠的溶液所形成的膜,氧化后需立即钝化,膜厚 $0.5\sim1.0\mu m$,呈金黄色;适合铝镁、铝锰合金的防护 ②含磷酸三钠的溶液所形成的膜质软,多孔,耐蚀性较差,厚 $0.5\sim4.0\mu m$,呈金黄色;适合于漆膜的底层,铝、铝硅、铝镁、铝锰合金的防护	

铝及其合金的化学转化膜可以在碱性或酸性两类溶液中形成,其反应与化学氧化溶液的组成有关。氧化膜的主要组分都是 Al_2O_3。铝及其合金的化学氧化工艺流程:除油—水洗—出光—水洗—碱腐蚀—热水洗—冷水洗—出光—水洗—化学氧化—水洗—封闭填充—水洗—干燥。

8.3.3 阳极氧化

阳极氧化是指金属制件作为阳极在一定的电解液中进行电解,使其表面形成一层具有某种功能(如防护性、装饰性或其它功能)的氧化膜的过程(GB/T 3138—1995)。它通常用于有色金属,常见的是铝合金阳极氧化,镁合金、钛合金也常常采用此种方法进行表面防护和装饰。

铝及铝合金在硫酸、铬酸、草酸或混合酸中阳极氧化处理后,可得到几十微米至几百微米厚的多孔性膜,经在沸水或重铬酸钾等介质中封闭处理,膜层具有很好的耐蚀性、耐磨性和绝缘性。在未封闭前,还可利用氧化膜多孔的特点,给

阳极氧化膜染上各种颜色作表面装饰用。采用特殊的工艺，还能使铝及铝合金表面生成具有瓷质感的氧化膜，有很好的防护及装饰效果。常见铝及铝合金的阳极氧化种类、特性和应用见表 8-29。

铝及铝合金零件常用工艺流程为：抛光—装挂—脱脂—热水洗—冷水洗—碱蚀—热水洗—冷水洗—酸洗出光—冷水洗—阳极氧化—冷水洗—热水洗—封闭—热水洗—干燥—拆卸—检验—包装。

表 8-29 常见铝及铝合金的阳极氧化种类、特性和应用

名称	主要特性	产品设计时的选择
硫酸阳极氧化法	①阳极氧化工艺简便，溶液组成简单，成本低，能耗小，维护方便 ②溶液主要组分为硫酸，无重金属离子，易处理，基本无环境污染 ③氧化膜基本无色、透明，铝的纯度越高，透明度越好 ④调节硫酸浓度、电流密度、时间等工艺条件，可获得硬度和耐磨性高、耐蚀性好的氧化膜	①阳极氧化膜是基体金属直接参与反应生成并加厚的，其结合强度远高于其它镀层和涂层，氧化膜有一定的脆性，因此不宜用于承受较大变形后冲击的场合 ②化学稳定性较高，在大气环境中有极高的耐蚀性，但是在酸、碱、盐等介质中的耐蚀性相对较差 ③阳极氧化膜具有较高的硬度，甚至可接近于刚玉。一般纯铝膜（1200～1500HV）高于铝合金膜（300～600HV）。硬质氧化膜的耐磨性很高，有一定的耐蚀性，可用于磨损场合的铝合金零部件 ④阳极氧化膜的表面布满孔径约为 $0.1\mu m$ 的孔隙，对油、漆、染料、润滑剂等有很好的吸附能力，其中以硫酸阳极氧化膜最为显著。利用其高吸附性，可用于涂料的底层；也可以作为铝合金电镀的底层，提高涂料层、电镀层与铝基体的结合力 ⑤透明阳极氧化膜可以进行着色处理，表面呈现出各种艳丽的色彩，兼有防护和装饰功能 ⑥阳极氧化膜的熔点约为 2500℃，比电阻和介电常数较高，热导率较小，有着良好的电绝缘性和绝热性。可用作铝导体的耐热、绝缘膜，以及电解电容的介质膜 ⑦硫酸阳极氧化不宜用于孔隙大的铸件、点焊和铆焊的组合件
铬酸阳极氧化	①铬酸溶液对铝合金的溶解度小，膜层孔隙率极低，适用于尺寸精度要求高、表面粗糙度低，以及铸件、点焊和铆焊件等，但不宜用于 $w(Cu)>5\%$ 的铝合金 ②膜层较薄，比硫酸、草酸法氧化膜薄，一般为 $2\sim5\mu m$ ③铬酸氧化膜透明度较差，颜色呈灰白至深灰色，膜层难以着色 ④膜与基体结合力高，弹性高，但质软，耐磨性较差 ⑤膜致密性高，氧化后即使不封闭也能够使用 ⑥能耗大，成本高。由于溶液里含 Cr^{6+}，废液处理困难，对环境污染较大	
草酸阳极氧化	①适用于对硬度、耐磨性、绝缘性有较高要求的电力、仪表灯零件，以及食品容器等，但不宜用于厚度不足 0.6mm 的板材及有焊接接头的铝合金 ②草酸阳极氧化膜较厚，一般为 $8\sim20\mu m$，最厚可达 $60\mu m$ ③草酸对氧化膜的溶解度较小，孔隙率低，致密性高 ④调整氧化工艺，可获得银白色、黄铜色、草黄色、黄褐色等不同色泽的氧化膜，不必再进行着色处理 ⑤膜层硬度、耐磨性和耐蚀性优于硫酸氧化膜，而且具有较高的弹性、电绝缘、耐热和耐光性 ⑥用电量为硫酸阳极氧化的 3～5 倍，氧化过程易发热，需冷却装置，能耗大，成本高。草酸溶液的稳定性较差，有一定的毒性，操作人员的劳动条件较差	

8.3.4 金属的钝化

金属的钝化是指在一定溶液中使金属阳极极化超过一定数值后,金属溶解速率不但不增大,反而剧烈减小,这种使金属表面由"活化态"转变为"钝态"的过程称为钝化。由阳极极化引起的钝化为电化学钝化,而由溶液中某些钝化剂的作用引起的钝化则称为化学钝化(GB/T 3138—1995)。

钝化的主要作用是为了提高金属或覆盖层的装饰性、耐蚀性和耐磨性等,如对金属及合金氧化、磷化后的封闭、封孔处理等促进了耐蚀合金的防护作用,可以对化工设备实施阳极保护等。钝化膜的色彩非常丰富,有无色透明、乳白色、黄色、绿色、褐色、黑色等。

金属钝化的分类有很多种:按照钝化机理分类有化学钝化法、电化学钝化法、电化学阳极化法;按钝化液主要成分分类有铬酸盐钝化、钼/钨酸盐钝化、草酸盐钝化、有机酸钝化;按钝化处理方法分类有浸泡法钝化、喷淋法钝化、刷涂法钝化。笔者在此根据钝化液主要成分和金属材料的不同,列表 8-30,供读者参考。

表 8-30 常见金属的钝化种类、特性和应用

名称	主要特性	产品设计时的选择
钢铁的铬酸盐钝化	①钢铁的铬酸盐膜主要由 Cr^{3+} 和 Cr^{6+} 的化合物、金属的铬酸盐等组成,膜层致密,色彩丰富,与基体的结合力高,有良好的化学稳定性和耐蚀性 ②Cr^{6+} 的处理比较困难,而且对环境有较大的污染 ③对于不耐酸蚀的普通碳钢而言,钝化液可不添加酸,将零件直接浸入质量分数为 4%~6% 的重铬酸钠溶液中煮沸即可得到钝化膜。钢铁的钝化既可采用化学法,也可采用电化学法 ④不锈钢零件在脱脂、酸洗或去除表面污垢膜层后,通常需要进行钝化处理,不仅可以提高耐蚀性,还能美化外观,使表面具有均匀、光亮的银白色	①钢铁零件上的钝化膜一般没有磷化膜及氧化膜的厚,且防腐蚀性能差 ②钢铁的钝化处理通常作为其它表面处理的后处理工序,或用于工序间的防锈保护,很少单独作为表面防护使用 ③常作为镀锌层、镀镉层的后处理工序,以提高镀层的耐蚀性 ④多是用来封闭磷化层,增加防腐能力 ⑤用于保护金属在防腐施工前不再生锈,并提高漆膜的附着力
钢铁的草酸盐钝化	①钢铁在草酸盐溶液中也能形成可以改善防护性能的膜层,但是其耐蚀性比磷酸盐膜要低得多 ②高合金钢及不锈钢表面通常存在含铬、镍的氧化膜,该膜不溶于只含草酸盐的溶液。当对溶液加入四价硫化物等加速剂、氯化物或溴化物等活化剂时,合金表面氧化膜被去除,生成草酸盐膜 ③高合金钢在进行草酸盐钝化之前,可采取熔盐剥离法去除氧化膜,然后再进行脱脂、出光、预钝化等预处理	①钢铁零件的草酸盐钝化膜耐蚀性较差,不适宜用于表面耐蚀的场合 ②钢铁零件草酸盐钝化后,可作为涂装的前处理 ③草酸盐钝化主要用来提高合金钢及不锈钢线、管材冷塑性变形的润滑性能 ④钝化处理后,一般还需浸油或皂化处理

续表

名称	主要特性	产品设计时的选择
锌及锌合金的铬酸盐钝化	①对锌及锌合金或覆盖层进行钝化处理,能够在表面形成耐蚀性很好的保护膜,提高锌合金抵御外界侵蚀的能力 ②对锌合金的钝化还能提高表面的亮度,使表面获得黑色、军绿色、白色等不同的颜色,具有极好的装饰效果 ③锌及锌合金的高浓度(铬酸含量高于80g/L)铬酸盐钝化,有抛光作用,但成本较高、废液处理困难,污染较大 ④低浓度(铬酸含量低于80g/L)钝化,不具备抛光功能,但成本较低,污染也较小	①锌合金压铸件易受腐蚀,影响外观,危害力学性能,传统的法电镀或涂装无法满足精密的要求;通常要对其表面进行直接钝化处理 ②电镀锌及锌合金后一般都要作钝化处理,使其表面生成一层致密稳定性较高的薄膜,以大大提高其抗蚀性,增加表面光泽性和抗污染能力
铝及铝合金的铬酸盐钝化	铝及铝合金的钝化是为了进一步改善经化学氧化、阳极氧化后表面膜的致密性、耐污性、耐磨性和耐蚀性等	①用作铝合金的腐蚀防护;在航空工业和其它部门,还用来代替铝和阳极氧化膜用 ②用于铝及铝合金化学氧化后的钝化,阳极氧化后的钝化

金属与合金的传统钝化方法大多是铬酸盐钝化法,虽然能够得到质量较好的钝化膜,但是存在 Cr^{6+} 对环境污染的问题,因此,钼酸盐钝化、硅酸盐钝化、草酸盐钝化、钨酸盐钝化,钛酸盐钝化和稀土金属盐钝化等无铬钝化技术,近几年受到较大的重视,也取得了显著的进展,但是,现在无铬钝化膜还是存在色彩单调、防护性能不理想等问题。

参 考 文 献

[1] 初世宪,王洪仁编著. 工程防腐蚀指南设计·材料·方法·监理检测. 北京:化学工业出版社,2006.
[2] 成大先主编. 机械设计手册:第1卷. 第4版. 北京:化学工业出版社,2002.
[3] 李金桂主编. 腐蚀控制设计手册. 北京:化学工业出版社,2006.
[4] GB/T 3138—1995 金属镀覆和化学处理与有关过程术语.

第9章

机械产品设计中的热喷涂涂层体系

9.1 热喷涂原理与涂层体系

热喷涂是指在喷涂枪内或外将喷涂材料加热到塑性或熔化状态,然后喷射于经预处理的基体表面上,基体保持未熔状态形成涂层的方法(GB/T 18719—2002)。热喷涂涂层形成的基本过程一般需经历四个阶段,如表9-1所示。

表9-1 热喷涂涂层形成的基本过程

阶段	阶段名称	过程描述	说明
第一阶段	加热熔化	用线材或棒材作为喷涂材料,其端部进入热源高温区域,即被加热熔化并形成熔滴	粉末材料则是直接被送入热源高温区域,在行进过程中被加热至熔化或半熔化状态(软化)
第二阶段	熔滴雾化	在外加压气流或热源自身射流的作用下,使线材熔化形成的熔滴脱离线材,并雾化成更微细的熔滴加速向前喷射	对粉末喷涂材料而言,则没有雾化过程
第三阶段	微粒飞行	雾化或软化的微细颗粒首先被加速形成粒子流,然后再向前喷射飞行。随着飞行距离的增加,微细粒子流的运动速度逐渐减慢	粉末喷涂材料,直接在气流或热源射流作用下向前喷射
第四阶段	微粒撞击沉积	具有较高的温度和较快行进速度的微细粒子流以一定的动能冲向零件,与表面产生了强烈的碰撞,微粒的动能转化为热能并部分传递给零件,微粒在表面横向流动并产生变形,呈扁平状铺展并迅速凝固为薄片涂层;随后微细粒子流连续不断地运动并撞击零件表面,后形成的薄片通过已形成的薄片向零件或涂层进行热传导,逐渐构成了层状结构的涂层	粉末喷涂材料与其它材料相同

热喷涂涂层的结构是由无数变形粒子相互交错呈波浪式堆叠在一起而形成的

层状组织结构,小薄片间存在着夹杂物、孔隙、空洞等缺陷(图9-1)。涂层中缺陷的数量取决于热源、材料及喷涂条件,采用等离子弧高温热源、超声速喷涂以及保护气氛等可减少甚至消除涂层中的氧化物夹杂和气孔,改善涂层的结构和性能。热喷涂涂层的层状结构使涂层的性能呈现出明显的方向性,在垂直和平行涂层方向上的性能有显著的差异。对涂层进行适当的处理如重熔,既能够使层状结构转变为均质结构,还可以消除涂层中的氧化物夹杂和气孔。

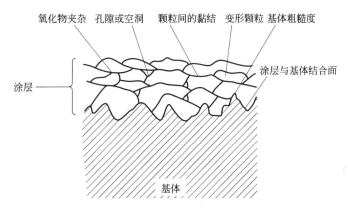

图9-1 热喷涂涂层结构示意图

一般情况下,热喷涂涂层不是单独使用,而是与填充材料或底漆/中涂/面漆配套使用,形成一个涂层体系,使其功能更强,应用范围更广。

热喷涂涂层(体系)的性能随着喷涂材料、喷涂方法、相关参数、被喷涂工件表面状态而变化,要根据应用环境进行选择。

9.2 热喷涂材料、工艺及设备

9.2.1 热喷涂材料

热喷涂材料品种很多,按化学组成与材料门类分可分为金属、合金、塑料、氧化物陶瓷和金属陶瓷复合材料等;按用途分可分为耐磨材料、减摩材料、耐蚀材料、耐高温热障材料、抗辐射材料、抗电磁屏蔽材料、超导材料等;按形态分可分为线材、棒材、粉末等。常用热喷涂材料的分类见表9-2。

表9-2 热喷涂金属覆盖层材料种类

材料类别	金属类别	金属品种
金属线材	有色金属	①纯金属:Zn、Al、Cu、Ni、Mo、Pb 等 ②合金:Zn-Al、Pb-Sn、Cu 合金、Ni 合金、巴氏合金等

续表

材料类别	金属类别	金属品种
金属线材	钢铁材料	①铁、普碳钢、低合金钢等 ②高合金钢、不锈钢、耐热钢等
	复合材料	①金属-金属：铝包镍、镍包合金等 ②金属-陶瓷：金属包碳化物、金属包氧化物 ③有机-金属：塑料包金属
金属粉末	纯金属	Zn、Al、Cu、Ni、Mo、W、Sn、Pb、Ti 等
	合金类	镍基合金（NiCrFe、NiCrSiFe、NiCrSiFeAl、NiCrBSiFe、NiCrBSiMoCu），钴基合金（CoCrWB、CoNiCr、CoCrWBFe），金属-铬铝铱合金（NiCrAlY、CoCrAlY、FeCrAlY），铁基合金（FeNiCrBSi、FeCrBSi、FeBCSi），不锈钢，铜合金（CuSn、CuPbSn、CuAl、CuNiPbB、CuNiAlSn、CuNiAl），铝合金，巴氏合金，Triballoy 合金等
复合物	包覆粉	镍包铝、镍包金属及合金、镍包陶瓷、镍包有机材料等
	团聚粉	金属＋合金、金属＋自熔性合金、金属陶瓷＋金属及合金等

9.2.2 热喷涂工艺及设备

(1) 热喷涂工艺的优点

① 热喷涂工艺应用范围广。不但适用于工程建设领域，而且适用于工厂各类产品的制造；不但适用于新产品在制造，还适用于老旧产品的维修；不但适用于一般要求涂层体系防蚀层，还可用于特殊功能金属覆盖层体系。因此，热喷涂工艺被广泛地应用在航空、船舶、水电、煤炭、冶金、机械制造、石油、化工、纺织等各个工业部门。

② 热喷涂工艺对被喷涂材料的适应性强。几乎所有材料表面均可采用热喷涂工艺获取覆盖层；在各种基体表面（金属、混凝土、有机体等）和任何形状、大小的构件上获取金属喷涂覆盖层。

③ 热喷涂工艺方法灵活多样。火焰气喷、电喷可以现场施工；既可大面积附着，又可局部修复。覆盖层厚度从几微米到几毫米可以人为控制。

④ 可与其它工艺组合形成复合功能覆盖层。

⑤ 生产效率高。大多数工艺可达每小时数千克，有的甚至高达 50kg。

(2) 热喷涂工艺的缺点

① 涂层结合力受到限制，一般为机械结合为主。

② 与电镀、热浸镀等表面涂层相比，热喷涂形成的涂层孔隙率高。

③ 小面积工件喷涂不经济。

④ 操作者劳动强度大。

⑤ 对环境有一定污染，且需要劳保用品保护操作工人。

(3) 热喷涂工艺

热喷涂一般工艺过程：工件表面预处理—工件预热—喷涂—涂层后处理。

表 9-3 常用热喷涂工艺设备及其技术特性

序号	工艺名称	原理	热源	使用设备	喷涂粒子速度/(m/s)	基体温度/℃	可喷基体尺寸/mm	应用范围/喷涂材料	经济特性
1	线材电弧喷涂	两根金属丝通电相近产生电弧丝熔化后,被压缩空气雾化喷射到基体	电弧(温度可达5000~6000℃)	由电源、喷枪、送丝机构、控制装置、压缩空气供给系统、油水分离器等组成	160~240	80~200	只适合大面积	主要用于防腐蚀、耐磨(各种金属合金线和导电复合线材)	效率高,能耗小,成本低
2	线材火焰喷涂	线材在氧气乙炔焰中熔融后,被环状压缩空气雾化,堆积在基体表面	氧气乙炔燃烧火焰(温度可达3100~3300℃)	主要由氧-乙炔供气系统、压缩空气控制系统、送丝机构和喷枪组成,氧-乙炔供气系统包括气源、流量和压力调节表、回火防止器及输气管线等	50~150	80~200	≥ϕ0.1	大构件防腐耐磨、耐腐蚀(Zn、Al、Zn-Al合金、Fe等)	效率高,能耗小,成本低
3	粉末火焰喷涂	金属粉末经过火焰中央熔融同时,加速喷射到基体表面	氧气乙炔燃烧火焰(温度可达3100~3300℃)	由氧-乙炔供气系统、喷枪等组成,喷枪与粉末喷涂的构造不同,需要压缩空气助力时,则必须增加压缩空气控制系统	30~50	80~200	≥ϕ0.1	主要用于防腐蚀、耐磨、抗氧化(各种金属粉和非金属粉末等)	操作方便,成本低
4	粉末等离子喷涂	以等离子弧熔化金属粉,并以高速喷堆至基体表面上	压缩电弧(温度可达30000℃)	常规等离子喷涂设备包括电源、喷枪、控制与检测装置、热交换系统、送粉装置、压缩气体接箱、喷涂及辅助装置、除尘装置、水电转接箱、喷涂及辅助装置、除尘装置、运动机构、通风与排气系统、涂室、连接电缆及软管等	200~350	控制在100~200	≥ϕ0.6	主要用于防腐蚀、耐磨、抗氧化(金属、陶瓷、复合材料)	成本较高

① 表面预处理　热喷涂之前基体材料表面必须有一定的清洁度及粗糙度。清洁的目的是除去工件表面的所有污垢、氧化皮、油漆及其它污物。粗化处理的目的是增加涂层与基材间的接触面，增大涂层与基材的结合强度。预处理好的工件要在尽可能短的时间内进行喷涂。

② 预热　预热的目的是消除工件表面的水分和湿气，提高喷涂粒子与工件接触时的界面温度，以提高涂层与基体的结合强度；减少因基材与涂层材料的热膨胀差异造成的应力而导致的涂层开裂。预热温度取决于工件的大小、形状和材质，以及基材和涂层材料的热膨胀系数等因素。

③ 喷涂　根据选用的喷涂材料、工件的工况及对涂层质量的要求等，选用合适的喷涂方法，如陶瓷涂层选用等离子喷涂，碳化物金属陶瓷涂层选用高速火焰喷涂，喷涂塑料选用火焰喷涂。

④ 涂层后处理　对于不能直接使用的喷涂涂层，必须进行后处理。如防腐蚀的喷涂涂层，为了防止腐蚀介质透过涂层的孔隙到达基材引起基材的腐蚀，对涂层进行封孔处理。对于承受高应力载荷或冲击磨损的工件，为了提高涂层的结合强度，要对喷涂层进行重熔处理（如火焰重熔、感应重熔、激光重熔以及热等静压等）。

常用热喷涂工艺设备及其技术特性请见表9-3。

9.3　产品设计与各种热喷涂类型的选择与应用

如何在产品设计中选择合适的热喷涂涂层体系，是产品设计工程师的主要工作，表9-4～表9-7供参考。如何制作出合合格的热喷涂涂层体系，则是热喷涂工程师的任务。

表 9-4　热喷涂在不同行业的应用举例

行业	产品设计时热喷涂应用参考
造纸机械	蒸锅、烘缸、烘箱内壁增寿强化修复；各种辊类表面强化和修复；离心泵、轴流泵、蒸汽锅炉、阀门及搅拌机转轴密封套等零部件修复；瓦楞辊表面强化
纺织	罗拉、导丝钩、剑杆织布机选纬指耐磨涂层；疏棉机打压辊、小压辊、锡麟辊、铸铁外盘、轧辊表面、给面罗拉轴、上斩刀传动轴、道夫轴；浆纱机通汽辊、烘房边轴平面结合处、浸染花篮轴、上浆辊轴头、主轴轴颈、导纱辊、压浆辊、回潮测湿辊、经轴轴颈、布纱机轴颈；加年级和拉断岌罗拉、大辊（黑辊）、整精机罗拉、导司机罗拉、热辊及分丝辊、导布辊、印花辊辊面及轴颈、线轮、摩擦盘（片）等耐磨涂层
印刷	印刷压印辊，陶瓷网纹辊、涂布辊、墨辊、印刷辊、水辊、牙垫、牙片等
冶金	高炉风口、渣口耐热耐蚀涂层；板坯连铸线的结晶器、导管和输送辊；钢铁和有色金属加工中的各种工艺辊；钢铁表面处理生产线的各种辊类（如连续退火炉炉辊、镀锌沉没辊及各种导向辊、张紧辊等）的耐磨、耐蚀和抗积瘤等涂层

续表

行业	产品设计时热喷涂应用参考
电力	球磨机、汽轮机转子和发电机转子轴颈、汽缸结合面修复；锅炉四管耐磨耐蚀涂层；水轮机叶片抗汽蚀及耐磨涂层；燃气轮机叶片、火焰筒、过渡段抗高温防护涂层；风机叶轮、球磨机等磨损件耐磨涂层；门芯、门杆、阀芯、阀门配件、阀座耐磨耐蚀涂层及锅炉相关设备部件强化修复
交通运输	各种磨损部位的耐磨涂层；汽车发动机机座、同步环、曲辊修复和预强化；齿轮箱轴承座、油缸柱塞、前后桥支撑轴、门架导轨、发动机主轴瓦座、摇臂轴、半轴油封位、销轴的磨损处的耐磨涂层；挖泥船耙头、防磨环、泥斗、绞刀片、铲齿、泥泵叶轮、船舶的艉轴、艉州铜套、偏心轴套、齿轮传动轴、泥泵水封颈、泥门、滑板、刮砂机刮板耐磨涂层等
化工	各种容器、反应器、管道、泵、阀及密封部件修复化；各种搪瓷罐、专用容器的现场修复；锅炉、空压机、水泵等零部件修复
玻璃行业	采用热喷涂的方法在提升辊、输送辊表面喷涂一层陶瓷，提高提升辊、输送辊对熔融玻璃的耐腐蚀能力，抑制辊面熔融液相的附着，减缓熔融玻璃对辊面的侵蚀，使辊面长时间保持光滑，减少提升辊、输送辊的维修保养，提高玻璃质量和生产成品率，降低生产成本
电工制线	采用超声速火焰喷涂工艺在拔丝塔轮、拉丝机、拉丝轮、线轮、拔丝缸、收线盘、导向槽等零件表面喷涂碳化物陶瓷涂层，可使表面硬度达到HRc75，远比磨具钢或冷硬铸铁的耐磨性高；还可使这些零件的基体采用普通钢材或铸铁制造，既降低成本，又延长使用寿命
市政	各类钢结构的热喷涂长效防护涂层、防腐、长效防腐，一次防护寿命可达30年以上
轻工	塑料模具喷涂强化修复；挤塑机螺杆和橡胶密炼机转子喷涂强化；各种辊类轴承位喷涂修复和强化

表 9-5 各类热喷涂涂层（体系）的特性

特性	热喷涂方法						
	超声速喷涂（HVOF）	爆炸喷涂	等离子喷涂	火焰喷涂	电弧喷涂	激光喷涂	线爆喷涂
涂层硬度 DPH300	1050	1050	750	<750			
涂层气孔率/%	0	<1	<2	>6	5~15		2~2.5
氧化物含量/%	<1	<1	<3	>3			
结合强度/MPa	70	70	56	10~30	10~50		30~60
涂层极限厚度/mm	1.5	一般为0.013~0.25	0.6	0.5	0.03~5	制造高超导薄膜	0.025~0.3
喷涂材料	金属、耐热合金、塑料	金属、耐热合金、陶瓷	金属、耐热合金、陶瓷	金属、金属、塑料（喷瓷）	金属（锌、铝、巴氏合金、青铜、钢、镍、铬、钼等）	从低熔点涂层材料到高熔点涂层材料	Mo、Ti、W、Al、碳钢、不锈钢、超硬质合金等
结合型式	半冶金	机械	机械(低压喷涂半冶金)	机械			

表 9-6　产品设计时热喷涂涂层体系的选择与应用参考

涂层类别		涂层特性	实例	推荐用喷涂材料
耐磨涂层	1. 软支承面涂层	软支承材料涂层，允许磨粒嵌入，也允许变形以调整轴承表面，需要充分的润滑	巴氏合金轴承、水压机轴承、止推轴承瓦、活塞导轨、压缩机十字头滑块等	铝青铜复合喷涂丝、磷青铜喷涂丝、铝铅复合喷涂丝、镍包二硫化钼复合粉
	2. 硬支承面涂层	具有高磨损性的支撑材料的涂层，耐黏着磨损，用于不嵌入性和自动调整的不重要的、润滑有限界的部位。通常应用于具有高载荷和低速度的场合	冲床的减振器曲轴、糖粉碎辊辊颈、防擦伤轴套、方向舵轴承、涡轮轴、主动齿轮轴颈、燃料泵转子等	铁、镍、钴基自熔合金，87%Al_2O_3+13%TiO_2复合粉，12%Co包碳化钨粉
	3. 抗磨粒磨损涂层(低温<540℃)	能经受外来磨料颗粒作用的涂层，因此，涂层硬度应超过磨料颗粒硬度	泥浆泵活塞杆、抛光杆衬套(石油工业)、吸油管连接杆、混凝土搅拌机的螺旋输送器、磨碎锤(烟草制品)、干电池电解槽等	铁、镍、钴基自熔合金，含碳化钨型自熔合金，Al_2O_3粉末，Cr_2O_3粉末，87%Al_2O_3+13%TiO_2复合粉
	4. 抗磨粒磨损(高温<540~815℃)	能经受外来磨料颗粒作用的涂层，同时必须在工作温度时有抗氧化性能		Co基自熔合金(使用温度高达816℃)、Ni+20%Al复合喷涂丝(使用温度<600℃)、Ni基自熔合金(<760℃)、Cr_2C_2+25%Ni-Cr混合粉末
	5. 抗摩擦磨损涂层(低温 540℃)	这种磨损发生于硬的表面或含有硬质点的软表面在硬软的表面上滑动的场合，涂层应比配对表面硬	拉丝绞盘、制动器卷筒、绳斗电铲、拔叉、插塞规、轧管定径穿孔器、挤压模、导向杆、刀片破碎机、纤维导向装置、泵压封、精密捣碎机和成型工具	铁、镍基自熔合金，含碳化钨型镍基自熔合金，12%Co包碳化钨粉末
	6. 抗摩擦磨损涂层(高温 540~815℃)	这种磨损发生于硬的表面或含有硬质点的软表面在硬软的表面上滑动的场合，但涂层在538℃以上至843℃以下温度范围内使用	锻造工具、热的破碎辊、热成型模具	钴基、镍基自熔合金，Cr_3C_2+自熔合金+铝化镍混合粉末，Cr_3C_2+25%Ni-Cr混合粉末
	7. 耐纤维和丝线磨损涂层(<538℃以下)	可抵制纤维和丝线以高速从金属表面掠过时所发生的磨损	张力闸阀、牵引辊、刻痕板输送枢轴、卷绕器杆、导丝轮按钮导引装置、丝导向槽、加热板、预张辊	Al_2O_3粉末，60%Al_2O_3+40%TiO_2混合粉末，87%Al_2O_3+13%TiO_2混合粉

续表

涂层类别		涂层特性	实例	推荐用喷涂材料
耐磨涂层	8. 耐微振磨损涂层（可预计的运动，表面疲劳磨损）	能抵制在一轨道上反复滑动、滚动或冲击所引起的磨损。反复的加载和卸载产生周期应力，从而诱发表面裂纹或表面下裂纹，最后导致表面破裂和大断片的损失（只发生在没有黏着磨损或磨粒磨损的情况下）	伺服电动机轴、车床和磨床的顶针、凸轮随动件、摇臂、活塞环（内燃机）、汽缸衬套	自熔合金+细钼混合粉，自熔合金+Ni-Al复合粉，Ni+20%Al复合丝，Ni+5%Al复合粉，含碳化钨型镍基自熔合金（35%WC），12%Co包碳化钨，87%Al_2O_3+13%TiO_2混合粉
	9. 耐微振磨损涂层（低温<540℃，不可预计的运动，表面疲劳磨损）	能抵制接触表面经受小振幅的振动位移时所引起的磨损。由于无可预计的运动进入系统，因此，此种磨损难于预防	飞机襟翼导向装置、伸胀接缝、压缩机防气圈、压缩机叶螺旋桨空气发动机部分和加强杆、中间翼展支承（螺旋桨叶片）	自熔合金和细钼粉混合物，自熔合金和Ni-Al复合粉，铝青铜喷涂丝，12%Co包碳化钨
	10. 耐微振磨损涂层（高温538～843℃，不可预计的运动，表面疲劳磨损）	能抵制接触表面经受小振幅的振动位移时所引起的磨损，但涂层在538～843℃的温度范围内使用	涡轮机气密圈、涡轮机气密环、涡轮机气密垫圈、涡轮机导流片调节板、涡轮机排气支承、涡轮叶片	钴基自熔合金。Ni-5%Al复合粉，Cr_3C_2+25%Ni-Cr混合粉
	11. 耐气蚀诱发的机械振动磨损涂层	耐液体流中气蚀诱发的机械振动所引起的磨损。最有效的涂层性能是韧性、高耐磨性和耐腐蚀性	水轮机耐磨环，水轮机叶片、水轮机喷头、柴油机汽缸衬、泵	自熔合金+Ni-Al复合粉，Ni+20%Al复合喷涂丝，316型不锈钢粉，铝-青铜喷涂丝，超细纯Al_2O_3粉
	12. 耐颗粒冲蚀涂层（低温，<540℃）	能经受通过气体或液体带，并具有一定速度的尖利而硬的颗粒的冲击所引起的磨损。冲击角小于45°时，涂层硬度是首要的；冲击角大于45°时，韧性是最为重要的	抽风机、水电阀、旋风除尘器、切断阀阀杆和阀座	铁、镍基自熔合金+细铜粉，铁、镍基自熔合金+Ni-Al复合粉，Ni+20%Al复合丝，含碳化钨型自熔合金，超细纯Al_2O_3粉末，纯Cr_2O_3粉末，12%Co包碳化钨粉末
	13. 耐颗粒冲蚀涂层（高温，540～815℃）	能经受通过气体或液体带，并具有一定速度的尖利而硬的颗粒的冲击所引起的磨损，但涂层能在538℃以上温度使用	排气阀座	钴、镍基自熔合金，自熔合金+Ni-Al复合粉，Ni+5%Al复合粉，Cr_3O_2+25%Ni-Cr混合粉
	14. 自润滑减摩涂层	自润滑性好，并有较好的结合性、间隙控制能力，常用于具有低摩擦因数的动密封零部件	用于550℃飞机发动机动密封件、耐磨密封圈及低于550℃时的端面密封（镍包石墨涂层），用于550℃以上动密封处（镍包二硫化钼），用作电触头材料及低摩擦因数材料（铜包石墨）	镍包石墨：润滑性好，结合力较高 铜包石墨：润滑性好，力学性能及焊接性能良好，导电性较高 镍包二硫化钼，自润滑自黏结镍基合金；自润滑、自黏结铜基合金；及其它包覆材料（聚酯、聚酰胺等）均为减摩材料，润滑性好 镍包硅藻土：可作为500℃以上高温减摩材料，耐磨、封严、动密封

续表

涂层类别		涂层特性	实例	推荐用喷涂材料
耐热、耐氧化、耐蚀涂层	1. 耐氧化气氛涂层	涂层必须能阻止大气中氧的扩散,具有比操作温度高的熔点,并能阻止本身向基体的迅速扩散	排气消声器、退火盘、热处理夹具、回转窑的外表面	80%Ni+20%Cr合金粉,Ni-Cr合金+6%Al复合粉,铝喷涂丝
	2. 耐热腐蚀气体涂层	能保护暴露在高温腐蚀气体中的基体材料,并可防止黏附氧化物或者脆性化合物的生成。这些涂层中某些涂层的耐冲蚀性比其它涂层更好	柱塞端部、回转窑的内表面、钎焊夹具、排气阀杆、氰化处理坩埚	80%Ni+20%Cr合金粉,Ni-Cr合金+6%Al复合粉,铝喷涂丝
	3. 耐工业大气涂层	能保护暴露在有烟尘和化学烟雾环境中的基体材料,能保护靠近海岸或其它含盐水物体环境的基体材料	所有类型的结构和构件钢、电的导线管、桥梁、输电线路的金属构件等	锌及锌合金喷涂丝,铝及铝合金喷涂丝(涂层表面若经有机封闭剂处理,可大大延长涂层寿命)
	4. 耐盐类气氛涂层	能保护靠近海岸或其它含盐水物体环境中的基体材料	高于水线以上的桥梁和船坞结构部分、储藏容器外壁、船的上层结构、栈桥、变压器表面	锌及锌合金喷涂丝,铝及铝合金喷涂丝(应选用适当的封闭剂处理表面)
	5. 耐饮用水涂层	能保护暴露于淡水中的基体材料,并不影响水质	淡水储器、高架渠、过滤机水槽、水输送管	锌喷涂丝(采用的表面封闭剂中不含铬酸盐等有害物)
	6. 耐非饮用淡水涂层	能保护非饮用的淡水(水温不超过52℃,pH值在5~10之间)中的基体材料	发电机厂引入线、浸渍在淡水中的结构装置、航行在淡水中的船身	锌及锌合金喷涂丝、铝及铝合金喷涂丝(可选用酚醛树脂、石蜡为封闭剂)
	7. 耐热淡水涂层	耐超过52℃的水温直到高达204℃的蒸汽,pH值在5~10之间	热交换器、热水储藏容器、蒸汽净化设备、暴露于蒸汽的零件	铝喷涂丝(涂层表面涂覆封闭剂)
	8. 耐盐水涂层	对盐水介质(如静止或运动着的海水或咸水)具有抗腐蚀性,但涂层必须正确使用密封剂	船用发动机的集油盘、钢体河桩和桥墩、船体	铝及铝合金喷涂丝(涂层表面涂覆底漆及防污漆)
	9. 耐化学药品和食品腐蚀的涂层	耐化学、药品(如石油、燃料或溶剂等)和食品的侵蚀,但不改变其化学组成及食品的味道	汽油类、甲苯等药剂的储罐、啤酒厂的麦芽浆槽、软饮料设备、乳品及制酪业设备、食品油储槽及糖蜜罐甘油槽内衬、木屑洗涤剂	铝喷涂丝(表面涂覆封闭剂)
导电涂层		电阻小,电流易于通过	电容器的接触器、接地连接器、避雷器、大型闸刀开关的接触面、印刷线路板等	纯铜喷涂丝,纯铝喷涂丝,银等

续表

涂层类别	涂层特性	实例	推荐用喷涂材料
绝缘（电阻）涂层	对电流有阻止作用,相当于绝缘体	加热器管道的绝缘,焊烙铁的焊接头	超细纯 Al_2O_3 粉末,87% Al_2O_3 + 13% TiO_2 复合粉
耐熔融金属涂层	能经受熔渣和溶剂的腐蚀作用,以及金属蒸气和氧的侵蚀。耐熔融锌,耐熔融铝,耐熔融铜,耐熔融铁和钢	镀锌浸渍槽、浇铸槽模具、风口、输出槽锭模风口、连铸用的模子	Al_2O_3 + 2.5% TiO_2 喷涂粉 底层:Ni-Cr 合金 + 6%Al 工作层:锆酸镁（MgO、ZrO_2）+ 24%MgO

表 9-7 钢结构的金属热喷涂涂层体系举例

室外使用环境	最初维修寿命	喷铝	喷锌	喷铝+封孔	喷锌+封孔	喷铝+封孔+涂料	喷锌+封孔+涂料	锌铝伪合金+封孔+涂料
					热喷涂层厚度/μm			
非污染内陆大气环境	20 年以上	160	160	120	120	120	160	100
	10～20 年	120	120	120	120	120	120	100
污染内陆大气环境	20 年以上	160	300	160	120	120	120	120
	5～20 年	120	160	120	120	120	120	100
非污染海岸大气环境	20 年以上	160	300	160	160	160	160	120
	10～20 年	100	160	120	120	120	120	100
	5～10 年	—	120	—	—	—	—	—
污染海岸大气环境	20 年以上	300	400	160	300	150	250	150
	10～20 年	160	300	120	160	120	160	120
	5～10 年	—	160	—	120	—	—	—
干燥建筑物内环境	20 年以上	120	120	100	120	100	120	100
	10～20 年	—	—	—	—	180	80	180
常结露和常湿环境	20 年以上	160	160	120	120	—	—	120
	10～20 年	120	120	—	—	—	—	—
淡水环境	20 年以上	160	200	—	—	160	120	120
	10～20 年	—	—	120	160	120	160	100
海水全浸环境	20 年以上	—	—	160	300	—	—	170
	10～20 年	—	300	—	200	160	200	130
	5～10 年	—	—	—	120	120	—	100
	5 年以下	—	120	—	—	—	—	—
海水飞溅区或经常性盐雾环境	20 年以上	—	—	160	300	—	—	100
	10～20 年	—	300	—	200	160	200	150
	5～10 年	—	160	—	120	160	—	—

9.4 热喷涂常用技术标准

热喷涂的有关技术标准见表9-8，如有需要可查阅标准原件。

表9-8 常用热喷涂技术标准

序号	标准编号	标准名称
1	ISO 14916:1999	热喷涂 抗拉结合强度的测定
2	ISO 14917:1999	热喷涂 术语、分类
3	ISO 14918:1998	热喷涂 热喷涂人员的资格考查
4	ISO 14920:1999	热喷涂 自熔合金的喷涂及重熔
5	ISO 14922.1:1999	热喷涂 热喷涂结构的质量要求 第1部分:选择和应用指南
6	ISO 14922.2:1999	热喷涂 热喷涂结构的质量要求 第2部分:全面质量要求
7	ISO 14922.3:1999	热喷涂 热喷涂结构的质量要求 第3部分:标准质量要求
8	ISO 14922.4:1999	热喷涂 热喷涂结构的质量要求 第4部分:基本质量要求
9	ISO/DIS 14923	热喷涂 热喷涂层的表征和试验
10	ISO /CD 17833	热喷涂 热喷涂层协调 任务和职责
11	ISO/CD 17835	热喷涂 金属零件和构件表面喷涂预处理
12	GB 18719—2002	热喷涂 术语、分类
13	GB 11375—1999	金属和其它无机覆盖层 热喷涂操作安全
14	GB/T 11373—89	热喷涂 金属件表面预处理通则
15	GB 8640—88	金属热喷涂涂层表面洛氏硬度实验方法
16	GB/T 11374—89	热喷涂 涂层厚度的无损测量方法
17	GB/T 8642—2002	热喷涂 抗拉结合强度的测定
18	GB/T 4956—2003	磁性基体上非磁性覆盖层 覆盖层厚度测量 磁性法
19	GB/T 1375—89	热喷涂 操作安全
20	GB/T 8923—88	涂装前钢材表面锈蚀等级和除锈等级
21	GB/T 12607—2003	热喷涂 涂层命名方法
22	GB/T 9793—2012	热喷涂 金属和其它无机覆盖层 热喷涂锌、铝及其合金
23	GB 9793—88	热喷涂 锌及锌合金涂层
24	GB 9795—88	热喷涂 铝及铝合金涂层
25	JB/T 8427—1996	钢结构腐蚀防护 热喷涂 锌、铝及其合金涂层 选择与应用导则
26	GB/T 3190—1996	变形铝及铝合金化学成分
27	GB/T 12608—2003	热喷涂 火焰和电弧喷涂用线材、棒材和芯材 分类和供货技术条件

续表

序号	标准编号	标准名称
28	TB/T 1527—2004	铁路钢桥保护涂装
29	GB/T 19352.1—2003	热喷涂　热喷涂结构的质量要求　第1部分:选择和使用指南
30	GB/T 19352.2—2003	热喷涂　热喷涂结构的质量要求　第2部分:全面的质量要求
31	GB/T 19352.3—2003	热喷涂　热喷涂结构的质量要求　第3部分:标准的质量要求
32	GB/T 19352.4—2003	热喷涂　热喷涂结构的质量要求　第4部分:基本的质量要求
33	HG/T 4077—2009	防腐蚀涂层涂装技术规范

参 考 文 献

[1] 秦技强,黄勇,谢学军,等.热喷涂技术在腐蚀与防护领域的研究及应用[J].腐蚀科学与防护技术,2003,15(1).

[2] 徐滨士,刘世参.表面工程新技术.北京:国防工业出版社,2002.

[3] HG/T 4077—2009 防腐蚀涂层涂装技术规范.

[4] 冯拉俊,雷阿利,曹凯博.1Cr18Ni9Ti 热喷涂层在含硫油品中的耐蚀性研究[J].西安石油大学学报,2004,19(3).

[5] 张津,孙智富.AZ91D 镁合金表面热喷铝涂层研究[J].中国机械工程,2002,13(23).

[6] 乔小平,李鹤林,赵文轸.Zn-Ni 合金防腐涂层技术研究进展[J].中国表面工程,2011,24(5).

[7] 廖相巍.电弧喷涂 NiCr 合金涂层的研究与应用[D].鞍山:辽宁科技大学,2007.

[8] 高湛,李华.冷喷锌防腐工艺研究[J].建材世界,2010,31(5).

[9] 魏世丞,徐滨士,付东兴,等.军用装备镁合金表面防腐蚀技术研究[J].装甲兵工程学院学报,2006,20(6).

[10] 宋雪曙.锌铝合金涂层与有机涂层的耐盐雾腐蚀性能对比研究[J].现代涂料与涂装,2009.

第10章
机械产品设计中化学热处理的应用

10.1 概念

化学热处理是将金属或合金工件置于一定温度的活性介质中保温,使一种或几种元素渗入它的表层,以改变其化学成分、组织和性能的热处理工艺。化学热处理既改变工件表面的化学组分,又改变其组织,可获得单一材料难以获得的性能或进一步提高工件的基本性能。通过一定的化学热处理工艺可以提高渗层强度及耐磨性能,提高抗氧化、耐高温、耐腐蚀性能等。

化学热处理的工艺过程一般是将工件置于含有特定介质的容器中,加热到适当温度后保温,使容器中的介质(渗剂)分解或电离,产生能渗入元素的活性原子或离子,在保温过程中不断地被工件表面吸附,并向工件内部扩散渗入,以改变工件表层的化学成分。

依据所渗入元素的不同,常用化学热处理方法及其作用见表10-1。

表10-1 常用化学热处理方法及其作用

处理方法	渗入元素	作用
渗碳及碳氮共渗	C 或 C、N	提高工件的耐磨性、硬度及疲劳极限
渗氮及氮碳共渗	N 或 N、C	提高工件的表面硬度、耐磨性、抗咬合能力及耐蚀性
渗硫	S	提高工件的减摩性及抗咬合能力
硫氮及硫氮碳共渗	S、N 或 S、N、C	提高工件的耐磨性、减摩性及抗疲劳、抗咬合能力
渗硼	B	提高工件的表面硬度,提高耐磨能力及热硬性
渗硅	Si	提高表面硬度,提高耐蚀、抗氧化能力
渗锌	Zn	提高工件抗大气腐蚀能力
渗铝	Al	提高工件抗高温氧化及含硫介质中的腐蚀能力
渗铬	Cr	提高工件抗高温氧化能力,提高耐磨及耐蚀性
渗钒	V	提高工件表面硬度,提高耐磨及抗咬合能力

续表

处理方法	渗入元素	作用
硼铝共渗	B、Al	提高工件耐磨、耐蚀及抗高温氧化能力,表面脆性及抗剥离能力优于渗硼
铬铝共渗	Cr、Al	具有比单一渗铬及渗铝更优的耐热性能
铬铝硅共渗	Cr、Al、Si	提高工件的高温性能

化学热处理过程分为分解、吸附和扩散三个基本过程:

第一步,分解。分解是指工件周围介质中的渗剂发生分解,产生被渗入元素的活性原子。渗剂一般是由含有被渗元素的物质组成的,渗剂中也可以包含催渗剂催化渗剂的分解。

例如: 渗碳时,$CH_4 \longrightarrow [C]+2H_2$

渗氮时,$2NH_3 \longrightarrow 2[N]+3H_2$

第二步,吸附。吸附是指活性原子被金属表面吸收的过程,其基本条件是渗入的活性原子可以与基体金属形成一定溶解度的固溶体,否则吸附过程无法进行。

第三步,扩散。扩散是指工件表面渗入活性原子后,活性原子在浓度梯度的作用下,发生迁移现象。在加热作用下,高浓度区的活性原子向低浓度区扩散,经过一定的时间,形成一定深度的渗入元素浓度分布的渗层。从扩散的一般规律可知,要使扩散进行得快,必须有大的驱动力(浓度梯度)和足够高的温度。

10.2 防腐蚀渗氮及氮碳共渗

钢铁件在一定温度的含有活性氮的介质中保温一定时间,使其表面渗入氮原子的过程成为钢的渗氮或氮化。根据不同要求,渗氮可分为如下几类(见表10-2):

表10-2 渗氮分类

分 类		说 明
按目的分类	强化渗氮	以提高工件表面硬度、耐磨性及疲劳强度等为主要目的进行的渗氮
	抗蚀渗氮	以提高工件表面抗腐蚀性能为主要目的的渗氮
按介质分类	气体渗氮	渗氮介质为气态
	液体渗氮	渗氮介质为液态
	固体渗氮	渗氮介质为固态
按设备分类	气体渗氮	把工件放入密封容器中,通以流动的氨气并加热、保温进行渗氮的工艺
	离子渗氮	在低真空(<2000Pa)含氮气氛中,利用工件(阴极)和阳极之间产生的辉光放电进行渗氮的工艺
	低压脉冲渗氮	低压脉冲渗氮炉内进行

① 防腐蚀渗氮 以提高工件表面防腐蚀性能为主要目的的渗氮。

② 氮碳共渗 在工件表面同时渗入氮、碳元素，且以渗氮为主的工艺方法，成为氮碳共渗。碳渗入后形成的微细碳化物能促进氮的扩散，加快高氮化合物的形成。这些高氮化合物反过来又能提高碳的溶解度。碳氮原子相互促进便加快了渗入速度。此外，碳在氮化物中还能降低脆性。氮碳共渗后得到的化合物层韧性好、硬度高、耐磨、耐蚀、抗咬合。

10.2.1 防腐蚀机理

简单地来讲，渗氮防腐蚀机理就是通过一定的方法和条件将氮通过分解、吸附、扩散过程渗入金属表面甚至内部，与金属作用形成一层渗氮层，此层抗渗透性、阻隔性优良，从而达到防腐蚀的目的。采用不同的渗氮方法，渗氮层形成的过程及机理有所不同。渗层中存在的 Fe-N 系中存在的相及其性能见图 10-1 和表 10-3。

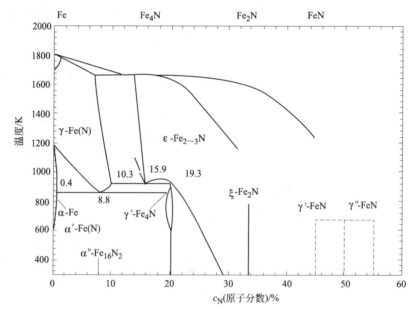

图 10-1 Fe-N 相图

表 10-3 渗层中各相及其性质

相	本质及化学式	晶体结构	主要性能
α	含氮铁素体	体心立方	具有铁磁性
γ	含氮奥氏体	面心立方体	仅存在于共析温度之上，硬度约为 160HV
γ′	以 Fe_4N 为基础的固溶体(Fe_4N)	面心立方	具有铁磁性，脆性小，硬度约为 550HV
ε	以 $Fe_{2\sim3}N$ 为基础的固溶体($Fe_{2\sim3}N$)	密排六方	脆性稍大，耐蚀性较好，硬度约为 265HV
ξ	以 Fe_2N 为基础的固溶体(Fe_2N)	斜方	脆性大，硬度约为 260HV

(1) 气体渗氮防腐蚀机理

① 渗氮介质中的反应　使用最多的渗氮介质是氨气。在渗氮温度时，氨是亚稳定的。其分解反应为：

$$NH_3 \longrightarrow \frac{1}{2}N_2 + \frac{3}{2}H_2$$

② 氮的吸附过程及铁表面的界面反应　第一步，氨被铁表面吸附的过程。由于吸附活化能一般比化学反应活化能低得多，故这一步速率较快，温度愈高速率愈大。

第二步，逐步脱氢的过程。当氨分子进入到铁表面原子引力场内时，就被铁表面吸附。实验证明这种吸附是一种化学吸附，在这种化学吸附作用下，削弱了氨分子中原来的N—H键，降低了N—H键破裂所需要的活化能。

第三步，经上述过程分解出来的活性氮原子被铁表面吸收后，将在铁表面进一步发生界面反应，在反应后这些氮或溶解于α-Fe点阵中形成固溶体，或形成ε、γ′等氮化物。

③ 氮的扩散过程　铁表面渗入氮原子后，表面和内部产生了氮的浓度差，造成了热力学上的不平衡，因此要发生宏观的氮原子的定向扩散。当铁在氮势恒定的气体介质中渗氮时，根据实验测定，表面的氮浓度并非立即提高到与气氛氮势相平衡的氮浓度，而是逐渐提高的。基本渗氮机理如图10-2所示。

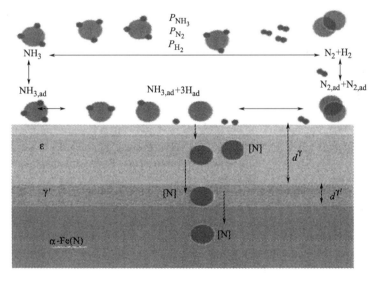

图10-2　基本渗氮机理

(2) 离子渗氮防腐蚀机理

当气体介质选用N_2或NH_3时，并且此时大气压小，向被加工试样与炉子间通入直流电压，激发辉光发电效应。由于在被加工试样表层几毫米间出现电压呈现迅速变小的现象，造成介质中的游离态原子往负极处聚集。当离子接近被处理工件的表面，由于此时电压急剧下降，从而强烈加速轰击被处理工件的表面。离子将其动能转变为了热能，使工件表面温度升高，并且此时气体中的一些离子直接地注入了被处理工件的表面，另一些离子则引起了阴极溅射，将工件表面的电子和原子轰击出来。因为电子作用将工件表面的 Fe 激发出，其与气体介质中游离态的 N 作用从而组成氮化铁。由于氮化铁受吸附和在表面上蒸发的作用，又因离子轰击以及高温的作用，其很快地转换为了价较低的物质而放出氮。因有一些金属原子变为了低价氮化物，其和气氛中的游离态 N 原子进一步作用，加速了氮化的进行。其形成过程如图 10-3 所示。

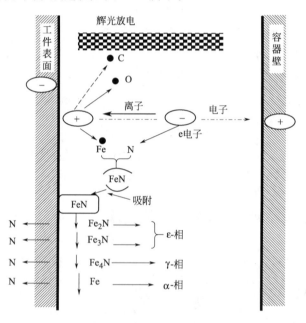

图 10-3 离子渗氮机理

(3) 氮碳共渗防腐机理

氮碳共渗机理与渗氮机理相似，随着处理时间的增加，基材表面氮浓度不断增加，发生反应扩散，形成白亮层及扩散层。氮碳共渗使用的介质必须能在工艺温度下分解出活性的氮、碳原子，当介质为氨气加放热式或吸热式混合气体时，发生如下分解反应，提供活性的氮、碳原子：

$$2NH_3 \rightleftharpoons 3H_2 + 2[N]$$

$$2CO \rightleftharpoons [C] + CO_2$$

由于碳的渗入，氮碳共渗表层的相要复杂一些。例如，当氮含量为 1.8%、碳含量为 0.35% 时，在 560℃ 发生 $\gamma \rightleftharpoons \alpha + \gamma' + z[Fe(CN)]$ 共析反应，形成 $\alpha + \gamma' + z$ 的机械混合物，最终实现防腐蚀作用。需要指出的是，碳主要渗入化合物层,而几乎不渗入扩散层。

10.2.2 渗氮的性能特点

(1) 渗氮处理后性能及特点

① 高硬度和高耐磨性　氮化后表面硬度的提高是一般淬火或渗碳淬火工艺达不到的。

② 较高的疲劳强度　由于渗层的固溶强化与弥散硬化,提高了渗氮层的强度,同时,在渗氮层中由于相变的比容变化产生了很大的残余压应力,使渗氮件疲劳强度显著提高,并且使工件的缺口敏感性降低。

③ 红硬性和抗咬合性　渗氮表面在500℃以下可长期保持较高的硬度,短期加热到600℃,其硬度仍不降低。故渗氮零件在短时间缺乏润滑或过热的条件下,具有较高的抗黏着、抗胶合的能力,较高的抗蚀性。渗氮后零件表面形成了一层致密且化学稳定性较高的氮化物层,显著地提高了材料的抗腐蚀性能,能有效地抵抗大气、雨水、水蒸气、苯、油污以及弱碱性溶液等的腐蚀。

④ 变形小　由于渗氮温度低,一般为480~580℃,零件心部无组织转变,所以氮化变形小,而且可按其变形的规律加以掌握和控制。

(2) 离子渗氮对比气体渗氮性能特点

① 可适当缩短渗氮周期。
② 渗氮层脆性小。
③ 可节约能源和氨的消耗量。
④ 对不需要渗氮的部分可屏蔽起来,实现局部渗氮。
⑤ 离子轰击有净化表面作用,能去除工件表面钝化膜,可使不锈钢、耐热钢工件直接渗氮。
⑥ 渗层厚度和组织可以控制。离子渗氮发展迅速,已用于机床丝杆、齿轮、模具等工件。

(3) 氮碳共渗性能特点

氮碳共渗不仅能提高工件的疲劳寿命、耐磨性、抗腐蚀和抗咬合能力,而且使用设备简单,投资少,易操作,时间短和工件畸变小,有时还能给工件以美观的外表。

10.2.3 渗氮的应用

(1) 适用范围

气体渗氮适用范围,离子渗氮适用范围,氮碳共渗适用范围见表10-4~表10-6。

表 10-4 常用渗氮钢种

标准	牌号	备注
GB/T 700《碳素结构钢》	Q235	适用于短时渗氮、抗蚀渗氮和奥氏体渗氮
GB/T 699《优质碳素结构钢》	08Al、10、15、20、20Mn、35、40、45、50	
GB/T 3077《合金结构钢》	18Cr2Ni4WA、20Cr、20CrMnMo、20CrMnTi20Cr2Ni4、25Cr2MoVA、25Cr2Ni4WA、30CrMnSiA、35CrMo、38CrMoAlA、40Cr、40CrMnMo、40CrNiMoA、42CrMo、50CrVA	可根据不同要求选择气体渗氮方法
GB/T 1299《合金工具钢》	Cr12、Cr12MoV、3Cr2w8V、5CrMnMo、5CrNiMo、4Cr5MoSiV1、4Cr5W2VSi	
GB/T 9943《高速工具钢》	W18Cr4V、W6Mo5Cr4V2	适用于短期渗氮
GB/T 1220《不锈钢棒》	12Cr13、20Cr13、30Cr13、95Cr18	渗氮后耐磨性提高,抗蚀性下降
GB/T 1221《耐热钢棒》	14Cr11MoV/42Cr9Si2、40Cr10Si2Mo、45Cr14Ni14W2Mo	

表 10-5 离子渗氮常用钢牌号

类别	牌号
合金结构钢	20MnV、20SiMn2MoV、25SiMn2MoV、37SiMn2MoV、15MnVB、20MnVB、40MnVB、20SiMnVB、15Cr、20Cr、30Cr、35Cr、40Cr、15CrMo、38CrSi、20CrMo、30CrMo、35CrMo、42CrMo、12CrMoV、35CrMoV、25Cr2MoVA、20Cr3MoWVA、38CrMoAl、20CrV、40CrV、50CrVA、15CrMn、20CrMn、40CrMn、20CrMnSi、25CrMnSi、30CrMnSi、30CrMoAl、30CrMnAl、30CrMnSiA、20CrMnMo、40CrMnMo、20CrMnTi、30CrMnTi、12Cr2Ni4、20Cr2Ni4、20CrNiMo、40CrNiMoA、45CrNiMoVA、18Cr2Ni4WA、25Cr2Ni4WA
不锈耐酸钢,耐热钢	1Cr17、1Cr13、2Cr13、3Cr13、7Cr17、1Cr8Ni9、0Cr17Ni7Al、1Cr5Mo、1Cr13Mo、4Cr9Si2、4Cr14Ni14W2Mo
合金工具钢	Cr12、Cr12MoV、Cr6WV、5CrMnMo、5CrNiMo、3Cr2W8V、4Cr5MoSiV1、4Cr5MoSiV
高速工具钢	W18Cr4V、W6Mo5Cr4V2
球磨铸铁	QT600-3、QT700-2

表 10-6 氮碳共渗常用钢牌号

类别及标准号	钢及铸钢牌号
《碳素结构钢》(GB/T 700)	Q195、Q215、Q235
《优质碳素结构钢》(GB/T 699)	08、10、15、20、25、35、45、15Mn、20Mn、25Mn
《合金结构钢》(GB/T 3077)	15Cr、20Cr、40Cr、15CrMn、20CrMn、40CrMn、20CrMnSi、25CrMnSi、30CrMnSi、35SiMn、42SiMn、20CrMnMo、40CrMnMo、15CrMo、20CrMo、35CrMo、42CrMo、20CrMnTi、30CrMnTi、400CrNi、12Cr_2Ni$_4$、12CrNi$_3$、20CrNi$_3$、20Cr_2Ni$_4$、30CrNi$_3$、18Cr2Ni4WA、25Cr2Ni4WA、38CrMoAl
《合金工具钢》(GB/T 1299)	Cr12、Cr12MoV、Cr6WV、5CrMnMo、5CrNiMo、3Cr2W$_8$V、4Cr$_5$MoSiV(H11)、4Cr$_5$MoSiV1(H13)
《灰铸铁件》(GB/T 9439)	HT200、HT250
《球墨铸铁件》(GB/T 1348)	QT500-7、QT600-3、QT700-2

(2) 渗氮工件的检测

气体渗氮工件检测：GB/T 18177—2008《钢件的气体渗氮》。
离子渗氮工件检测：JB/T 6956—2007《钢铁件的离子渗氮》。
氮碳共渗工件检测：GB/T 22560—2008《钢铁的气体氮碳共渗》。

10.3 QPQ 渗层

QPQ 原意是指淬火—抛光—淬火（quench-polish-quench）；是指将黑色金属零件放入两种性质不同的盐浴中，通过多种元素（实际主要是氮和氧）渗入金属表面形成复合渗层，从而达到使零件表面改性的目的。它没有经过淬火，但达到了表面淬火的效果，因此国内外称之为 QPQ。QPQ 的本质是盐浴渗氮和盐浴氧化的复合处理技术，在国内通常称为多功能盐浴复合处理。

10.3.1 QPQ 渗层防腐蚀机理

(1) QPQ 处理工艺流程

工件装卡—清洗—预热—渗氮—氧化—抛光（可选）—再氧化—清洗—干燥—浸油。QPQ 工艺处理流程见图 10-4。

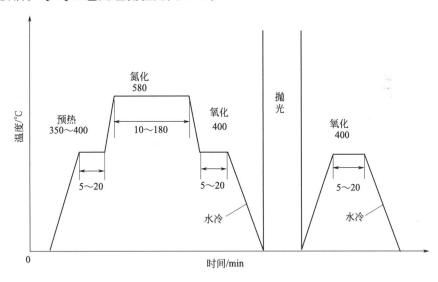

图 10-4 QPQ 工艺处理流程

(2) 各阶段过程机理分析

① 预热　工件在空气炉中进行 350～400℃ 的预热处理时，工件的表面会发生氧化反应，生成铁的氧化物：

$$2Fe + O_2 \longrightarrow 2FeO$$

研究表明，氧化物的生成不仅不会阻碍氮的渗入，反而会促进氮原子的渗入，其具体的化学反应是：

$$6FeO + 2[N] \longrightarrow 2Fe_3N + 3O_2$$

② 氮化　氮化是 QPQ 技术中的重要步骤。盐浴渗氮中的氮化是在盐浴条件下进行的，在工作温度下，氮化盐中的氰酸根会发生分解产生活性氮原子，氰酸根的分解以下两种反应进行：

$$2CNO^- + O_2 \longrightarrow CO_3^{2-} + CO + N_2 \quad \text{（烧损）}$$

$$4CNO^- \longrightarrow CO_3^{2-} + 2CN^- + CO + N_2 \quad \text{（分解）}$$

活性氮原子渗入工件表面形成化合物层和扩散层，化合物层和扩散层的中的主要物质为 Fe_3N 和 Fe_4N，其渗入反应为：

$$4CNO^- \longrightarrow CO_3^{2-} + 2CN^- + CO + 2[N]$$

$$3Fe + [N] \longrightarrow Fe_3N$$

$$4Fe + [N] \longrightarrow Fe_4N$$

在盐浴渗氮的过程中，氰酸根分解产生的 CO 会分解出碳原子渗入工件表面，但渗碳对工件性能较小，还是以渗氮为主。在大量工件盐浴渗氮的条件下，氰酸根含量会降低，可加入再生盐提高氰酸根含量。

③ 氧化　氧化工序可以分解工件从氮化盐中带出的氰根及氰酸根，消除公害，并在工件表面形成一层致密的 Fe_3O_4 氧化膜。Fe_3O_4 是 FeO 和 Fe_2O_3 的混合物，其反应如下：

$$2Fe + O_2 \longrightarrow 2FeO$$

$$4Fe + 3O_2 \longrightarrow 2Fe_2O_3$$

$$Fe + 4Fe_2O_3 \longrightarrow 3Fe_3O_4$$

④ 抛光、再氧化　抛光和再氧化工序的目的在于去除氮化层外面的疏松层，并进一步补充工件表面的氧含量，提高工件的耐磨性及耐蚀性，美化工件外观。

经 QPQ 处理后，氮元素渗入工件表面，形成化合物层，主要为 $Fe_{2\sim3}N$。该组织具有较好的耐蚀性和耐磨性，其耐蚀原理与渗氮相同。同时，最外层的氧化膜可同化合物层一起构成极好的抗蚀层，大大提升了综合耐蚀性。

10.3.2　QPQ 渗层性能及特点

① 良好的硬度及耐磨性　QPQ 能明显提高钢铁零件的表面的硬度和耐磨性。经 QPQ 处理后，低碳钢和低合金钢表面硬度可达 500HV 以上，工具钢与高速钢可达 1000HV 以上。

② 优秀的耐蚀性　经过试验，QPQ 在表面不浸油的情况下，经过 144h 中性盐雾试验，保护等级 $Rp \geqslant 9$ 级。

③ 产品处理以后变形小　由于渗氮温度较低，工件经 QPQ 处理处理之后几

乎没有变形产生。同时，QPQ渗层为内向渗入，不增加工件表面尺寸，对装配精度没有影响。

④ 相比气体渗氮和常规热处理，时间周期短　QPQ处理氮化周期通常不超过3h，大大短于气体渗氮。可有效节约时间和能源。

⑤ 无氢脆　相比镀锌，QPQ不存在氢脆风险，可用于承受载荷较大的零件（图10-5）。

图10-5　QPQ处理后的工件

10.3.3　QPQ渗层应用

(1) 适用范围

常用钢牌号见表10-7。

表10-7　常用钢牌号

类别	钢及铸钢牌号
碳素结构钢、低合金钢	20、45、T10、20Cr、40Cr 等
合金结构钢(GB/T3077)	6Cr2W8V、Cr12MoV、38CrMoAl、1Cr13-4Cr13
高速钢、奥氏体不锈钢	W18Cr4V、W6Mo5、Cr4V2、1Cr18Ni9Ti
铸体:各种灰口铸铁,可锻铸铁,球墨铸铁等	

该工艺对所有黑色金属材料均适用，从纯铁、低碳钢、结构钢、工具钢到各种高合金钢、不锈钢、铸铁以及铁基粉末冶金件。

QPQ可替代发黑、镀锌用于各类工件，特别适合用于承受较大载荷的外露件（如起重机臂架销轴等），可有效避免镀锌带来的氢脆风险，解决发黑件的易生锈问题。

此外，QPQ技术目前在国内广泛用于高速钢刀具、各种HSS钻头、齿轮刀具、各种模具、汽车零件（如气门、曲轴、凸轮轴、齿轮、气簧活塞杆等）、纺织机械、开关零件和各种阀门、轴类零件等，在枪械、石油管道等领域也得到了应用。

(2) QPQ 渗层的检测方法

目前，尚未有国家或行业标准明确 QPQ 工艺的检验方法。通常来说，QPQ 处理后工件要求如下。

① 外观　QPQ 处理后，要求工件表面颜色均匀一致，不得有明显的花斑、锈迹或发红。若对零件外观无具体要求，也可不做此项检验。

为检验工件表面渗层是否完整，可以采用质量分数为 10% 的 $CuSO_4$ 等含铜离子的水溶液，将其滴在工件表面。若工件某处有红色铜析出，则说明此处渗层不完整。

对于刀具等渗层较薄的工件，要求溶液滴在刀具非棱角处 10min 内不析出铜；对于一般的机械零件，规定 30min 内不得析出铜。

② 硬度检验　硬度试样制备：处理前用砂纸将测量面磨光，QPQ 处理后再用同样规格的砂纸磨至黑色外观消失，测量面出现金属光泽为止，然后在磨光面上测量硬度。试验初期应多次反复试验，若无特殊要求，检验结果以测量得到的最高硬度值为准。

当试样表面疏松情况较严重，无法确定疏松层是否已去除时，可以先将试样制成金相试样，在横截面上用金相显微镜观察疏松层情况，然后再用砂纸进行磨光。直到疏松层完全去除后，再测量试样表面硬度值。

QPQ 渗层硬度采用显微硬度法进行测量，通常使用 0.1kg 载荷。测量方法按照 GB/T 4340.1 标准执行。通常碳素钢和低合金钢要求 500HV 以上。

③ 渗层深度　一般来说，渗层深度指化合物层深度，氧化膜及扩散层深度不需检验。试样材料宜与工件相同，除不锈钢、耐热钢和铸铁外，其它材料也可用 45 钢制作通用试样替代。试样不得倒角，化合物层不得剥落。

通常试样可采用体积分数为 3%～5% 的硝酸酒精溶液进行腐蚀。腐蚀后按照 GB/T 11354 标准，采用金相法进行检验。要求通常结构钢件渗层 10～20μm，合金钢渗层 6～20μm。要求耐磨性高的工件建议取其上限值。

④ 渗层致密度　渗层致密度可采用检测渗层深度的金相试样进行检测，用 10kgf（1kgf=9.80665N，下同）载荷维氏硬度计加载 10s，卸除载荷后将压痕放大 100 倍测量。按照 GB/T 11354 中要求判定，脆性级别 1～3 级为合格。

⑤ 盐雾试验　盐雾试验时应去除表面覆盖的油，按照 GB/T 10125 标准中的中性盐雾试验（NSS）要求进行测试，测试时间为 144h。试验完毕后按照 GB/T 6461 进行评级，要求保护等级 Rp≥9 级。

10.4　渗锌

渗锌是一种将锌渗入工件表层的化学热处理工艺。渗锌根据工艺方法的不同,可分为浸扩散型和浸镀型两种。扩散型渗锌则完全由扩散层组成,如粉末渗锌工艺。热浸镀锌所获得的表面组织由扩散层和镀锌层组成,属于浸镀型渗锌。

粉末渗锌是一种铁素体状态的化学热处理,即在温度低于 A_{c1}(金属临界点温度)和基体无相变的条件下,将锌元素渗入钢铁(渗锌并不局限于钢铁件)工件表层,改变了表层成分、组织和结构,形成不同锌/铁比的金属间化合物。钢的渗锌层由表及里一般可形成各种不同的 Fe-Zn 相,显著提升了基体的耐蚀性能,基材不同形成的组织也有差异。而热浸锌在粉末渗锌的基础上,表面还有一层镀锌层,可作为牺牲阳极对基体材料进行保护。

热浸镀锌是将表面洁净钢铁浸入熔融的锌或锌合金熔液中获得渗锌层的表面化学热处理工艺。

(1) **粉末渗锌机理**

热扩散粉末渗锌过程属于化学热处理的范畴。它的原理是利用加热状态下金属原子的渗透扩散作用,在温度低于 A_{c1} 和基体金属没有相变的条件下,将锌元素渗入钢铁构件表面,形成不同 Zn-Fe 比例的合金保护层。利用热处理将一种金属扩散到另一种金属中,以获得合金成分的涂层,也称为钢铁材料"表面合金化"。

粉末渗锌表面合金化的主要目的是改善和提高钢铁构件表面的抗腐蚀、抗表面氧化及耐磨损等性能。

由渗镀原理可知,形成表面合金化渗层的基本条件是:①渗入元素必须与基体金属形成固溶体或金属间化合物,这主要取决于两种相互渗入金属元素的原子相对尺寸、原子间的化学亲和力、点阵类型及相对原子价等因素;②必须创造必要的工艺条件来实现要渗透金属元素与基体之间的直接紧密接触,即在一定加热温度条件下,利用化学反应来提供渗剂活性原子,这由生成活性原子化学反应的热力学条件所决定;③渗透扩散过程应具有一定的速度,这样在实际生产中才有使用价值,因此实际操作中加热到能产生显著扩散的温度是渗锌工艺必不可少的工艺条件。

根据金属学理论,影响金属固溶度、直接决定能否形成固溶体或金属间化合物的因素很多,主要有:①原子相对尺寸;②异种原子间的化学亲和力;③点阵类型;④相对原子价。但这 4 个因素不是同等重要的,其影响有时是一致的、相辅相成的;有时则是相反的。

(2) **渗层形成的过程**

① 渗剂分解,使渗入元素变为活性原子在渗锌中产生渗剂金属活性原子的方式依渗锌方法不同而异 归纳起来主要有以下几点:

第一,渗入元素的活性原子的产生是在保护气氛下靠加热所提供的热能来活化的,如电镀渗、喷镀渗、化学镀渗、电泳渗和不加活化剂的粉末包埋渗等,因此用这种方式提供的活性原子数量是有限的。

第二,渗入元素的活性原子的产生是靠高密度能量(如激光、电子束、离子束、电火花及太阳能)加热提高能量来活化的,因此得到的活性原子数目也多,有利于渗锌过程的进行。但采用这种方式的装置成本太高,操作复杂,工业生产上用得不多。

第三,在大多数情况下,渗入元素的活性原子是靠渗剂在基体金属表面上的化学反应产生的。为了增加渗剂的活性,降低反应所需的温度及缩短反应时间。

② 生成的活性原子被金属表面吸收——金属表面的化学吸附。

③ 活性原子的扩散过程 活性原子逐渐向基体的内部扩散。扩散速度除决定于浓度梯度外,还决定于原子的热运动,因此需要加热。但温度过高可能使基体金属的晶粒过分长大并引起脱碳现象,反而会导致基体性能下降。渗锌的扩散过程主要采取两种机理方式进行,即空位式机理和置换式机理。在置换型固溶体和空位型固溶体(金属间化合物)中,扩散机理通常为空位式;在置换型固溶体中也能按置换式机理进行扩散。

金属表面吸收活性原子后,在表面和内部组建之间产生了浓度梯度。在一定的温度下,原子向着低浓度方向扩散,从而形成一定厚度的渗层(扩散渗锌层)。在渗层中,表面层的浓度最高,离表层愈远,渗入元素的浓度愈低。渗入元素与基体金属组成的二元相图,对渗层的形成有着十分密切的关系。按渗层组织的特征,大体上分为单相渗层和多相渗层。

(3) **粉末渗锌处理后性能及特点**

① 优良的抗腐蚀性 粉末渗锌层的耐蚀性优于电镀锌。为了进一步提高其防护性能,渗锌后还可进行磷化处理和钝化处理。

② 无氢脆危害 由于渗锌是在较高温度下进行的,因此在前处理除锈过程中产生的氢在随后的溶剂、烘干及渗锌过程中逃逸掉了,因此几乎不产生氢脆。

③ 涂层的均匀性好,尺寸变化小 对于具有深孔、盲孔、凹槽、螺纹等形状复杂的零件均适用,且在渗锌过程中工件几乎没有变形,对工件的机械强度也没有影响。

④ 较高的表面硬度,提高了涂层耐磨性 渗锌件的耐磨性比镀锌层提高约30%,渗层与基体是冶金结合,厚度可以在很宽的范围内选择,不会造成结合力的降低,因而不会剥落,能起到很好的防护作用。

⑤ 工艺过程较简单 渗锌时劳动强度与普通热处理相当。

(4) **几种镀锌处理比较**

见表10-8。

表 10-8 电镀锌、热镀锌、热喷涂锌和热扩散粉末渗锌指标比较

技术指标	电镀锌	热镀锌	热喷涂锌	热扩散粉末渗锌
渗层厚度	$5\sim30\mu m$	$16\sim110\mu m$	$150\sim300\mu m$	$20\sim110\mu m$
厚度均匀性	较好	较差	差	好
表面状态	银白、表面光洁	银白色	银灰色	灰色或浅灰色
镀层特性	机械结合	冶金结合	机械结合	扩散冶金结合
硬度	100HV 左右	70HV 左右	70HV 左右	$200\sim450$HV
附着强度	4 级	3 级	3 级	1 级
氢脆性	有氢脆	较少氢脆	较少氢脆	无氢脆
耐腐蚀性	6 个月	$2\sim10$ 年	$5\sim15$ 年	$5\sim20$ 年以上
耐热性	差	较好	较好	好
尺寸变化	小	大	很大	小
螺纹	不咬牙	易咬牙	不适合	不咬牙

(5) 渗锌处理适用范围

粉末渗锌主要适用于钢制零部件，粉末冶金件，铸铁件和钢管、型钢等。热浸锌主要适用于钢带、钢板、钢丝、钢管和型钢等。

(6) 渗锌层的检验方法

渗锌工件的检验方法按照 JB/T 5067 标准执行。

参 考 文 献

[1] 苏红文. 真空渗氮工艺及渗氮层性能的研究 [D]. 大连：大连海事大学，2009.
[2] 中国机械工程学会热处理学会. 热处理手册 [M]. 北京：机械工业出版社，2008.
[3] 王俊. 08Al 钢的 QPQ 盐浴复合处理技术的抗蚀性研究 [D]. 武汉：武汉理工大学，2007.
[4] 徐文婷. 45 钢深层 QPQ 处理后抗蚀性规律及机理研究 [D]. 成都：西华大学，2012.
[5] 蔡文雯. QPQ、离子渗氮、气体渗氮耐蚀性研究 [D]. 成都：西华大学，2013.
[6] 李远辉. QPQ 技术对材料力学性能和抗蚀性影响的研究 [D]. 镇江：江苏大学，2007.
[7] 姜微微. SMAT 纯铁退火及渗氮行为研究 [D]. 沈阳：东北大学，2006.
[8] 云腾. 纯氮、氮-氢离子渗氮工艺和机理研究 [D]. 重庆：重庆大学，2002.
[9] 张晶. 热扩散涂层防腐技术研究 [D]. 天津：天津大学，2006.
[10] GB/T 22560—2008 钢铁件的气体氮碳共渗.

第11章

机械产品设计中锌铬涂层的选用

11.1 锌铬涂层概况

锌铬涂层（达克罗）是一种具有高防腐蚀性能的化学转化膜层，它是采用浸涂、刷涂或喷涂方法将含锌粉和铬酸的涂液涂在清洁和粗化过的工件表面上，然后经高温烧结成无机转化膜，形成以鳞片状锌和铝的铬酸盐为主要成分的防腐蚀涂层。锌铬涂层又称达克罗、达克乐、达克锈、达克罗涂层、达克曼等。

锌铬涂层技术是近年来发展起来的一种金属表面防腐新技术，当初是为汽车零部件的防腐蚀而出现的一种表面防腐涂层。20世纪60年代由美国DIAMOND SHAMROCK公司（现在的MCI）发明，于1973年在澳大利亚申请注册的一项技术专利，其英文名字叫DACROMET，音译为"达克罗"。至20世纪90年代，达克罗在欧盟、美国、日本已被广泛应用于汽车、桥梁、建筑、电力、船舶、铁路和家电等行业，且扩展到军工领域。由于其优异的耐蚀性和无氢脆性能，且处理过程中无废水排放等优点，已大范围替代了电镀技术。特别是汽车行业，美国、日本很多大的汽车公司都已形成了一定的生产规模。我国从1993年南京宏光空降装备厂首家从日本NDS公司DACROMET引进我国。最初该技术仅用于国防工业和国产化的汽车零部件，现已发展到电力、建筑、海洋工程、家用电器、小五金及标准件、铁路、桥梁、隧道、公路护栏、石油化工、生物工程、医疗器械粉末冶金等多种行业。

达克罗技术的整个生产工艺是一个封闭循环的处理过程，不经酸处理，无废水排出，且铬酸盐中的六价铬在烧结过程中大部分已转化为无毒的三价铬，对环境不会造成很大的污染，达克罗技术是一种防护效果良好、工艺简单方便且实用性强的金属表面涂覆技术。传统的达克罗技术与电镀锌相比环保程度高，但涂料中仍含有少量残余六价铬。近年来，发达国家开始在汽车、电子等产品中限制六价铬、铅、汞等有害物质的含量。欧盟于2003年1月通过RoHS指令，明确规定了6种有害物质的最大限量值，其中六价铬（Cr^{6+}）的最大允许含量为0.1%。出于对环保的考虑，选择合适的黏结剂和腐蚀抑制剂替代铬酸盐制成无铬涂层成为了国内外研发推广的重点。

达克罗涂层的最大优点就是具有极佳的防腐蚀能力，其耐蚀性能与传统的镀锌表面处理工艺相比可提高7～10倍。达克罗涂层主要由超细片状锌粉和铝粉在基体表面上形成有规则地横向叠加成膜，通过涂层中水溶性铬酸与有机还原剂在烧结时发生的氧化还原反应，生成具有黏结作用的无定形的复杂氧化物，使片状的锌铝粉相互黏结，并且涂料中的铬酸会使片状锌和钢铁基体氧化并生成凝胶状铬酸盐钝化膜，固化烘干后互相黏结使膜层具有牢固的附着力，从而形成了完整致密的涂层。达克罗与传统镀锌工艺比较见表11-1。

表11-1 达克罗与传统镀锌工艺比较

项目	性能	达克罗	镀锌
处理过程	环保性	良	差
	渗透性	优	中
	工艺稳定性	良	中
涂层性能	耐盐雾性	优	中
	耐热性	优	差
	耐候性	优	中
	无氢脆	优	中
加工价格		相近	

11.2 达克罗的防腐机理

达克罗膜层对于钢铁基材的保护作用可归纳为以下几点：

(1) 屏蔽作用

片状锌、铝规则地层状叠加，提高了抗渗性，降低了吸水率，阻碍了水、氧等腐蚀介质到达基材的进程，能起一种很好的阻隔效应。

(2) 钝化作用

在达克罗的处理过程中，铬酸与锌、铝粉和基体金属发生化学反应，生成致密的钝化膜，这种钝化膜具有很好的耐腐蚀性能。与镀锌板不同的是，镀锌板钝化只是在金属表面，而达克罗涂层是对整个涂层的金属粉进行全面钝化。

(3) 阴极保护

涂层中片状铝、锌粉紧密排列在基体表面。由于铝、锌的电位负于铁，当涂层受到局部破坏或有腐蚀介质浸入时,铝、锌作为阳极失去电子被腐蚀,基体作为阴极得到保护。

(4) 自修复作用

当钝化层破损时,涂层中残留的六价铬能够将金属粉末或基材表面重新氧化形成钝化膜,而使膜层划伤处得到自修复产生新的抗腐蚀能力。

11.3 达克罗涂层的特点

达克罗涂层具有一些其它表面防腐技术无法超越的优异性能,所以在许多行业得到了广泛的应用,但它亦存在一些不足之处,在应用过程中需要综合考虑,发挥优势,避免不足。

(1) 达克罗涂层的优点

① 具有极强的抗腐蚀性:达克罗涂层与其它涂(镀)层厚度相同的情况下其耐蚀性优于其它任何涂(镀)层(表 11-2)。

表 11-2 达克罗涂层与镀锌层盐雾试验对比

涂(镀)层	试验时间/h	试验结果
达克罗涂层	1000	涂层微变化(发灰),无红锈出现
镀锌彩色钝化 Cr(Ⅵ)钝化	100	严重白锈
	200	出现红锈
镀锌白色钝化	100	出现红锈

② 极好的耐热性 传统镀锌层经钝化处理,在较高的温度下会失去结晶水,70℃钝化层产生网状龟裂,200~300℃表面颜色变灰白,并逐渐产生锈蚀,耐蚀性能大大降低。达克罗涂层是在 300℃高温下烘烤固化的,在较高温度条件下使用,其外观色彩不会发生变化,耐蚀性下变。

③ 无氢脆 达克罗工艺处理过程中不进行任何酸处理,反应过程中没有氢析出,所以也不存在电镀时的渗氢现象,完全避免了氢脆现象,尤其适用于高强度紧固件和弹簧件。

④ 优异的渗透性 由于静电屏蔽效应,工件的深孔、狭缝,管件的内壁等部位难以电镀上锌,因此工件的上述部位无法采用电镀的方法进行保护。达克罗采用浸涂方式可使形状复杂及存在盲孔的零件及微孔内部都能浸上涂液,烧结后形成达克罗涂层。

⑤ 良好的再涂性能 达克罗涂层与其它附加涂层有很好的层间附着力,处理后的零件易于喷涂着色,与有机涂层的结合力甚至超过了磷化膜。

⑥ 适用于多种基体材料　达克罗涂层可以适用于钢、铸铁、铝及其合金、粉末冶金等多种材料的表面保护。粉末冶金件、铸铁件的电镀比较麻烦。粉末冶金件镀前要进行封孔处理等，处理不好，吸附到微孔内的酸、碱或其它化学溶液会从内至外地腐蚀镀锌层，从而降低镀锌层的耐腐蚀寿命。采用达克罗涂层则不存在这类问题。

⑦ 优异的耐候性　达克罗涂层对大气层的紫外线辐射、沿海等恶劣环境均有较强的抵抗能力，而且耐化学品腐蚀。

⑧ 具有良好的表面质量　经过达克罗涂覆的零部件呈亚光银灰色，美观大方，手摸后不会留下手印；表面划伤后，具有自愈合能力，若出现大面积的破坏，可以较方便的修补。

(2) 达克罗涂层的缺点

① 涂层硬度低　涂层较软，抗划伤能力差，不耐磨，不宜于运动和磨损条件下使用。

② 固化温度偏高　达克罗涂层需经过300℃烧结成膜，所以不适用于回火低于300℃的高强度零件；弹簧件在达克罗处理过程中，可能会出现弹簧定型处理温度低于涂层固化温度而导致变形的现象；另外，能耗大、成本高。

③ 涂层的附着力稍差　和电镀层相比，达克罗涂层划格试验时表现稍差，低于有机涂层，但作为突出防腐要求的零件，该附着力也能达到要求。

④ 涂层耐盐水、耐酸碱性稍差　达克罗涂层特别适用于湿度不高、无强酸强碱、非水介质的恶劣环境。在含盐量及含碱量高具有一定流速的水中，达克罗涂层的防腐蚀性低于镀镍层。由于锌及氧化物均和强酸碱发生剧烈反应，达克罗涂层无法应用于酸碱环境。为克服这种缺点，可在达克罗涂层外另涂一层耐酸碱的有机树脂涂层。

⑤ 涂层的导电性能不好　达克罗涂层的导电性不好，因此不适宜导电连接的零件，如电器的接地螺栓等。

⑥ 环保问题　传统的达克罗涂层中存在有害的 Cr(Ⅲ) 和 Cr(Ⅵ)，特别是 Cr(Ⅵ) 有毒，对环境产生影响，国内外已经拒绝含 Cr(Ⅵ) 达克罗涂料使用。

11.4　达克罗处理的工艺流程

达克罗涂料主要由金属锌粉、铝粉、还原剂、铬酐、助剂和去离子水等组成，如表 11-3 所示。

达克罗处理的工艺流程主要为：除油—机械抛丸—浸涂达克罗液—甩干—预热—高温烘烤—冷却—二次浸涂—甩干—预热—烘烤—冷却。

表 11-3 达克罗涂料的基本组成及作用

成分	质量分数/%	作　　用
片状锌片	15～30	屏蔽作用,自我牺牲,保护金属基体不受腐蚀
片状铝片	5～10	屏蔽作用,自我牺牲,保护金属基体不受腐蚀,抑制锌的腐蚀,改善涂层的色泽,提高耐热性
还原剂	0.5～1.5	参与还原反应
铬酐	1～3	钝化及铬化作用
表面活性剂	0.2～0.5	提高分散性,防止沉淀
助剂	1～2	分散、消泡、稳定剂
润滑剂	1～5	改善划伤性,调整摩擦系数
去离子水		溶剂,调整黏度

达克罗处理工艺的流程如图 11-1 所示,整个处理过程主要有三个重要的质量控制点,即前处理、涂覆、烘烤。

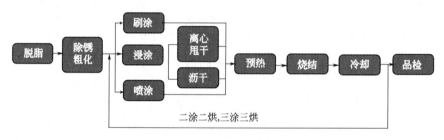

图 11-1 达克罗处理工艺的流程

前处理主要是除去零部件表面的油污、铁锈和氧化皮,提高膜层与基体的结合力。达克罗前处理中的除锈工序不像一般涂装前处理方法采用酸洗除锈,这是因为达克罗处理的工件大部分是高强螺栓螺母和高强冲压件,酸洗后会产生氢脆而影响产品质量。前处理的方法较多,如有机溶剂或碱性清洗剂脱脂、抛丸(直径 0.1～0.6mm)等。对于较为精密的零部件一般采用有机溶剂或碱性清洗剂脱脂的方法,而对于结构较为复杂的零部件,一般采用喷、抛结合的方式。前处理要尽量避免使用酸洗除锈,以防止产生氢脆。

涂覆达克罗涂料可采用浸涂、喷涂或刷涂工艺。浸涂工艺适用于标准件和小的工件,工件一般要浸液 10～20s,使六价铬和基材充分形成钝化膜;采用离心甩干时要正转反转各两次,每次 10～20s,对于特殊件工件采用夹具夹紧,难甩的零件可采用人工辅助沥干的方式,一定要保证零件上不能有积液、挂液、气泡、漏涂等。喷涂和刷涂一般用于大件,用于难浸涂、难离心甩干的零件。喷涂的涂层均匀,涂层较厚,结合力差但光洁度好,抗腐蚀性强但效率低,施工中要注意安全,喷涂时浆液的黏度要适当地降低。

达克罗涂料分为母液和基液(有的产品将达克罗液分为三种:主剂、架桥剂、增黏剂）。基液是由是极细的片状铝粉和锌粉组成，母液由酸及铬盐类组成。使用时将两者混合配制成槽液，槽液须连续循环或搅拌，防止基料沉降。达克罗涂料不易保存很长时间，应现配现用。配制时，槽液温度不宜过高（小于20℃），防止溶液自身发生反应。

经达克罗液浸渍处理后的工件经甩干，放置于不锈钢网带输送带上，对小的工件，需戴上手套，进行人工分理，要求工件间不互相粘连。对于较大的工件，例如地铁螺栓，须放置在专门的料架上，再将料架放在网带上入固化炉烘烤固化。固化温度为280～330℃，时间为25～40min。

达克罗涂料的固化通过烘炉烘烤烧结工序，经一系列反应变化形成达克罗涂层。固化分为两个阶段：①预热。温度控制在60～80℃，10min，此阶段中须注意升温不可过急，以避免涂层起泡，产生缺陷。工件缓缓升温，水分开始挥发，涂层经过流平后被固定在工件表面上。预热温度太低，水分等挥发不充分，工件到高温区水分急剧挥发，影响锌、铝层规则层状排列，最终涂层外观、附着力和耐蚀性变差。温度太高，水分挥发太快，不利于涂层流平，影响涂层的均匀性、附着力等。②烧结。烧结炉中的温度控制在工艺要求的范围内，不可过高或过低，固化温度决定了涂层在工件上的最终性能。温度太低，涂层中六价铬转化成三价铬不足，锌铝层间的三价铬网状结构不佳，有机组分炭化不充分，三价铬网状结构不合理，涂层附着力不佳，耐蚀性变差。温度太高，涂层中六价铬转化为三价铬太多，涂层中可溶性六价铬含量降低，涂层自我修复能力下降，同样也影响涂层的耐蚀性能。

11.5 达克罗涂层的选择

产品设计人员在进行达克罗涂层选择过程中，需要明确达克罗涂层的优势，但也要充分了解达克罗涂层不足之处。需要充分掌握零部件的工作环境、使用情况、使用寿命和环保要求，在此基础上选择合适的达克罗涂料，选择合适防护等级，并在设计中进行相应的标注，确定达克罗的涂装工艺。

11.5.1 涂料的选择

在达克罗防腐涂层应用中，首先是达克罗涂料的选择。达克罗涂层的防护性能与达克罗涂料存在直接的关系，只有正确选择合适的涂料才能保证满足基材的防护要求。达克罗涂料的品种和牌号很多，虽然这些达克罗涂料的基本组分相同，但是不同厂家和牌号在性能却存在一定的差异，而生产厂家对自己涂料配方进行严格保密，导致性能上存在一些差别，见表11-4。因此，在进行达克罗涂层设计过程中，需要根据产品零部件要求了解现在应用的成熟达克罗产品，并在

表 11-4 美国 MCI 公司的达克罗涂料及性能

牌号	黑光下的荧光颜色	中性盐雾/h	循环盐雾/次	耐有机溶剂	耐高温（持续）/℃	耐高温（间断）/℃
DACROMET 320	紫色	500	80	优	288	315
DACROMET 320 HS	紫色	1000	80	优	288	315
DACROMET 500 A	紫色	500	80	优	288	315
DACROMET 500 B	紫色	1000	80	优	288	315
DACROMET 320 P	橘黄色	1000	80	优	315	426
DACROMET 320 ML		1000	80	优	315	426
DACROMET 320 L	绿色	1000	80		315	426
DACROMET 320 XL	蓝色	1000	80		315	426
DACROMET 320 PB		1000	80	差	182	182
DACROBLACK 105		500	80	良	182	182
DACROBLACK 107		500	80	差	121	121
DACROBLACK 127		500	80	良	182	182
DACROBLACK 135		500	80	良	182	182
DACROLUB 15		500	80	优	315	315
DACROLUB 10		500	80	优	315	315
DACROMET ID		500	80	良	182	182
DACROMET T	绿色	500	80	差	150	150
DACROMET LTX	紫色	500	80	良	182	182
DACROSILVER 100		1000	80	良	182	182
GEOMET	紫色			优	288	315
GEOMET P	橘黄色	720	80	优	315	426
GEOMET ML		720	80	优	315	426
GEOMET L	绿色	720	80	优	315	426
GEOMET XL	蓝色	720	80	优	315	426
GEOBLACK 117		480	60	良	182	182
GEOBLACK 137		480	60	良	182	182
GEOBLACK 147		720	60	良	182	182

设计文件中明确涂料的种类，才能保证达克罗涂层技术应用的有效性。

由于含铬达克罗涂料会对水源、土壤、空气造成污染。美国环保署（美国国家环境保护局）在1997年修正并颁布了汽车防蚀涂镀施工严格限制或使用铅、汞、镉、六价铬及有机溶剂的VOC法规。欧洲议会在1999年通过《报废汽车及其配件监管条例》规定限制使用有毒害物铅、汞、镉、六价铬的含量，尤其每辆汽车的六价铬不得超过 2g。在这种形势下，美国 MCI 公司已成功推出的 GEOMET（久美特）技术，并已标准化、系列化，从外观而言，已形成黑色、透明、蓝色系列。该技术使用的涂料采用水性有机硅作为金属防腐蚀保护膜的黏结物质，不含 Cr^{3+}、Cr^{6+} 及重金属，涂料的生产、涂装及最终成膜物质都不会对环境造成污染，对基材的防护效果为电镀锌、热镀锌的 5～7 倍。若选用与之配套的水性封闭剂，可使其盐雾试验时间，达到 1500h 以上。无铬达克罗技术还有德国的德尔肯（DELTA-MKS）和美国的美加力（MAGNI）系列产品。

11.5.2 防护等级

达克罗涂层的抗腐蚀性除了与涂料的选择有关，也与涂层的厚度有关，厚度越大耐腐蚀性能越好（图 11-2）。在设计过程中选择合适的防护等级，即涂层的厚度等级。涂层厚度的选择与设计要求相关，同时也要考虑达克罗涂装的工艺过程，不能随意的指定厚度。根据现有的应用状况和国内的相关标准，将达克罗的防护等级分为 4 类，如表 11-5 所示。根据防腐蚀要求和应用环境，确定达克罗涂层的防护等级以及工艺过程。

图 11-2 达克罗涂层示意图

表 11-5 达克罗的防护等级

防护等级	$\rho_{覆盖}$ /(g/m²)	膜厚 /μm	工艺	红锈/h	使用环境	用途
1	7	2～4	一涂一烘	120	一般	特殊情况下
2	16	4～6	二涂二烘	240	一般/恶劣	一般构件、结构件、标准件
3	20	6～8	二涂二烘	480	恶劣	汽车用
4	30	8～10	三涂三烘	1000	恶劣/海洋	重防腐用

以美国的 MCI 产品为例，对要求不是很高的零部件，采用达克罗单涂层，可以选 DACROMET 320、DACROMET 320 HS 以及低达克罗 DACROMET 320 LC。在 DACROMET 320 基础上改进的具有低摩擦、高防腐的 DACROMET 500（分 A 和 B 两个等级，A 级用于单涂覆工艺，B 级用于两次涂覆工艺）。对要求较高的零部件，一般采用达克罗双涂层工艺。达克罗涂层的选择可参考表 11-6 和表 11-7。

表 11-6 含铬的达克罗涂层体系及性能

涂层系统		颜色	最少涂覆厚度/μm	最少涂覆量/(g/m²)	转矩系数[①]			摩擦系数[①]
底涂层	面涂层				PS5873L	USCAR	GM9064	DIN946
紧固件、小件涂层体系								
DACROMET 320	无	银灰	5	20	0.28	0.24	0.25	0.21
DACROMET 500A	无	银灰	6	24	0.19	0.18	0.18	0.15
DACROMET 500B	无	银灰	9	36	0.19	0.18	0.18	0.15
DACROMET 320 P	PLUS	银灰	6	22	0.21	0.21	0.20	0.16
DACROMET 320 ML	PLUS ML	银灰	7	24	0.18	0.18	0.17	0.13
DACROMET 320 L	PLUS L	银灰	6	22	0.15	0.15	0.13	0.11
DACROMET 320 XL	PLUS XL	银灰	7	24	0.10	0.10	0.09	0.08
DACROBLACK 107	DACROKOTE 107	黑色	8	23	0.14	0.13	0.12	0.10
DACROBLACK 127	DACROKOTE 127	黑色	9	25	0.16	0.15	0.14	0.11
DACROBLACK 135	DACROKOTE 135	黑色	9	25	0.28	0.24	0.23	0.21
DACROLUB 15	DACROLUB15	绿、蓝、透明	6	23	0.21	0.23	0.22	0.15
DACROLUB 10	DACROLUB 10	绿、蓝、透明	6	23	0.15	0.17	0.15	0.11
DACROMET ID	ID Topcoat	红、绿、黄、蓝	7	22	0.22	0.18	0.17	0.15
DACROMET T	Torque CAH	绿色	6	22	0.17	0.16	0.15	0.13
DACROSILVER 100	SILVERKOTE 100	银灰	7	22	0.21	0.21	0.20	0.16
非紧固件、大件涂层体系								
DACROMET 320	无	银灰	5	20				
DACROMET 320HS	无	银灰	10	36				
DACROMET 320 P	PLUS	银灰	6	22				
DACROMET 320 L	PLUS L	银灰	6	22				
DACROMET 320 PB	PLUS BLACK	黑色	10	30				
DACROBLACK 105	DACROKOTE 105	黑色	9	25				
DACROBLACK 107	DACROKOTE 107	黑色	8	23				
DACROBLACK 127	DACROKOTE 127	黑色	9	25				
DACROBLACK 135	DACROKOTE 135	黑色	9	25				
DACROKOTE 50	DACROKOTE 50	银灰	7	22				
DACROMET LTX	LTX Clear	银灰	8	35				

① 测试条件为 PS-5873L：M10 达克罗涂覆的螺栓，未涂覆的螺母；GM9064-P：M10 达克罗涂覆的螺栓，镀锌垫圈，镀锌螺母；USCAR：M10 达克罗涂覆的螺栓，普通垫圈，镀锌螺母；DIN946：M10 达克罗涂覆的螺栓，未涂覆的螺母。

表 11-7 无铬的达克罗涂层体系及性能

涂层系统		颜色	最少涂覆厚度/μm	最少涂覆量/(g/m²)	转矩系数[①]			摩擦系数[①]
底涂层	面涂层				PS5873L	USCAR	GM9064	DIN946
紧固件、小件涂层体系								
GEOOMET 500A	无	银灰	6	25				0.15
GEOOMET 500B	无	银灰	9	36				0.15
GEOMET P	PLUS	银灰	10	32	0.21	0.20	0.20	0.16
GEOMET ML	PLUS ML	银灰	11	35	0.18	0.18	0.17	0.13
GEOMET L	PLUS L	银灰	10	32	0.15	0.15	0.13	0.11
GEOMET XL	PLUS XL	银灰	11	35	0.10	0.10	0.09	0.08
DGEOBLACK 117	DACROKOTE 117	黑色	10	32	0.21	0.21	0.20	0.16
GEOBLACK 137	DACROKOTE 137	黑色	10	32	0.18	0.18	0.17	0.13
GEOBLACK 147	DACROKOTE 137	黑色	10	32	0.15	0.15	0.13	0.13
非紧固件、大件涂层体系								
DGEOMET	无	银灰	每种规格不同					
GEOMET P	PLUS	银灰	10	32				
GEOMET L	PLUS L	银灰	6	32				

① 测试条件为 PS-5873L：M10 达克罗涂覆的螺栓，未涂覆的螺母；GM9064-P：M10 达克罗涂覆的螺栓，镀锌垫圈，镀锌螺母；USCAR：M10 达克罗涂覆的螺栓，普通垫圈，镀锌螺母；DIN946：M10 达克罗涂覆的螺栓，未涂覆的螺母。

11.5.3 设计标注

达克罗技术在应用过程中存在不规范问题常常导致生产过程的随意性和质量的不可控性，所以在应用设计时进行规范化非常有必要，通过设计标注表达设计意图，保证设计、生产和质量控制的有效性。达克罗技术的应用通常在产品图纸中明确，为了保证达克罗技术应用的有效性，设计标注内容通常需要包含达克罗涂料的类型、防护级别和涂层的质量要求。

达克罗技术应用标注内容主要由三个方面组成：①质量标准号（质量要求）；②防护等级（厚度要求）；③涂料类型（涂料代号）。

按 GB/T 18684 标准要求的达克罗防护，级别选择 2 级，涂料类型 Delta-Tone，则达克罗技术的设计标注内容可以表述如下：零件进行达克罗处理，按 GB/T 18684 标准采用 Delta-Tone 溶液对零件进行表面防护，膜厚为 $4\sim6\mu m$。

另外根据日本 JDIS K 5311《锌/铬酸盐复合涂层》，根据涂覆次数和用途不同，标准将涂层分为 3 个种类、4 个级别，标注如表 11-8 所示。

表 11-8　日本达克罗设计标注

标注	种类	级别	固化次数	用途
DMF 1C-1	1 种	1 级	一涂一烘	特殊用途
DMF 2C-1	2 种	1 级	二涂二烘	小螺纹用
DMF 2C-2	2 种	2 级	二涂二烘	汽车使用
DMF 3C-1	3 种	1 级	三涂三烘	重防腐用

除国家标准外，汽车行业也根据自身特点制定了相应的标准（表 11-9），在设计时根据设计的对象参考相应的标准。

表 11-9　达克罗涂层和无铬锌铝涂层在各汽车行业适用的标准

项目	达克罗涂层	无铬达克罗涂层
VW 大众	TL 245—98 TL 193	TL 245—2002 TL 233、TL 242、TL 265V、TL 244、TL 196、TL 193A
GM 通用	GM 6173	GM 00255、GME 00252、GMW 3359、GM 7111M、GM 7114M
神龙	B15 3312、B15 3310	
本田	HES D 2008—79	HES D 2008—03
BMW 宝马		GS 90010　N 60000
Fiat 菲亚特		95、75、12
Ford 福特		WSD M21 P10、WSS-M21 P42、WSD M21 D11
Bosch		80000/3+4　Y265　F21056/1

11.6　达克罗涂层的检验

(1) 外观

在自然折射光下，用肉眼进行观察。达克罗涂层的基本色调应呈银灰色，经改性也可以获得其它颜色，如黑色等。达克罗涂层应连续、无漏涂、气泡、剥落、裂纹、麻点、夹杂物等缺陷，涂层应基本均匀，无明显的局部过厚现象。涂层不应变色，但是允许有小黄色斑点存在。

(2) 涂敷量

溶解称重法：质量大于 50g 试样，采用精度为 1mg 的天平称得原始质量 W_1(mg)，将试样放入 70~80℃ 的 20% NaOH 水溶液中，浸泡 10min，使达克罗涂层全部溶解。取出试样，充分水洗后立即烘干，在称取涂层溶解后的试样质量 W_2(mg)。量取并计算出工件的表面积 S(dm²)，按下列公式计算出涂层的涂覆量 W(mg/dm²)：

$$W=(W_1-W_2)/S$$

(3) 涂层厚度

采用磁性测厚仪进行多点测量求平均值的方法，具体按 GB/T 4956—2003《磁性基体上非磁性覆盖层 覆盖层厚度测量磁性法》要求进行或按 GB/T 6462 要求采用金相显微镜法检测涂层的厚度或测定涂层厚度可。

(4) 附着力

胶带试验方法检测达克罗涂层与基材的附着力。胶带试验按 GB/T 5270—2005 要求进行。试验后涂层不得从基体上剥落或露底，但允许胶带变色和黏着锌、铝粉粒。

(5) 耐水性能

将试样浸入 $40℃±1℃$ 的去离子水中，连续浸泡 240h。将试样取出后在室温下干燥，再进行附着力测试，试验结果应达到附着强度试验的要求。附着强度试验应在试样从去离子水中取出后的 2h 之内进行，进行耐水性试验后，涂层不得从基体上剥落或露底。

(6) 盐雾试验

耐盐雾性能试验按 GB/T 10125—2012 要求进行。涂层经盐雾试验后，按涂层上出现红锈的时间从 120h 到 1000h，分为 4 个等级。

(7) 湿热试验

湿热试验在湿热试验箱中进行，湿热试验箱应能调整和控制温度和湿度。将湿热试验箱温度设定为 $40℃±2℃$，相对湿度为 $95\%±3\%$，将样品垂直挂于湿热试验箱中，样品不应相互接触。当湿热试验箱达到设定的温度和湿度时，开始计算试验时间。连续试验 48h 检查一次，检查样品是否出现红锈。两次检查后，每隔 72h 检查一次，每次检查后，样品应变换位置。240h 检查最后一次。标准中规定，只对 3 级和 4 级涂层进行耐湿热试验，要求涂层在 240h 内不得出现红锈。

(8) 相关标准

美国 GM 6173-M《铬酸盐/锌/有机型耐蚀保护型涂层》；美国军事标准 MIL-C-87115《浸入锌片/铬酸盐分散涂层》；德国 TL-245《非电解锌层表面保护要求》；德国大众公司 TL-233 标准《非电解方法带有面层的锌铝覆盖层表面防护要求》；日本 JDIS K 5311《锌/铬酸盐复合涂层》；日本丰田汽车公司 HES D 2021—1999《金属防腐涂层》；日本丰田汽车公司 HES D 2008—79《防腐保护膜品质试验规格》；日本日产汽车公司 NESM4601E2006—13《日产技术标准规格》；日本富士重工公司 430-9-4《达克罗处理层 品质基准》；日本 MAZDA 公司 MES CG311C《铬酸含有锌涂层》；法国雪铁龙、标致公司 8153312 车辆标准《重铬酸盐锌片涂层》；日本铃木自动车技术规格 SES D 2204《达克罗涂层》；意大利依维柯公司 18-1101《锌、铝、铬或有机物质的化学防腐覆盖层细则》；美国福特 WSD-M21P 13-Al/A3 标准；瑞典沃尔沃公司 STD 5752 标准；德国宝马公司 BMW N60000.0 标准。

11.7 达克罗工艺的应用

(1) 汽车摩托

对于高速运行的车辆，其零部件要求稳定性好、防热、防潮及防蚀性能高，目前，上海大众的几十种零部件均采用了该技术，一汽大众、上海通用、广州本田、武汉神龙等汽车公司的很多部件均选用达克罗进行涂覆加工。

(2) 电子电器

家用电器、电子产品、通信器材等产品的零部件，对表面处理性能要求较高，采用达克罗处理可以代替传统的镀锌工艺，从而提高产品质量及寿命。上海华通开关厂、西安高压开关厂等企业均采用了达克罗工艺处理金属部件及电器开关柜。

(3) 地铁隧道、轻轨、磁浮铁路、铁路及电气化铁路的金属件

地铁隧道都处于地下，环境潮湿、通风差。道轨、螺钉、螺栓及金属件极易生锈，采用耐蚀性极优的达克罗涂层可充分满足其表面防腐要求。上海地铁部门已对其适用的螺钉、螺栓及预埋件、城市轻轨接触网等零件全部采用达克罗处理。

(4) 桥梁高架、高速公路的金属件

高速公路波形护栏、高架、桥梁的金属构件、紧固件等，由于长期处于日晒雨淋，很容易发生锈蚀现象，采用达克罗技术涂覆处理，不但安全可靠，而且美观持久。

(5) 输配供电的金属件和结构件

高压输变电及城市供电所用的铁塔、电杆、金属件、变压器罩壳、高压开关连接系统，都可以采用达克罗进行处理，美观耐用，可节约大量的维修费用。

(6) 农业工厂化温室屋架结构

上海都市绿色工程公司自行设计的全自动暖房结构件均采用达克罗处理，以解决温室湿度较高，结构件容易生锈的问题。

(7) 达克罗工艺是太阳能热水器和卫星天线以及煤气、液化气等金属件防腐处理的最佳工艺

除以上举例的几个行业外，市政工程、码头、造船修船、建筑装潢、航天航

空、海洋工程、地质钻探、石油化工、煤气工程等，都可以开发利用达克罗涂覆技术。

参 考 文 献

[1] 吴秀珍. 达克罗涂层技术应用于 NdFeB 永磁体表面防护的研究 [J]. 磁性材料及器件，2005，36 (2).

[2] 包胜军，周万红，唐革新，等. 达克罗和渗锌在桥梁支座锚固螺栓上的应用 [J]. 涂料工业，2013，43 (2).

[3] 陈玲，李宁，等. 弹性零件盒紧固件的腐蚀防护达克罗涂层 [J]. 新技术新工艺，2000，(4).

[4] 王胜民，何明奕，刘丽，等. 国内紧固件的镀锌处理现状 [J]. 五金科技，2006，(1).

[5] 生建友，王明月. 几种新工艺在军用电子设备中的应用探讨 [J]. 电讯技术，2011，51 (2).

[6] 徐明月，张广冰. 汽车零部件达克罗处理工艺实例 [J]. 材料保护，2008，41 (12).

[7] 段利中，范宝安，吴保全，等. 新型无铬达克罗技术的研究进展 [J]. 应用化工，2013，42 (8).

第12章

机械产品防锈与防锈包装

12.1 防锈设计的重要性

产品设计工程师所在设计工作中,需要重视产品全寿命周期中的防锈工作。从防锈技术方面来看一般有两种情况,即产品设计和工程/设备(装置)设计,如图12-1所示。

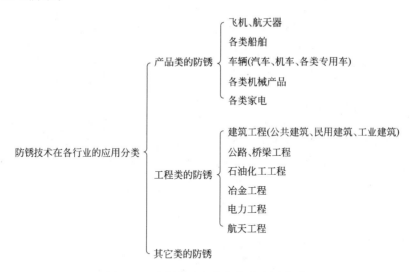

图12-1 防锈技术在各行业的应用分类

在进行产品设计和工程设备(装置)设计过程中,均会涉及大量的金属腐蚀问题和防护的问题。如本书前面几章所述,金属腐蚀防护的方法有很多种,比如涂装、电镀、热浸镀、金属热喷涂等等,但是在不少情况下(例如轴/轴承类、互相摩擦轮组/链板等的运动部件),防锈技术就成了腐蚀防护的重要组成部分,但也是常常容易被忽视的一个部分。主要表现有如下几点:

① 产品设计人员对防锈设计认识不足，认为可有可无；
② 开发设计部门缺少有经验的腐蚀防护工程技术人员，也未请教有经验的专家咨询，无法在产品设计阶段进行防锈设计；
③ 片面相信和理解防锈仅仅是工艺过程中的工作，产品设计阶段没有必要进行设计工作；
④ 不考虑本企业产品的特点及使用的腐蚀环境，照抄照搬适合别人的防锈设计。

由于以上问题的存在，致使产品和工程设备（装置）在制造阶段、储存运输阶段、安调阶段、使用阶段，出现各种各样的腐蚀现象。如图 12-2 所示的某类产品的部分照片，在进行涂装后机加工表面未做防锈封存处理，结果产生严重的腐蚀现象。

 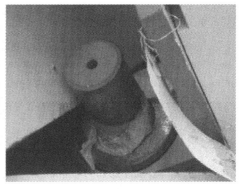

(a)   (b)

图 12-2 机加工表面未做防锈处理产生严重的腐蚀

在设计时如果采取了防锈技术措施，可以避免或减轻金属材料和设备的很多腐蚀现象。进行防锈设计是提高防锈质量的重要保证。产品防锈设计的目的，是根据腐蚀环境的不同类别和腐蚀防护期限的要求，为产品或工程选择最适宜的防锈材料，设计技术经济指标合理且实施方便的防锈工艺，实施有效的防锈管理。

防锈技术看起来简单，但要把它实施好还是很复杂的一项专业技术工作。进行防锈设计，会涉及很多腐蚀及腐蚀防护、防锈等各方面的知识。在新产品开发时，需要在总体方案中融入"产品防锈设计"的理念，形成"防锈实施方案"，必要时要进行防锈试验。产品定型后，要进行总结并形成产品的防锈企业技术标准、相应的工艺和质量检验文件，以指导大批量产品的生产。

不同行业、不同产品的防锈封存是可以借鉴的，但必须搞清楚其中的差别，绝不可照搬别人的防锈封存经验，要充分考虑到本企业此类产品的特点及使用的腐蚀环境。即使同样需要防锈的产品因所处的腐蚀环境的不同，其腐蚀防护效果会大相径庭。即使同一台设备所处的大腐蚀环境是相同的,而局部也会因特殊腐蚀状况发生腐蚀破坏。

12.2 防锈概念与原理

(1) 防锈基本概念

在腐蚀防护行业中,"防锈"是有特定含义的一个词,与我们日常讲的防锈是有区别的。《包装术语防护》(GB/T 4122.3—2010)中定义"防锈:防止金属产品在储运过程中锈蚀的方法",进而有扩展到"防锈包装:防止内装物锈蚀的一种包装方法。如在产品表面涂刷防锈油(脂)或用气相防锈塑料薄膜或气相防锈纸包封产品等",也有的学者叫做"临时防锈""暂时防锈",还提出了防锈封存的概念,即在储运过程中,选用防止金属产品锈蚀的方法,保证产品在规定的时间内不发生锈蚀、品质不发生变化的保存方法。

产品设计工程师在考虑防锈问题时,要全面理解防锈的概念,考虑所设计的产品在制造、安调、储运、使用全寿命过程中,要进行防锈处理,才能保证产品的外观质量。

(2) 防锈原理

对于金属制品的防锈,一般是使用一定的工艺设备,将合适基体金属的防锈材料(防锈水、油、脂、蜡、薄膜等)涂覆或包覆或密封在被保护金属制品的外表面(或环境),达到防止金属腐蚀的目的。

防锈材料是用于防锈的材料,常常是使用某种载体加有防锈作用的缓蚀剂制成,有时直接使用缓蚀剂(GB 11372—89《防锈术语》)。

防锈用缓蚀剂(防锈剂、缓蚀剂)是在基体材料中添加少量即能减缓或抑制金属腐蚀的添加剂(GB 11372—89《防锈术语》)。缓蚀剂的种类有很多,如水溶性缓蚀剂、油溶性缓蚀剂、气相缓蚀剂等。按照缓蚀剂在金属表面上形成保护膜的特征,则可分为氧化膜型、沉淀膜型、吸附膜型,如图 12-3 所示。图 12-4 是油溶性缓蚀剂的防锈机理示意图。防锈与电镀、涂装的腐蚀防护原理不同,它是靠防锈介质中的"缓蚀剂"保护基体金属不发生腐蚀。

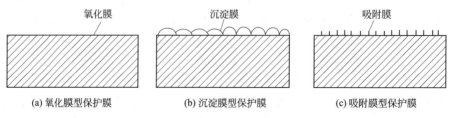

图 12-3 三类缓蚀剂保护膜的示意图

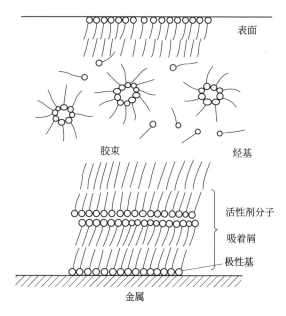

图 12-4 油溶性缓蚀剂保护膜的示意图

12.3 防锈材料

12.3.1 防锈材料的分类、特点及用途

防锈材料按照其外表形态分类有：防锈水、防锈油、防锈脂、防锈蜡、气相防锈剂、可剥性涂料等；按照缓蚀剂类型分类有：水溶性缓蚀剂类防锈材料、油溶性缓蚀剂类防锈材料、气相缓蚀剂缓蚀剂类防锈材料等。防锈材料常常与各种包装材料结合使用，因此又有防锈纸、防锈塑料薄膜（塑料袋）、防锈铝塑膜、防锈布、防锈容器等。

机电产品在运输、储存、使用过程中的防锈，不论采用何种防锈材料和方法，都要进行包装或封存，因此，需要将防锈材料与包装结合起来。如常见的防锈包装容器有纸板盒、瓦楞纸板盒或箱、木盒、塑料容器、金属容器、封套、木箱；常见的内包装材料是有中性原纸、石蜡纸、电容器纸、羊皮纸、苯甲酸钠纸、亚硝酸钠-苯甲酸钠防锈纸、气相防锈纸、气相防锈薄膜、塑料薄膜、防潮玻璃纸、塑料复合纸、铝箔、铝塑料膜、铝塑薄膜纸（布）、浸胶布、增强纸、沥青纸等；另外还要选择适当的衬垫、缓冲材料、黏胶材料作为防锈封存包装使用。

表 12-1 是根据有关标准列出的常见防锈材料的分类、特点及用途。

表 12-1 常见防锈材料的分类、特点及用途

序号	种类			代号 L-	膜的性质	定义	特点及用途
1	除指纹型防锈油			RC	低黏度油膜	能除去金属表面附着的指纹的防锈油	除去一般机械零部件上附着的指纹,达到防锈的目的。金属表面容易留下手汗,其中含有的氯化钠、乳酸易溶于水,不溶于石油溶剂,常引起指纹状锈迹。置换型防锈油中表面活性剂的强吸附作用,使水微粒离开金属表面,形成油包水微粒,不再腐蚀金属
2	溶剂稀释型防锈油	Ⅰ		RG	硬质膜	将不挥发性材料溶解或分散到石油溶剂中的防锈油,涂敷后,溶剂挥发形成防护膜	室内外防锈。硬膜用于形状简单的大、中型金属制品的室外封存
		Ⅱ		RE	软质膜		以室内防锈为主。软膜、水置换型软膜用于金属制品室内封存
		Ⅲ	1	REE-1	软质膜		以室内防锈为主(水置换型)常温涂覆。可用任何比例稀释的薄膜防锈油,能中和置换人汗。适用于金属制品清洗和防锈。水置换型软膜用于金属制品室内封存
			2	REE-2	中高黏度油膜		
		Ⅳ		RF	透明硬质膜		室内外防锈。透明膜适用于室内封存
3	脂型防锈油			RK	软质膜	以石油脂为基础材料常温下呈半固体状的防锈油	类似转动轴承类的高精度机加工表面的防锈,涂覆温度为80℃以下,常温涂覆,既有润滑性、又有防锈性。适合于以脂润滑的轴承等防锈封存
							医疗、食品器械、机床、工卡量具等
4	润滑油型防锈油	Ⅰ	1	RD-1	中黏度油膜	以石油润滑油馏分为基础材料的防锈油	金属材料及其制品的防锈,常温涂覆,油膜既有防锈性,又有润滑性,分为中、轻、低负荷三种,适用于一般机械产品要求润滑部位的防锈封存。封存防锈油室温使用,防锈性能好、油膜薄、用量少、启封方便,是应用最广泛的防锈油
			2	RD-2	低黏度油膜		
			3	RD-3	低黏度油膜		
		Ⅱ	1	RD-4-1	低黏度油膜		内燃机专用油,分低、中、高黏度三种。适用于往复式内燃机的防锈润滑及发动机运输或储存防锈
			2	RD-4-2	中黏度油膜		
			3	RD-4-3	高黏度油膜		
5	(气相缓蚀剂)气相防锈油		1	RQ-1	低黏度油膜	含有在常温下能汽化的缓蚀剂的防锈油	密闭空间防锈。有良好的接触性防锈效果和气相防锈效果,用于金属制品内腔密封系统的封存。在密封包装容器(袋)内以粉剂、片丸或溶液和悬浮液形式,在常温下挥发出缓蚀气氛抑制金属在大气中的腐蚀,工艺简单、启封方便,封存期较长。适用于金属制品的封存。特别适用于忌油产品的防锈
			2	RQ-2	中黏度油膜		

续表

序号	种类	代号 L-	膜的性质	定义	特点及用途
6	防锈水			以水为基体，加入一定量的水溶性缓蚀剂而配制成的防锈水溶液	适用于金属制品的封存防锈。无机防锈水，钢件、铸铁器械、部分有色金属及其镀制器械。有机防锈水，军用机械、工具、钢、铁、铜制零部件或器具。主要用于短期防锈，个别用于封存。防锈水只在金属表面留下很薄一层，具体浓度依防锈期、环境、季节等而不同。防锈水配制、去除方便，环境清洁，价廉、安全，使用方式多样
7	防锈蜡	内腔蜡		主要由蜡、溶剂、成膜剂、防锈添加剂和其它辅助材料组成的防锈材料。与其它类型的防锈材料相比，蜡膜具有膜薄、防锈性好、涂层美观和不用去除、可带膜装配等特点	①蜡液稳定性好，无结晶析出；②黏度适宜，施工中不流淌；③蜡膜附着力强，连续均匀，有优良的向缝隙内渗透性。用于涂装不良的内腔防锈
		底盘蜡			①黏度不随温度成比例变化；②达到规定的厚度时无流失和滴落；③蜡膜具有较好的弹性，坚固耐久、耐酸、抗水、抗冲击。适用于汽车底盘类防锈
		发动机蜡			①滴点高，稳定性好，耐热性好；②喷涂和湿润性好，附着力强；③蜡膜自然干燥速率快。适用于发动机各部件的防锈
		面漆蜡			①对被保护的涂膜等材料无影响，不损害面漆光泽；②蜡膜具有较好的耐酸、耐油、抗鸟粪污染性；③经一年的户外自然暴晒后，能迅速去除。可用于新面漆涂层的保护，如储运新车等
8	塑料薄膜（包括可剥离塑料）	一般薄膜		使用聚烯烃薄膜，防止外界对涂装涂层的污染和损伤	在储存、运输过程中保护涂装涂层，防止被擦伤、污染等，对汽车车身漆面实施有效保护。去除保护膜时无残留，漆面保持出厂时良好状态，提高顾客满意度、提升车厂品牌形象
		气相薄膜		通过添加在塑料薄膜中气相缓蚀剂发挥防锈作用	利用气相缓蚀剂在常温下缓慢地挥发，扩散到金属表面，起到阳极钝化作用，以阻滞阴极的电化学过程；有些带有较大非极性基的有机阳离子定向吸附在金属表面上形成憎水性膜，既屏蔽了腐蚀介质的作用，又降低了金属的电化学反应能力；有的与金属表面结合成稳定的络合物膜，增加了金属的表面电阻，从而保护了金属。气相防锈塑料薄膜除包扎、衬垫产品外，还可将其制成袋，采用装或罩的办法包装产品

续表

序号	种类	代号 L-	膜的性质	定义	特点及用途
8	塑料薄膜（包括可剥离塑料）	可剥薄膜		可剥性塑料是以塑料为基本成分，加入增塑剂、稳定剂、润滑剂、缓蚀剂及溶剂等配制而成的防锈材料。具有防锈及防机械损伤的性能，启封时简易，剥下即可	它可在金属表面上形成塑料薄膜，在薄膜的防潮性和薄膜中所含有的防锈剂的共同作用下，发挥其防锈效果。当需要使用制品时，就可将它简单剥离掉。可剥性塑料主要用于钢铁和铝合金等金属材料及制品的长期封存和短期防锈上，也可用于某些既需防锈又怕碰伤划伤比较精密的零件。可剥性塑料按其使用工艺可分热熔型和溶剂型两种，前者是将塑料加热熔融后浸涂，后者是将塑料溶于溶剂中，涂后晾干即成
9	防锈纸	接触型防锈纸		接触型防锈纸是一种能够防止金属材料和制品发生锈蚀的功能性防护用纸	常见的接触型防锈纸主要有苯甲酸钠纸、亚硝酸钠-苯甲酸钠防锈纸、防潮玻璃纸、塑料复合纸、铝箔、铝塑薄膜纸等，另外选择适当的衬垫、缓冲材料、粘胶材料作为防锈包装用
		气相防锈纸		气相防锈纸是以纸为载体，将气相缓蚀剂溶液浸涂或刷涂于纸上，再经干燥而制成	常温下气相缓蚀剂缓慢汽化，并以分子或离子形式吸附于金属表面形成极薄的膜层，从而阻隔金属与外界水分、氧气等腐蚀介质的接触，达到防锈的目的。气相防锈纸一般采用包扎和衬垫产品两种方法。使用时，防锈纸涂覆缓蚀剂的一面朝内；也可以在容器内使用气相防锈纸衬垫；管状金属制品可以用气相防锈纸塞入管内，防止管内壁生锈。用气相防锈纸包装中、小金属件后，其外层还需用石蜡纸、塑料复合纸、塑料袋，甚至用金属箔等严密包装
10	防锈布（气相）			气相防锈布是以布为载体，将气相缓蚀剂溶液浸涂或刷涂于布上，再经干燥而制成	与气相防锈纸相同

12.3.2 防锈封存工艺的选择

机电产品（设备）常用防锈封存工艺的选择，见表 12-2。

表 12-2　机电产品（设备）常用防锈封存工艺的选择

序号	工艺名称	工序内容 前处理（除锈/清洗等）	干燥（除水分或溶剂）	防锈处理（涂抹防锈材料）	包装（与防锈配套）	适用产品、零部件（配件）
1	制造阶段（主要用于在制品，工序间防锈，中间库存放等）					
1.1	防锈水工序间防锈	机械清理或水剂清洗剂清洗工件表面	—	喷涂、喷淋、刷涂或浸涂均可、冷涂法和热涂法	—	黑色金属铸件、锻件或其它待加工件的中间库存、机加工工序间防锈；清洗后与下道工序之的防锈，如涂装、电镀、热处理等工艺
1.2	防锈乳化切削液	机械清理或水剂清洗剂清洗工件表面	—	作为防锈乳化切削液循环使用	—	用在零件切削、加工时起润滑、冷却、清洗和工序间防锈作用
1.3	置换型防锈油工序间防锈	将零件加工中带来的杂物、水分清除干净	—	小型零件用浸涂法，大型零件可用刷涂法	包装纸、塑料袋	多用在一般表面光洁、精密度较好零件的工序间防锈用
1.4	防锈油工序间防锈	各种表面清理、清洁方法	各种干燥方法	防锈油	包装纸、塑料袋	一般汽车、摩托车零部件，工序间防锈；总装时需要去掉保护防锈油
2	储运阶段（主要用于零部件、成品在储存和运输过程中的较长时间存放）					
2.1	铝塑复合布（袋）+干燥剂防锈	各种表面清理、清洁方法	各种干燥方法	干燥剂	铝塑复合布（袋）包装封口，并抽真空	一般机械产品或设备、大中型零部件的短期储存运输过程中的防锈
2.2	防锈油+热收缩塑料（PE膜）薄膜防锈	各种清洗方法	各种干燥方法	浸防锈油，晾干	热收缩塑料（PE膜）装袋，热合封口，剪口，加热收缩，冷却	用于零部件制成品，如轴瓦类、电动机轴伸；工序间局部保护
2.3	湿法防锈综合包装	化学除锈，水剂清洗剂清洗	—	气相缓蚀粉、纸	防锈纸、防锈膜，带水包装	用于各类轴承、齿轮和轴，工、卡、量、模、刀具等的防锈包装，海洋运输、长期储存的需要
2.4	乳化型防锈剂+聚乙烯塑料薄膜防锈	水剂清洗剂，水洗	—	乳化型防锈剂	聚乙烯塑料薄膜	适用于零部件制成品，如活塞销
2.5	冷膜油封防锈	溶剂或汽油清洗，水剂清洗剂清洗	强制干燥或压缩空气吹干	防锈脱水油+溶剂稀释型防锈油	金属气相防锈纸或薄膜塑料袋包装	用于量、刀具，出口汽车、摩托车的零部件
2.6	发动机燃油/机油系统防锈封存	合适的清洗方法	合适的干燥方法	防锈封存油/防锈封存剂	合适的密闭方法	同时满足发动机封存防锈和直接启动的需要；满足封存防锈与机油润滑的需要

续表

序号	工序内容 / 工艺名称	前处理（除锈/清洗等）	干燥（除水分或溶剂）	防锈处理（涂抹防锈材料）	包装（与防锈配套）	适用产品、零部件（配件）
2.7	气相缓蚀剂防锈	溶剂或汽油清洗，水剂清洗剂清洗	各种干燥方法	粉、液、纸、塑气相缓蚀剂	各类密封包装材料	汽车、摩托车、各类机械设备零部件或小型整机
2.8	溶剂型可剥性气相缓蚀塑料防锈	擦拭、除锈，溶剂或汽油清洗，水剂清洗剂清洗	防锈油脱水，室温干燥	喷涂溶剂型可剥性气相缓蚀塑料	—	长期防锈、防霉的能力，适合弹药等的长期封存
2.9	喷涂防护蜡防锈	清洗去除灰尘、泥土、污垢等杂物	强制或自然干燥	喷涂或刷涂保护蜡液	—	用于各种车辆及特种机械设备的内腔、底盘、发动机外部，外部面漆上的保护
3	安调阶段（使用于产品或设备在安装、调试过程中的防锈）					
3.1	硬膜防锈油防锈	清洗去除灰尘、泥土、油污等杂物	自然干燥或吹干	刷涂或喷涂硬膜防锈油	—	用于不能涂装的螺栓螺母、标准件、电镀件、耐蚀性不良的不锈钢件，工件的孔、洞、缝隙等
3.2	润滑油型防锈油（脂）防锈	清洗去除灰尘、泥土、油污等杂物	自然干燥或吹干	刷涂或喷涂润滑油型防锈油（脂）	—	用于导轨、滑轮组、外露齿轮等运动部件安装、调试过程中的防锈
4	使用阶段（用于使用过程中的产品或设备日常的防锈维护或者修理期间或者停产封存期间的防锈）					
4.1	防锈油（脂）的定期防锈处理	清理已有防锈油（脂），用溶剂或水剂清洗剂清洗干净	自然干燥或吹干	刷涂或喷涂适合型号的防锈油（脂）	—	使用中的产品、设备各局部位置，需要定期涂抹各类防锈油（脂）。各类量具、工具、刀具，暂停使用的模具等，亦需要防锈
4.2	防锈润滑油（脂、剂）	适合实际情况的清洗方法（或者不清洗）	自然干燥或吹干	刷涂或喷涂防锈润滑油（脂、剂）	—	使用中的产品、设备各转动、滑动位置，需要定期涂抹防锈润滑油（脂）。暂停使用的模具亦需要进行保养
4.3	综合防护封存技术	适合产品或设备的清洗方法，全面清洗	自然干燥或吹干	干燥剂、气相缓蚀剂和防锈油脂等	封套材料使用铝塑复合布或聚乙烯编织复合膜等，进行组合式包装	将需要长期封存的产品或设备置于封套内，隔绝大气中的有害气体和尘埃，通过干燥剂、气相缓蚀剂、防锈油脂等，创造一个适合于长期封存的环境，达到长期封存的目的

12.4 防锈设计的工作流程

12.4.1 设计输入需要的资料

① 产品或工程的用途、结构、特点、特殊要求,使用方法和要求等;产品或工程设计人员与防锈(腐蚀防护)设计人员对于腐蚀防护特点的探讨意见。

② 需进行防锈设计的产品或工程的表面状态的调查,落实是新建造(新制造)?还是全部更新或修复?

③ 调研、分析产品或工程使用的自然环境和工作环境,使用的区域位置,收集腐蚀环境数据。

④ 确定产品或工程防锈的时间。

⑤ 关于将来进行维护或重涂的时间(次数)及方式的要求。

⑥ 在防锈实施和维护期间,对于施工人员的健康影响(职业卫生方面)和安全保障(消防、机械伤害等)的要求。

⑦ 在防锈实施和维护以及使用期间,环境保护方面的要求。

⑧ 有可能被选用的防锈材料、设备的说明书和试验检验报告等技术资料。

⑨ 防锈材料的规格与种类等资料。

⑩ 甲方(客户)提出的其它防锈和腐蚀防护的技术要求。

⑪ 相关防锈技术参考标准和规范。

12.4.2 设计工作流程及其详细工作内容

因行业的不同、企业的不同、产品的不同,防锈设计工作流程会有很大的差别。因此,需要根据具体情况进行具体分析。图12-5以机电新产品的设计开发为例,绘制了防锈设计流程以及与新产品设计流程的关系。一般情况下,最好将"防锈设计"与"腐蚀控制(防护)设计"合并在一起进行,这样一方面可以考虑到各种腐蚀控制(防护)方法的分工和联系,另一方面减少了产品设计中的工作量。

下面以图12-5所表示的流程为顺序,介绍一下其工作内容,与"腐蚀控制(防护)设计"是一致的。

"防锈设计流程"一般分为三个阶段:方案设计阶段,图12-5中序号(1)~(7);试验及验证阶段,图12-5中序号(8);标准编制及形成阶段,图12-5中序号(9)~(11)。

(1) 综合考虑产品或工程本身的腐蚀防护能力和防锈实施的可能性

当进行产品或工程的总体设计时,特别在进行结构设计、材料选择时,必须

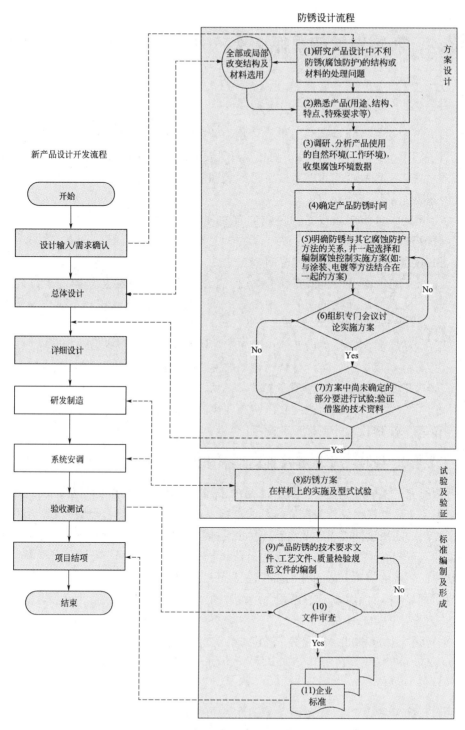

图 12-5 新产品设计与防锈设计流程图

考虑防锈（腐蚀防护）的问题。第一，要考虑产品或工程自身的防锈（腐蚀防护）能力，哪些结构、哪些材料、哪些表面处理方式，容易引起或加速对产品或工程腐蚀破坏，禁止、限制、减少不利于防锈（腐蚀防护）的结构形式和材料，增强产品或工程自身的"免疫力"；第二，要考虑哪些结构形式不便于防锈（腐蚀防护）工艺的实施。

(2) 熟悉产品或工程的用途、结构、特点、特殊要求

即使在相同的外界腐蚀环境条件下，由于产品或工程设备的不同部位因受力、积水、通风的不同，会对防锈产生不同的影响；即使同一台产品或设备，在不同的腐蚀环境条件下，所产生的腐蚀结果也是不一样。因此，我们要熟悉产品或工程的用途、结构、特点、特殊要求，以便对症下药，使防锈与电镀、金属热喷涂、密封胶、防锈油等技术组合进行腐蚀防护，一般情况下要避免单独使用防锈技术。

(3) 调研、分析产品或工程使用的自然环境和工作环境，收集腐蚀环境数据

在实际使用时如果有实际测得的腐蚀数据，会有重要的参考价值，可以从有关腐蚀试验数据中心查找，如：国家材料环境腐蚀试验站网、材料环境腐蚀数据积累及规律性研究的试验数据、世界各国腐蚀试验站的腐蚀试验数据等。

(4) 确定产品或工程的防锈期间

任何防锈方法，在各种腐蚀因素的作用下都会发生不同程度的腐蚀控制（防护）功能的递减。只要这种现象处于防锈设计所定的保证期以内，并且未对产品造成本质的影响（通过标准的技术参数进行界定），那么这种质量的降低应该称为防锈质量的正常递减。在防锈期间内，应尽早地进行维护或者重新实施防锈。

(5) 系统分析各种腐蚀控制(防护)方法的功能，全面考虑防锈的各种因素，确定防锈设计方案

防锈设计方案要描述出产品或工程全寿命周期内的应用过程，要将防锈材料、设备、环境、工艺、管理进行具体分析并落实到位，特别是与其它各种腐蚀控制（防护）方法的结合，要综合技术、经济的可行性确定最佳方案。

(6) 组织专业会议讨论设计方案

与机械制造等专业相比，防锈（腐蚀防护）专业的应用技术人才比较少，在每个企业中都不会太多。邀请国内防锈设计的专家对设计方案进行讨论和评审，可以用最小的投入获得高水平的设计方案，减少企业自己摸索的时间和成本。

(7) 设计方案中尚未确定的部分要进行试验验证

在进行方案的设计过程中，总会碰到各种难以确定的问题或者各方争论比较大的问题，这时一定要进行试验验证，绝不能将没有把握的方案或材料直接使用在生产制造（研发制造）中，以避免成品之后再进行修复而造成更大的损失。

（8）设计方案在样机上的实施及型式试验

"型式试验"和"样机实施"是对设计方案的一个实际的检验，是必须进行的一个环节。否则，将无法证实防锈设计是否正确、是否合理。将未经过验证的防锈方法直接进行批量生产，有造成重大经济损失的可能。

（9）产品防锈封存的技术要求文件、工艺文件、质量检验规范文件编制

防锈设计方案只是指导新产品研制过程中的重要技术文件（对于工程来讲，由于其单一性和多变性，每一次设计都类似于新产品的研制），对于今后如果要进行定型、批量生产，则需要将防锈设计方案转化为企业技术标准文件。产品的技术文件主要有 3 类：①防锈技术要求文件；②工艺文件；③质量检验规范文件。

通过"型式试验"和"样机实施"对防锈方案进行验证后，要将各种防锈方法的技术参数编制成技术标准文件。为了达到设计的防锈技术标准，必须将主要材料、设备、工序过程（工艺方法）、组织模式等形成工艺技术文件，以便于具体实施的部门根据这些技术文件进行细化（如编制零件明细表、工艺卡、操作规程等）。为了检验经过实施后是否达到了防锈的技术标准，必须编制质量检验规范文件。

（10）文件审查

审查防锈技术要求文件、工艺文件和质量检验规范文件。

（11）形成"企业技术标准"文件

按照企业标准化管理、"ISO 9000 贯标""Q、E、S 三标一体化"的要求和流程，形成企业技术标准文件。

12.4.3　设计输出的文件的主要内容

产品设计中防锈技术文件的编制，应该包括各中间工序、最终产品表面加工、表面处理要求、质量监控以及对外购件的要求等。

（1）《防锈设计方案》的主要内容

① 产品（或工程）基本情况；

② 产品（或工程）使用的腐蚀环境分析；

③ 产品（或工程）封存的期限；

④ 防锈在制造、储运、安调、使用过程的划分、任务及技术要求；

⑤ 各分系统或部件的防锈的描述（分类分组），以及防锈与其它腐蚀防护方法的关系；

⑥ 各类防锈方法的选择与技术指标；

⑦ 产品或工程防锈方案的组织实施，主要包括：配套防锈材料的检验与调配等；应有的防锈设备要求；防锈环境的要求；防锈工艺；防锈管理等；

⑧ 防锈的质量控制、质量保证；

⑨ 防锈的安全、卫生及环境保护；

⑩ 防锈的其它要求。

(2)《防锈技术要求》的主要内容

由于产品或工程在实际使用时，除防锈以外常常会涉及各种各样的表面工程技术，比如：镀覆、金属热喷涂、锌铬涂层（达克罗）等，因此《防锈技术要求》要根据实际使用的具体情况进行编制，主要内容有如下几点：

① 防锈等级的确定及分类（包括防锈技术指标）；

② 防锈一般技术要求；

③ 防锈材料要求；

④ 各类不同材料（钢材、铝合金、镀锌钢材等等）的前处理要求；

⑤ 防锈作业环境条件；

⑥ 图纸及技术文件中的标记；

⑦ 检验方法及条件；

⑧ 检验规则，主要包括型式检验（型式检验的条件、检验项目、抽样、判定规则）；常规检验（概述、检验项目、判定规则）。

(3)《防锈实施的主要工艺》

① 防锈施工工艺一般技术要求，主要包括：防锈封存材料要求，主要防锈设备，防锈实施环境，一般防锈操作要求，被防锈工件的表面状态、分类分组等。

② 防锈封存施工工艺流程及操作要点，主要包括：防锈的前处理、防锈施工工艺、产品或工程使用过程中的防锈问题等。

(4)《防锈封存质量检验》

① 对防锈材料的检验；

② 对防锈前的工件表面进行检查；

③ 对防锈施工环境的检验；

④ 对防锈设备、工具的检验；

⑤ 对防锈实施工作质量的检验等。

《防锈技术要求》是要达到的目标，《防锈实施的主要工艺》是为达到目标所要进行的实施工作，《防锈质量控制与检验》是判定最终结果是否达到了目标的要求。以上三类企业标准技术文件，对于企业的防锈是非常重要的。另外，由于产品经常升级换代或为满足客户的要求而进行定制（非标准产品），致使文件内容与实际情况之间会有一些变化。因此，必须随着制造图纸等其它技术文件编制一些补充文件，以免某些细节的疏忽造成防锈的质量下降。

12.5 防锈相关标准

与防锈的相关标准比较多，对于机电产品的防锈包装而言，首先要执行的是防锈包装标准，其次才是防水、防潮包装的标准。

GB/T 4879—1999《防锈包装》标准，对防锈包装等级的划分、防锈包装的操作要求、防锈包装用材料、防锈包装环境、防锈包装的试验方法以及防锈包装的标志等都做了明确的规定。在进行防锈包装时，首先要确定防锈包装等级（见表12-3），然后，按照 GB/T 4879—1999《防锈包装》标准，进行清洗、干燥、防锈、内包装4个步骤（工序）。

另外，国外也有相应的包装标准，表12-4 和表12-5 列出了美国和日本的包装标准，供读者参考。其它防锈相关标准，请见表12-6。

表 12-3 GB/T 4879—1999 规定的防锈包装等级

级别	防锈期限	要求
1级包装	3～5年内	水蒸气很难透入，透入的微量水蒸气被干燥剂吸收。产品经防锈包装的清洗、干燥后产品表面完全无油污、水痕，用附录 A 中的 A3,A4 的方法单独使用或组合使用
2级包装	2～3年内	仅少量水蒸气可透入。产品经防锈包装的清洗、干燥后，产品表面完全无油污、汗迹及水痕，用附录 A 中的 A3,A4 的方法单独使用或组合使用
3级包装	2年内	仅有部分水蒸气可透入。产品经防锈包装的清洗、干燥后，产品表面无污物及油迹，用附录 A 中的 A3,A4 的方法单独使用或组合使用

表 12-4 美国联邦标准 FED-STD-102B 规定的封存包装等级

等级	说明
A 级	封存和包装应提供充分的防护，使产品在运输、装卸、不定期储存和世界范围的再分配期间不发生腐蚀、变质和结构损坏
B 级	封存和包装应提供足够的防护，使产品在多次运输、装卸和在已知储存条件下储存一年期间不发生腐蚀、变质和结构损坏
C 级	封存和包装应提供适当的防护，防止产品从供货地点运往第一个收货单位立即使用期间不发生腐蚀、变质和结构损坏

表 12-5 日本防卫厅标准 NDSZ0001B 规定的单件包装等级

等级	说明
A	储存期在一年以上或在易受温度、湿度、水分、光线、盐雾、有害气体影响的环境里储存，以及装备备品等的性质是易生锈、变质、变劣和污损，一旦发生会给使用带来重大障碍的这几种情况的单件包装的水平

续表

等级	说明
B	储存期不满一年或储存条件优于 A 级的情况,以及装备品等的性质无需像 A 级那样高度保护的情况的单件包装的水平
C	装备品等验收后立即使用或储存不满三个月的短期情况;或者储存条件比 B 级好的情况;装备品等的性质在 B 级以下的保护就是足够了的情况的单件包装的水平

表 12-6 防锈相关标准一览表

序号	标准号及标准名称
一	防锈试验方法
1	GB/T 11143—2008 加抑制剂矿物油在水存在下防锈性能试验法
2	GB/T 19230.1—2003 评价汽油清净剂使用效果的试验方法 第 1 部分:汽油清净剂防锈性能试验方法
3	GB/T 2361—92 防锈油脂湿热试验法
4	GB/T 26105—2010 防锈油防锈性能试验 多电极电化学法
5	GB/T 26109—2010 水基防锈液防锈性能试验 多电极电化学法
6	GB/T 5619—85 防锈材料百叶箱试验方法
7	JB/T 10527—2005 水基防锈液防锈性能试验 多电极电化学法
8	JB/T 10528—2005 防锈油防锈性能试验 多电极电化学法
9	JB/T 3206—1999 防锈油脂加速凝露腐蚀试验方法
10	JB/T 4050.2—1999 气相防锈油 试验方法
11	JB/T 4051.2—1999 气相防锈纸 试验方法
12	JB/T 4216—1999 防锈油膜抗热流失性 试验方法
13	JB/T 4392—2011 聚合物水溶性淬火介质测定方法
14	JB/T 9189—1999 水基材料防锈试验方法 铸铁粉末法
15	SH/T 0025—1999 防锈油盐水浸渍试验法
16	SH/T 0035—1990 防锈油脂蒸发量测定法
17	SH/T 0036—1990 防锈油水置换性试验法
18	SH/T 0060—1991 防锈脂吸氧测定法(氧弹法)
19	SH/T 0063—1991 防锈油干燥性试验法
20	SH/T 0067—1991 发动机冷却液和防锈剂灰分含量测定法
21	SH/T 0069—1991 发动机防冻剂、防锈剂和冷却液 pH 值测定法
22	SH/T 0080—1991 防锈油脂腐蚀性试验法
23	SH/T 0081—1991 防锈油脂盐雾试验法
24	SH/T 0082—1991 防锈油脂流下点试验法
25	SH/T 0083—1991 防锈油耐候试验法

续表

序号	标准号及标准名称
26	SH/T 0091—1991 发动机冷却液和防锈剂储备碱度测定法
27	SH/T 0105—1992 溶剂稀释型防锈油油膜厚度测定法
28	SH/T 0106—1992 防锈油人汗防蚀性试验法
29	SH/T 0107—1992 防锈油人汗洗净性试验法
30	SH/T 0211—1998 防锈油脂低温附着性试验法
31	SH/T 0212—1998 防锈油脂除膜性试验法
32	SH/T 0214—1998 防锈油脂分离安定性试验法
33	SH/T 0215—1999 防锈油脂沉淀值和磨损性测定法
34	SH/T 0216—1999 防锈油喷雾性试验法
35	SH/T 0217—1998 防锈油脂试验试片锈蚀度试验法
36	SH/T 0298—1992 含防锈剂润滑油水溶性酸测定法(pH值法)
37	SH/T 0311—1992 置换型防锈油人汗置换性能试验方法
38	SH/T 0533—1992 防锈油脂防锈试验试片锈蚀评定方法
39	SH/T 0533—1993 防锈油脂防锈试验试片锈蚀评定方法
40	SH/T 0584—1994 防锈油脂包装贮存试验法(百叶箱法)
41	SH/T 0650—1997 金属保护剂防锈性能试验法(潮湿箱法)
42	SH/T 0660—1998 气相防锈油试验方法
43	SH/T 0700—2000 润滑脂防锈性测定法
44	SH/T 0763—2005 汽油机油防锈性评定法(BRT法)
二	防锈材料及工艺
45	FZ/T 91004—2012 工序间防锈和成品防锈技术规程
46	GB/T 14188—2008 气相防锈包装材料选用通则
47	GB/T 19532—2004 包装材料　气相防锈塑料薄膜
48	GB/T 22814—2008 防锈原纸
49	GB/T 4879—1999 防锈包装
50	JB/T 4050.1—1999 气相防锈油　技术条件
51	JB/T 4051.1—1999 气相防锈纸　技术条件
52	JB/T 6067—1992 气相防锈塑料薄膜　技术条件
53	QB/T 1319—2010 气相防锈纸
54	SH 0043—1991　746防锈剂
55	SH 0391—1995　701防锈添加剂(油溶性石油磺酸钡)
56	SH 0554—1993　705防锈剂
57	SH/T 0390—1992　704防锈油

续表

序号	标准号及标准名称
58	SH/T 0692—2000 防锈油
三	各类产品防锈
59	CB/T 3244—2011 船用柴油机及其零部件防锈包装技术条件
60	CB/T 4198—2011 船用中速柴油机齿轮箱技术条件工业和信息化部
61	CB/Z 95—2007 船用柴油机管子化学清洗和防锈
62	CH/T 8002—1991 测绘仪器防霉、防雾、防锈
63	DB44/T 453—2007 锅炉停(备)用防锈蚀技术条件
64	DL/T 956—2005 火力发电厂停(备)用热力设备防锈蚀导则
65	FZ/T 91021—1999 纺机零件及成品防锈材料与工艺规范
66	GB/T 8597—2013 滚动轴承 防锈包装
67	JB/T 10560—2006 滚动轴承 防锈油、清洗剂 清洁度及评定方法
68	JB/T 2901—1992 汽轮机防锈 技术条件
69	JB/T 3576—2010 凿岩机械与气动工具 防锈通用技术条件
70	JB/T 3625—1999 组合夹具元件 防锈包装技术条件
71	JB/T 5177—1991 拖拉机防锈方法
72	JB/T 6977—1993 机械产品防锈前处理 清净技术条件
73	JB/T 7148—2007 出口履带式工程机械 防锈和包装

参 考 文 献

[1] 虞兆年. 防腐蚀涂料和涂装 [M]. 北京：化学工业出版社，1994.
[2] 楚南. 中国材料的自然环境腐蚀 [M]. 北京：化学工业出版社，2005.
[3] 陈红星. 防锈油的研究开发和应用 [J]. 2005, 34 (2)：74-77.
[4] 陈孟成，安家惠，齐祥安，等. 机械工程师防锈封存指南. 北京：化学工业出版社，2012.
[5] 李国英. 表面工程手册. 北京：机械工业出版社，1998.
[6] 张康夫，黄本元，等. 暂时防锈手册. 北京：化学工业出版社，2011.
[7] 张康夫等编著. 防锈材料应用手册. 北京：化学工业出版社，2004.

第13章

机械产品设计中密封胶的选用

密封的目的是阻止水、气、油等的往外泄漏，对于机电产品腐蚀防护来说是避免腐蚀介质的侵入。造成泄漏或介质的侵入的根本原因是密封面上有间隙，消除接合面之间的间隙是杜绝泄漏的关键因素。密封对于保证机电产品得以正常工作及安全运转起着重要的作用。密封质量的好坏往往决定着机电装置的结构合理性、工作可靠性、使用效率和维修难易及其成本。机电产品常用的静密封材料是各种橡胶、纸质、石棉、金属等固体垫片，而密封胶由于它优异的产品性能越来越受到关注。

13.1 密封胶的作用

密封胶是一种理想的密封材料，由于它在涂敷时具有流动性，能容易地填满两个接合面之间的缝隙，并形成一层具有一定黏性或黏弹性的、连续的均匀薄膜，依靠螺栓紧固力夹紧，从而达到防漏密封的目的。由于液态密封胶的耐热、耐压性能较好，密封性能可靠，使用也十分方便，常用于机电产品的静结合面密封，也可以用在结合面较复杂（如螺纹等）的部位密封，所以在机电产品中的应用越来越广泛。

密封胶主要用于：

① 机床、压缩机、泵和液压系统、阀等的箱盖、油标和油窗、各种法兰接合面等处的密封。

② 汽车、工程机械、拖拉机、船舶、内燃机等的汽缸、油底壳、齿轮变速箱、减速机箱、油箱、消声器，各种油、水、气管道等部位的密封。

③ 上下水道、煤气、天然气、石油液化气以及各种化工管道的螺纹连接处的密封，法兰面密封。

④ 发电机、电动机、透平机、变压器等设备所需密封部位。

⑤ 仪器仪表各种接合面及螺纹的连接密封。

⑥ 结构件、薄钢板（碳钢）、铝合金件、玻璃钢、镀锌板等相互之间的连接所产生的接缝（缝隙）。

13.2 密封胶的种类

密封胶有很多种类：聚硅氧烷密封胶、聚氨酯密封胶、聚硫密封胶、厌氧密封胶、丁基密封胶、PVC 密封胶、环氧密封胶、耐高温密封胶等。

① 聚硅氧烷密封胶　是通过吸收空气中微量水分进行缩合硫化形成低模量、高延展性的弹性体。此类密封胶具有耐高低温、耐候、耐冲击、耐臭氧、耐辐射、耐介质及优异的填隙耐压性能，能够满足机电产品在条件恶劣的环境中工作的密封要求，特别适用于密封间隙较大的部位，可以取代固态垫片。聚硅氧烷胶密封胶按包装方式可分为单组分和双组分室温硫化聚硅氧烷胶，按硫化机理又可分为缩合型和加成型。室温硫化聚硅氧烷胶按成分、硫化机理和使用工艺不同可分为 3 大类型，即单组分室温硫化聚硅氧烷密封胶、双组分缩合型室温硫化聚硅氧烷胶、双组分加成型室温硫化聚硅氧烷胶。不同聚硅氧烷密封胶的优缺点见表 13-1。

表 13-1　不同聚硅氧烷密封胶的优缺点

项目	脱酸型(酸性)	脱酮肟型(中性)	脱醇型(中性)
优点	硫化速率快(表面固化快) 低温长期稳定性好 力学强度适中 黏结性好 透明度高	储存稳定性好 表干时间短(完全固化时间长) 对一般材料无腐蚀性	低气味(更环保) 对金属和其它材料没有腐蚀性 强度高 固化时间可调节
缺点	刺激性气味 对金属有腐蚀性 对混凝土粘接差	不愉快的气味 力学强度较低 粘接性较差(需底涂) 对黄铜类材料有腐蚀性	表干时间长,内部固化慢 储存稳定性低 粘接性差

② 聚氨酯密封胶　是以聚氨酯橡胶及聚氨酯预聚体为主要成分的密封胶，此类密封胶具有优良的耐磨性、低温柔软性以及性能可调节范围较广、机械强度大、粘接性好、弹性好，并且具有优良的复原性，可适合于动态接缝，耐候性好，使用寿命可达 15～20 年，耐油性能优良，耐生物老化性好且价格适中。缺点是不能长期耐热，易受紫外线老化，单组分胶储存稳定性受包装及外界影响较大，固化较慢，高温热环境下可能产生气泡和裂纹，耐水性较差，特别是耐碱水差。聚氨酯密封胶一般分为单组分和双组分两种基本类型，单组分为湿气固化型，双组分为反应固化型。单组分密封胶使用方便，但固化较慢；双组分有固化快、性能好的特点，但使用时需配制。

③ 聚硫密封胶 是以液体聚硫橡胶为主剂，配合增塑剂，补强剂、硫化剂等制成密封胶。此类密封胶具有优异的耐油、耐溶剂、耐热老化、耐辐射、耐酸碱的特性，并且耐热、耐水、透气率低、弹性好、对金属和非金属都有较高的黏结力，但不耐浓酸、碱。聚硫密封胶一般分为双组分和单组分两类，单组分由于深层固化和储存稳定性的问题，目前很少使用，双组分通常由 A、B 组分构成，A 组分为基膏，由液体聚硫橡胶、增塑剂、填充剂、增黏剂和其它助剂混合而成；B 组分为硫化膏，是由固化剂、增塑剂、促进剂和其它助剂混合而成。聚硫主要用于汽车、造船、石油化工和建筑工程的密封防水，如油箱、机舱、电器及仪器的密封，寿命达 20 年以上，使用温度范围为 $-60\sim110$℃，短期可达 130℃。

④ 厌氧密封胶 以丙烯酸酯类单体主体的密封胶，在使用前为液态，有良好的浸润性能，能填满密封接合面的缝隙，挤出缝隙中的空气，室温下自行固化。此类密封胶具有良好的密封作用，耐水、汽油、润滑油、有机溶剂、酸等物质，良好的耐热性和耐寒性。厌氧胶使用时将胶液滴到需要密封的表面上，胶液渗入机械零件的细小缝隙中，黏合密封面，在隔绝空气条件下自行固化。厌氧胶适用于不仅需要密封而且需要固定的接合面和承接部位，如螺纹连接孔密封、管螺纹密封、法兰面、机械箱体接合面等的密封。

⑤ 丁基密封胶 是以异丁烯类聚合物为主体材料的密封胶，具有优异的耐候性、耐热、耐酸碱性能、气密性和电绝缘性能。丁基密封胶可分为硫化型、非硫化型和热熔型。非硫化型又可分为溶剂挥发型、预成型胶条和丁基密封膏（腻子）。热熔丁基密封胶在较宽温度范围内保持其塑性和密封性，且表面不开裂、不变硬，对玻璃、铝合金、镀锌钢、不锈钢等材料有良好的黏合性。丁基密封胶广泛用于各种机械、管道、玻璃安装、电缆接头等密封及建筑物、水利工程等方面。

⑥ PVC 密封胶 是以聚氯乙烯为主要成分，配合填充剂、塑化剂、添加剂等制成的加热硬化型糊状胶，具有防水、防锈、防振和装饰等特性。该类密封胶主要用于车身工艺孔和较大缝隙的密封，可作为电焊密封胶、防振密封胶和焊缝密封胶使用。

⑦ 环氧密封胶 是以环氧树脂为主体材料的密封胶，具有黏结力强、收缩性小、耐介质性好、工艺性好等优点，对金属、玻璃、塑料、陶瓷等材料都有较好的黏结力，主要用于仪表和电子产品的粘接和密封。

⑧ 耐高温密封胶 由高性能耐热树脂和各类耐热材料聚合而成，用于高温工况下各类机件的密封。此类密封胶具有黏结强度高、密封性好、耐高温（300～1800℃）、耐腐蚀、燃油、润滑剂、原油及天然气，并且密封面及接头处极好的黏着力可确保耐高压。高温密封胶可广泛应用于金属、冶金、陶瓷、有机及无机材料、耐酸罐、高炉内衬、钢铁水测温探头、钢锭模等恶劣场所，例如应用在蒸

汽涡轮机和燃气涡轮机机加密封面（对接接头）有10年的使用寿命。

13.3 密封胶的选用

(1) 考虑的主要因素

密封胶的选用应根据使用条件、密封件的材料和密封面状态、密封介质的种类和特性以及涂敷工艺要求综合考虑。一般情况下当受力较大，且受冲击力及交变力时，应选用强度较高的密封胶，当交变温差很大时，应选用韧性好的密封胶。环境条件指室内或室外、大陆或海洋、热带或寒带等。

① 使用条件　包括受力状态、工作温度、环境以及密封件是否需要可拆性等。当受力较大，且受冲击力及交变力时，应选用强度较高的密封胶；当交变温差很大时，应选用韧性好的密封胶；环境条件主要包括室内或室外、大陆或海洋、热带或寒带等。

② 密封件的材料　一般对非金属件，可选用低强度的密封胶。对于金属件，则应选用高强度的密封胶。

③ 密封面的状态　它包括密封件在装配状态下的间隙大小及形态、表面粗糙度，以及是否有氧化铁皮等。一般间隙大或者表面粗糙时，应选用黏度大的密封胶。密封面积大的或者密封面光滑时，应选用黏度小的密封胶。

④ 被密封介质的种类　气体比液体更容易泄漏，密封气体时选用成膜性更好的胶。密封液体时要注意胶与介质的相容性，两者不得互相溶解。

⑤ 涂敷工艺要求　选用厌氧胶时，应注意是否有条件做到与空气隔绝。在工作现场无法实现加温和复杂的促使胶液固化的工艺条件时，则应选择可在常温下，且无须隔绝空气要求的其它类型密封胶。

(2) 应用的部位

在选择密封胶时，常常根据需要密封的部位特点来选择密封胶。

① 经常拆卸的部位　一般选用通用型非干性、半干性或聚硅氧烷型液态密封胶。通用型非干性的密封胶涂布后胶膜长期有弹性，且保持一定的黏性，当受到机械振动或冲击时，胶膜不易产生龟裂或脱落现象。通用型半干性的大多以橡胶为主体配制而成，涂布后随着溶剂的挥发，形成膜半硬或不硬的具有黏弹性材料。聚硅氧烷型则以硅橡胶为主体，加入填充剂、交联剂、催化剂等各种助剂配制而成，富有弹性。这些品种的胶可拆性好，易去除。

② 受振动或冲击性较大的部位　一般选用聚硅氧烷胶或厌氧胶。这两类胶种均会和被黏物质界面发生反应，使结合更加紧密，黏结强度也较高，因此特别适用于汽车和矿山工程机械工作中受振动冲击严重部位的密封。

③ 密封面间隙较大的部位　一般选用聚硅氧烷密封胶、厌氧胶或者通用型中的干性可剥型和非干性型加固态垫片并用，能达到优良的密封效果。聚硅氧烷密封胶的填隙能力强（0.1～0.6mm，厌氧胶缝隙0.3mm以下），并且可在较大密封面上应用，保证产品不渗漏。通用型密封胶一般使用允许值在0.1mm左右，超过此极限应与固态垫片并用，才能达到产品不渗漏。

④ 密封面有坡度或复杂的部位　一般选用聚硅氧烷密封胶、厌氧胶以及通用型中的干性可剥型密封胶。聚硅氧烷密封胶在硫化过程中必须吸收空气中微量水分固化成弹性薄膜，当它暴露在空气中，胶的流动性变小，可用在密封面有坡度（如垂直面）和复杂（如接合面形状不一）的部位。厌氧胶涂于这些密封面后，在隔绝空气下很快固化，流动性小，易于密封，并且运用真空浸渗技术，厌氧胶可以修复铸件中的砂眼，有效降低粉末冶金件的报废率。干性可剥型密封胶因含有低沸点溶剂，涂敷后溶剂挥发快，胶液变稠不易流动能黏附在密封面上，密封性也比较好。

⑤ 设备紧急维修和装配流水线　一般选用通用型非干性和脱酸型聚硅氧烷密封胶。通用型非干性密封胶不含溶剂，可随涂随用，特别适用于设备紧急维修和机械产品装配流水线上用胶；脱酸型聚硅氧烷密封胶固化快，当涂敷在空气中停留片刻便能固化，也特别适用于上述密封部位用胶。

⑥ 电器、电子零部件的密封和固定　一般根据使用情况选择相应的灌封胶，保证电机、电器元件电性能及机械强度的稳定可靠，对电子器件、导体之间、缝隙、出口引线及电路板等进行绝缘密封，防止振动并隔绝电路与有害环境的接触，提高电子产品工作的可靠性。

参 考 文 献

[1] 陶永忠, 张宏伟. HT-6402单组分继电器密封胶在封装工艺中的应用 [J]. 粘接, 2004, 25 (4).
[2] 王云, 张尧, 王立, 等. 机电产品密封胶技术简介 [J]. 化学与黏合, 2009, 31 (5).
[3] 朱刚刚. 机械设备用密封胶料 [J]. 设备管理与维修, 2010, (3).
[4] 刘波. 密封胶在汽车工业上的应用 [J]. 中国设备工程, 2007, (11).
[5] 仓传佳. 汽车涂装密封胶气泡产生原因分析及改善 [J]. 中国化工贸易, 2012, (4).
[6] 庞金录, 唐功庆, 张梅, 等. 特种车辆用聚氨酯导热绝缘密封胶的研制 [J]. 聚氨酯工业, 2013, 28 (2).
[7] 任小军, 张强, 温旭东. 有机硅密封胶在汽车车灯上的应用 [J]. 汽车工艺与材料, 2013, (8).
[8] 金承新. 纵向水密封电缆密封胶的研究 [J]. 港口科技, 2012, (11).

附 录

附录1 腐蚀的主要环境因素

环境的组成或描述定义为环境因素。附表1列出了主要的环境因素。

附表1 主要环境因素

类型	类别	因素
自然的	地表	地貌、水文、土壤、植被
	气候	温度、湿度、压力、太阳辐射、雨、固体沉积物、雾、风、盐、臭氧
	生物	生物有机体、微生物有机体
诱发的	气载的	沙尘、污染物
	机械的	振动、冲击和加速度
	能量的	声、电磁辐射

这里需要说明的是：实际上大多数环境因素不是静止不变的，也不是到处都存在的。环境因素的出现和消失，或这些因素的各种特性的变化范围通常作为确定地理区（例如寒带、热带或温带）的基础，又例如，湿热带的特点是有暴雨，空气湿度高，环境温度不太高，生长着大量的植物并有大量的微生物和生物。然而，湿热带却不会出现沙和尘、固体沉降物及雾。具有诱发因素特征的一切环境因素之一都是人类的活动，在所有情况下，在确定某一给定区的各种特定环境时必须非常谨慎，因为随季节或气候条件的变化，这些因素会出现很大的变化。

(1) 自然环境因素

以下就有关自然环境因素中的每个单独的环境因素做一些简单的介绍，这些单独的因素虽然一般不会单独出现，但这是一种最直接的影响判定方法。

① 地表 按定义，地表是指陆地的各种物理特性，它包含地形——地面的几何形状；水文——湖泊；河流和陆地上的水体；植物——森林、草原或灌木丛；以及土质——地下土壤的组成及强度特性。这对于农垦、勘探、建筑、机车、救火、军事等各行业在设备、产品的运输、储存、使用中所遇到的重要环境因素。

② 温度 没有哪一种环境因素能比温度具有更大的普遍性，由地球热能平

衡确定的地球温度是人类生存的主要的决定性因素。温度也控制和决定其它环境过程的性质,所有的自然环境因素都受温度的影响,而大多数诱发环境因素更受温度的影响。

温度对产品和设备的影响是一个非常复杂的问题和过程。各种机械产品恶化、腐蚀、失效的过程都受温度的影响。通常,温度的极值是最重要的。温度的升高加快了大多数产品的恶化,温度的降低则减慢了产品的恶化。温度的任何极值或温度的快速变化对某些产品都有较大的影响。

③ 湿度　湿度作为一种环境因素在重要性方面仅次于温度。因此大气中的水蒸气对生命来说是必需的,而且是影响许多别的环境因素的决定性的因素。

从水的各种物理状态之间的变化过程可以知道,大气中是水蒸气的含量能与其它环境条件紧密相关,如蒸汽压力、相对湿度、混合比例、绝对湿度、饱和度、露点、潜热等术语可以用来描述包含大气水蒸气各种特性和过程。大气中水蒸气浓度随着温度的改变而变化。水蒸气和水凝露都会引起产品的恶化和锈蚀。高湿度的主要影响是助长腐蚀和微生物侵蚀产品。最普通的腐蚀形式是黑色金属发生的生锈。较高的湿度极容易引起非金属材料长霉和腐败。

④ 压力　压力的影响通常不足以使其成为较重要的环境因素之一。由于气象作用的过程,使压力在从下限大约 880mbar（1bar$=10^5$Pa,下同）到上限 1083mbar 范围内变化。低压与热带逆风暴有关,而高压与冬天大陆性的高压阵有关。压力的影响主要是由风暴的运动或运输或飞行物体达到高空过程中发生的急剧变化造成的。压力的这种改变能引起密封的破裂、容器的变形或物体的移动。

⑤ 太阳辐射　虽然照射到地球上的太阳辐射对地球上的生命来说是必不可少的,但是要是没有大气的过滤作用的话,太阳辐射对地球上的生物的影响会是致命的。

太阳辐射对产品的影响常常类似于高温的影响,因为太阳辐射使许多产品的温度很快升高,引起的温度湿度提高必将加速其它环境因素的改变而产生产品腐蚀及微生物的大量增加。另外非热能的影响也是很重要的,太阳辐射高能短波在产品中引起化学反应常常降低其功能特性,对非金属材料影响尤为严重。

⑥ 降雨　降雨是人们熟知的一种自然环境因素。其应考虑的有关内容应包括:

a. 降雨的强度;

b. 液体水的成分（包括酸、碱度等）;

c. 雨滴的形状、滴径分布、雨滴速度和冲击能力及压力;

d. 雨水的物理和化学性质。

淋雨对产品产生的影响有三个层面:雨水在大气中时发生的影响;雨水冲打

时发生的影响；雨水在地球（产品）表面积存后发生的影响。

⑦ 固体沉降物　这类物质除了沙尘以外，大量的来源于大气水分的各种形式的冰。固体沉降物带来的影响主要有以下几点：

　　a. 设备的运行产生异常或受阻；

　　b. 设备承载而使结构遭到破坏；

　　c. 运输系统速度减慢或完全中断；

　　d. 使产品的润滑和传动系统受损或破坏；

　　e. 设备在储存或运行期间产生锈蚀；

　　f. 增加设备的维修成本。

⑧ 雾　这一环境因素与高湿度和淋浴产生的影响几乎相同。特别是在沿海地区或高温高湿地区形成的雾，或伴随着温度剧烈变化产生冷凝水或冰，可能使包装、运输及使用中的产品产生锈蚀。

⑨ 风　风是又一众所周知的并且能够观察到的环境因素。与旋风、雷暴雨、龙卷风和类似的猛烈气象扰动有关的剧烈风暴产生了主要的有害影响。激烈的风的有害影响是十分巨大的，必须引起足够的重视。其危害如下：

　　a. 破坏建筑物、桥梁及其它结构和设备；

　　b. 损坏输电及通信系统；

　　c. 损害空中飞行物及其它暴露在空中的物品；

　　d. 妨碍地面车辆的操作及损毁车辆及物品；

　　e. 受风吹动，物品的外表及结构造成伤害和破坏。

⑩ 盐、盐雾及盐水　周围环境中盐的广泛存在以及盐加速腐蚀成为人们把盐视作一种重要的环境因素的原因。虽然盐在化学上比较不活泼，但是在有水存在的情况下它是电化学反应的一种强的助催化剂。盐用来标志钠、氯化钠、硫酸盐和镁离子，如自然界中存在的和大气中夹带的，如微粒、冷凝核、盐雾和盐水滴。

几乎所有的空中盐都来自于海面上产生的泡沫和海边碎浪。多数大气中的盐发生在海洋或大海附近。正常海风能够携带每立方千米空气 $1\sim 10kg$ 的盐到陆地上来，暴风时则可增加到 $100kg/km^3$。空气中夹带盐的数量明显的依赖于特定地区海水的温度和含盐量。

在紧接海岸地区降盐可以高达 $45g/m^2$，但是随着远离海岸而迅速减少，而遥远的内地降盐最少达到 $0.225g/m^2$。

盐的所有影响几乎都是产生金属腐蚀，也可以观察到漆膜起泡，而当电器或机械设备受盐影响时，也是由于盐对金属的腐蚀引起的。

⑪ 臭氧　臭氧是下层大气中出现的浓度很低的气体。而且，由于自然和人为的原因，其浓度是变化的。由于它具有高度的活性，并且能够对人体和器材都有害，因此它也是一种重要的环境因素。

臭氧可以划为自然环境因素这一类,因为观察到的最大量的臭氧产生于同温层,以后由大气循环输送到地球表面。这些臭氧的自然浓度一般不大于 6×10^{-6}。臭氧是在同温层中由氧分子吸收太阳紫外线辐射产生的。在对流层中,臭氧是由通常与污染物有关光化学反应产生的,臭氧也可以通过与天然的有机蒸发物起光化学反应产生,以及由电气放电、紫外线辐射和核辐射产生。

臭氧对器材的影响是起强的化学氧化剂的作用,臭氧对如橡胶、纤维制品的损害尤为严重。

⑫ 生物　生物包括所有能用肉眼可以看见的那些鲜活的东西。在动物中,生物包括各种昆虫、海中凿船虫、啮齿动物、爬行动物、哺乳动物和鸟类等。生物也包括植物。在产品储运和室内外使用期间,蚁和鼠类对木材、电缆线等的危害是非常典型的例子。

⑬ 微生物　微生物包括细菌、霉菌和其它菌类。细菌没有叶绿素,而且存在土壤、水、空气、动物和植物中。细菌能够经受住广泛的极限环境,包括沸腾的水、彻底的干燥或真空条件。包括像蘑菇、酵母这样一些著名的菌种。霉菌通过产生实质上容易传播的孢子能够再生,而且实际上能在各种环境存在。

微生物的普遍存在和它们的新陈代谢的适应性,使得大多数的产品和器材都承受不住它们的某种形式的侵袭和蚀变。这些侵袭的例子包括损坏金属、电气器材、玻璃、光学设备、摄影制品、油类、油脂、涂料、沥青、橡胶、树脂、塑料、棉织品、毛织品、木制品、纸制品等。

微生物对器材的破坏影响是大量环境因素综合的结果。器材的损坏取决于器材的易受腐蚀和败坏的情况,还取决于存在的环境和营养因素。微生物生存所需的主要因素如下:

a. 合适的温度　各种微生物虽然能经受得住极端的温度条件,但是,它们要在相当窄的温度范围内才能生长和繁殖。

b. 光　某些微生物的生长和繁殖必须有光,但是紫外线对所有这样的微生物都是致命的。然而,霉菌不需要光。

c. 氧　对于霉菌的生长氧气是必需的,而且大多数其它微生物有了氧气才能生长得更好,虽然氧气会杀死一些菌种。

d. 水　如果一个容器的湿度含量小于10%,并且不能从别的来源获得水分,则几乎不会出现微生物的生长。

e. 容许的酸度　某些微生物在比较宽的酸度范围内生长,虽然,对特种微生物来说有其适用的最佳的酸度或碱度量级。

f. 营养因素　像所有有生命的生物一样,微生物需要供给大量的基本构造元素,如碳、氢、氧等元素,以及为了生存需要少量的其它化学元素。

(2) 诱发环境因素

诱发环境因素是指其对器材产生的影响主要是由人的各种活动引起的那些因素。每一个自然环境因素都可以被人改变,事实上,经常采用防护方法改变自然环境因素,如现代建筑物内的各种不同区域的环境条件几乎完全是由人控制的。同样的,诱发环境因素要受自然环境因素的影响,有时要受自然因素的支配。诱发环境因素可整理归纳为附表2。

附表2 诱发环境因素的分类

类别	因素
大气污染物	大气污染物
	沙和尘
机械作用	振动
	冲击
	加速度
辐射能	声辐射
	电磁辐射
	核辐射

① 大气污染物　大气污染物是一种诱发环境因素,由于污染物浓度的增长以及空气污染物对整个环境质量的有害影响,所以这种因素正在受到人们越来越多的重视。大气污染物不但对人体的健康有很大的影响,而且对人们所使用的大量器材同样有着严重的影响。如在工业区、人口密集区和大量的军事行动区,大气污染所引起的危害更为严重。重要的大气污染物及其大致的浓度范围列于附表3。

附表3 大气污染物及其浓度范围

污染物	典型的浓度范围/$\times 10^{-6}$	污染物	典型的浓度范围/$\times 10^{-6}$
二氧化硫	0.005~2	一氧化碳	0.1~100
氢硫化物	0.001~0.003	碳氢化物	0.1~40
一氧化氮	0.01~0.4	粉尘	10~200
二氧化氮	0.02~0.3		

大气污染物对器材的作用和影响主要在其表面,即污染物使器材的表面腐蚀、脱色、形成斑迹、淋溶以及其它类似的作用。污染物也会引起很多非金属制品如纺织物、纸、橡胶、塑料制品等的损坏和变质,还可以使太阳辐射、温度、湿度、微生物和臭氧等自然环境因素引起的腐蚀过程大大加快。

② 沙和尘　空气中的沙尘环境的产生几乎总是和地球上的干热地区有关,在其它地区也存在季节性地产生沙尘环境,自然产生的沙尘风暴是一个重要因

素，但由于人们活动的增加和战争的频繁大大增加沙尘的产生，其后果较自然引起的沙尘严重得多。所以沙尘对器材的影响是一个诱发环境因素，而不是一个自然因素。

沙尘环境参数包括浓度、颗粒的大小、颗粒尺寸的分布、颗粒的形状、颗粒的组成及硬度。沙尘颗粒的正常浓度范围从数毫克/米^{3}到数克/米^3，颗粒的直径为$1\sim150\mu m$。较大的颗粒迅速从空气中沉降，而较小的颗粒在总的沙尘含量中占的份数很小。由于沙尘的来源不同，其所含成分也不一样，其中主要是二氧化硅，也有少量的氧化铝及其它金属氧化物。

沙尘的危害程度主要取决于和沙尘接触的器材的性质。沙尘落在金属产品的表面或进入缝隙，会使金属表面擦伤或损坏，在潮湿情况下沙尘会引起酸性或碱性反应，产生腐蚀。也可能产生磨蚀和剥蚀，如在含沙的空气中飞行的直升机在20h的飞行之后，其旋翼会受到严重的磨损；汽轮机在含沙地区工作15h之后就被损坏。

③ 振动、冲击和加速度　振动、冲击和加速度均为诱发环境因素，它们通过各种不同类型的机械力与器材之间产生互相影响和作用。尽管这些因素有许多相似之处，但它们都有各自的特性和作用。

振动是一种准连续的振荡运动和振荡力；冲击是一种力或运动在一段时间内的撞击；而加速度被定义为速度的变化率时，用于描述由速度的变化产生的作用于器材上的力，而此速度的变化与振动和冲击的情况相比是缓慢的。通常，总是用运动参数——速度和加速度与时间的依赖关系来描述这三个诱发环境因素。

④ 声振　声振也是一种重要的诱发环境因素。声振环境与振动有着密切的关系，声能与器材互相作用可引起器材的损坏。更重要的是声能作为噪声能干扰通信并能造成对人的伤害。

⑤ 电磁辐射　电磁辐射是任何环境中都存在的辐射能，作为一个环境因素，其重要性也在不断地增加。通过环境传播的变化电磁场就是这种能量的存在形式。电磁辐射频率的变化范围超过25个量级。电磁辐射的幅值及辐射线在辐射频率范围内可以有明显的变化，电磁辐射对器材的多数影响出现在强辐射源附近。此时可产生过热和绝缘击穿。有些装置特别是半导体装置在相当小的电磁场作用下就能造成永久性破坏。

⑥ 核辐射　虽然自然核辐射是存在的，但我们所关注的是与人造辐射源（如反应同位素动力源及核武器等）有关的核辐射，这些类型的核辐射应该属于诱发环境因素。核武器是最重要的核辐射，它对各种器材既可以产生瞬时的伤害，也可以产生永久性的伤害。最重要的核辐射是X射线、γ射线和中子型核辐射。与核反应产生的带电粒子相反，上述类型的核辐射在大气中占有很大的范围，它能对各种军用和民用产品及设施产生严重的危害和影响。

附录2　有关大气腐蚀性分类标准

(1) 大气环境腐蚀性分类

本节参阅国标 GB/T 15957《大气环境腐蚀性分类》。标准中规定了普通碳钢在不同大气环境下的腐蚀类型及及其相对湿度、空气中腐蚀性物质含量对应关系等；这一标准适用于在乡村大气、城市大气、工业大气（包括化工大气）和海洋大气四种大气环境下，露天裸露的普通碳钢（以 Q235 钢为基准）钢结构；其为裸露的碳钢在不同大气环境下腐蚀等级划分的标准，也是防护涂料及其类似防护材料品种选择的重要依据。

① 按相对湿度分类的大气环境　按相对湿度分类的大气环境为如下 3 类：

a. 潮湿型环境　指年平均相对湿度 RH＞75％的大气环境（包括局部环境和微环境）。

b. 普通型环境　指年平均相对湿度 RH 60％～75％的大气环境。

c. 干燥型环境　指年平均相对湿度 RH＜60％的大气环境。

② 影响钢结构件大气腐蚀的关键因素及其成因　影响钢结构件大气腐蚀的关键因素，是在钢结构表面形成潮气薄膜的时间和大气中腐蚀性物质的含量。

大气腐蚀发生的起因和过程如下：

a. 钢结构表面潮气薄膜的形成（潮气薄膜可以薄到肉眼看不到的程度），由下列几种因素作用所致：大气相对湿度的增大；由于钢结构表面温度达到露点或露点以下产生冷凝作用；大气的污染、钢结构表面沉积吸潮性污染物，如二氧化硫、氯化物以及因工业操作带来的电介质等。

b. 结露、降雨、融雪等直接润湿结构表面。

c. 大气中腐蚀性物质的存在加速了钢结构的腐蚀速率，在相同湿度的条件下，腐蚀性物质含量越高，腐蚀速率越大。腐蚀性物质的腐蚀性与大气的湿度有关，在较高的湿度（潮湿型）环境中腐蚀性大，在较低的湿度（干燥型）环境中腐蚀性大大降低。如果吸湿性沉积物（如氯化物等）存在时，即使环境大气的湿度很低（RH＜60％）也会发生腐蚀。

③ 大气相对湿度（RH）类型　标准中将大气（包括局部环境、微环境）相对湿度分为下述 3 类。

a. 干燥型：RH＜60％。

b. 普通型：RH 60％～75％。

c. 潮湿型：RH＞75％。

④ 环境气体类型　标准中按以下钢结构腐蚀的主要气体及其成分含量，将

环境气体分为 A、B、C、D 四种类型。环境气体类型见附表 4。

附表 4　环境气体分类

气体类别	腐蚀性物质名称	腐蚀性物质含量 /(mg/m³)	气体类别	腐蚀性物质名称	腐蚀性物质含量 /(mg/m³)
A	二氧化碳 二氧化硫 氟化氢 硫化氢 氮的氧化物 氯 氯化氢	<2000 <0.5 <0.05 <0.01 <0.1 <0.1 <0.05	C	二氧化硫 氟化氢 硫化氢 氮的氧化物 氯 氯化氢	10～200 5～10 5～100 5～25 1～5 5～10
B	二氧化碳 二氧化硫 氟化氢 硫化氢 氮的氧化物 氯 氯化氢	>2000 0.5～10 0.05～5 0.01～5 0.1～5 0.5～1 0.05～5	D	二氧化硫 氟化氢 硫化氢 氮的氧化物 氯 氯化氢	200～1000 10～100 >100 25～100 5～10 10～100

注：当大气中同时含有多种腐蚀性气体，则腐蚀级别应取最高的一种或几种为基准。

⑤ 腐蚀环境类型　根据碳钢在不同大气环境下暴露第一年的腐蚀速率（mm/a），将腐蚀环境类型分为六大类。腐蚀环境类型的技术指标应符合附表 5 的要求。

附表 5　腐蚀环境类型的技术指标

腐蚀类型		腐蚀速率 /(mm/a)	腐蚀环境		
等级	名称		环境气体类型	相对湿度（年平均）/%	大气环境
Ⅰ	无腐蚀	<0.001	A	<60	乡村大气
Ⅱ	弱腐蚀	0.001～0.025	A B	60～75 <60	乡村大气 城市大气
Ⅲ	轻腐蚀	0.025～0.050	A B C	>75 60～75 <60	乡村大气 城市大气和 工业大气
Ⅳ	中腐蚀	0.05～0.20	B C D	>75 60～75 <60	乡村大气 城市大气和 工业大气
Ⅴ	较强腐蚀	0.20～1.00	C D	>75 60～75	工业大气
Ⅵ	强腐蚀	1～5	D	>75	工业大气

注：在特殊场合与额外腐蚀负荷作用下，应将腐蚀类型提高级别，如：机械负荷；风沙大的地区，因风携带颗粒（沙子等）使钢结构发生磨蚀的情况；钢结构上用于（人或车辆）通行或有机械重负载并定期移动的表面；经常有吸潮性物质沉积于钢结构表面的情况。

(2) 关于金属和合金腐蚀的大气腐蚀性分类

GB/T 19292.1—2003《金属和合金的腐蚀 大气腐蚀性 分类》等同采用ISO 9223：1992《金属和合金的腐蚀 大气腐蚀性 分类》，标准规定了确定金属和合金大气腐蚀的关键因素。包括大气潮湿时间（τ）、二氧化硫（SO_2）污染物含量（P）和空气中盐含量（S）。根据这3个因素确定大气腐蚀性等级（C）。

标准给出的分类可以直接用于评估在已知潮湿时间、二氧化硫污染物含量和空气中含盐量的条件下金属和合金的大气腐蚀性。

标准不适用特殊使用的环境大气腐蚀性，如在化学或冶金工业中的大气。这些环境中的潮湿时间和污染物不具有普遍性。

污染物分类和腐蚀等级可以直接用于腐蚀破坏的技术和经济分析，及保护措施的合理选择。

① 大气的潮湿时间分类 大气的潮湿时间的分类列于附表6。潮湿时间[表面潮湿由许多因素造成，如露水、雨水、融雪和高湿度，用温度（θ）大于0℃和相对湿度大于80%的时间来估计有关表面的潮湿时间（τ）。产生的试验时间可以直接通过各种测量系统来确定]取决于大气候和地区分类。分类值是根据地区分类的典型条件下的大环境范围内的长期特征。潮湿的计算时间和选择地球上的气候特征列于附表7。在潮湿时间$\tau 1$，几乎无冷凝作用。对于$\tau 2$在金属表面形成液膜的可能性很小，时间$\tau 3 \sim \tau 5$包括冷凝和沉降。

附表6 大气的潮湿时间分类

等级	潮湿时间 /(h/a)	/%	举例
$\tau 1$	$\tau \leqslant 10$	$\tau \leqslant 0.1$	有空气调节的内部微气候
$\tau 2$	$10 < \tau \leqslant 250$	$0.1 < \tau \leqslant 3$	在潮湿气候中内部无空气调节的空间除外，无空气调节的内部微气候
$\tau 3$	$250 < \tau \leqslant 2500$	$3 < \tau \leqslant 30$	在干冷气候或半温带气候的室外大气；在温带气候下适当通风的工作间
$\tau 4$	$2500 < \tau \leqslant 5500$	$30 < \tau \leqslant 60$	在所有气候的室外大气中(除了干冷气候外)在潮湿条件下通风的工作间；在温带气候下不通风的工作间
$\tau 5$	$\tau > 5500$	$\tau > 60$	部分潮湿气候；潮湿气候中不通风的工作间

注：1. 一个指定地点的潮湿时间取决于开放型大气中温度和湿度的综合作用和地点等级并且按每年小时或按占暴露时间的比例(百分数)表达。

2. 潮湿时间的百分数值是经过四舍五入的，并且仅作为参考。

3. 由于遮蔽程度不同，没有包括所有情况。

4. 在氯离子沉积的海洋性气候中被遮蔽的表面实际上增加了潮湿时间，由于吸湿性盐的存在，因此被列在$\tau 5$等级。

5. 没有空气调节的室内大气，当有水蒸气存在时，潮湿等级为$\tau 3 \sim \tau 5$。

6. 潮湿时间在$\tau 1 \sim \tau 2$的范围内，不洁净的表面其腐蚀的可能性较高。

附表7　潮湿时间计算和气候特征选择[①]

气候类型	每年最大值的平均值 a			潮湿时间计算 $(RH>80\%, \theta^{②}>0℃)/(h/a)$	潮湿时间分类
	低温/℃	高温/℃	最高温度 $(RH\geq 95\%)$/℃		
极冷	−65	+32	+20	0～100	$\tau 1$ 或 $\tau 2$
冷	−50	+32	+20	150～2500	$\tau 2$ 或 $\tau 3$
稍冷	−33	+34	+23	2500～4200	$\tau 4$
温暖	−20	+35	+25		
干热	−20	+40	+27		
很干热	−5	+40	+27	10～1600	$\tau 2$ 或 $\tau 3$
非常干热	+3	55	+28		
湿热	+5	+40	+31	4200～6000	$\tau 4$ 或 $\tau 5$
非常湿热	+13	+35	+33		

① 参见 IEC 721-2-1：1982《环境条件分类　第2部分：自然环境条件　温度和湿度》。
② θ 为空气温度。

腐蚀性分类有两种方法：

a. 按标准金属试样测量的腐蚀速率进行分类。

b. 按腐蚀合金分类，即根据影响金属和合金腐蚀的最重要的大气因素，如潮湿时间和污染程度来评估。

② 大气污染物等级分类　大气污染物分为两类：由二氧化硫造成的污染和由空气中的盐造成的污染。这两种类型的污染物在农村、城市、工业和海洋性大气中都具有代表性。对于标准室外大气中以二氧化硫为主的污染物的分类列于附表8。氯离子污染物的等级指的是在海洋性环境中被空气中盐分污染的室外大气，等级分类列于附表9。

附表8　以二氧化硫为代表的含硫化合物污染物分类

二氧化硫的沉积率/[mg/(m²·d)]	二氧化硫的浓度/(μg/m³)	等级
$P_d \leq 10$	$P_c \leq 12$	P0
$10 < P_d \leq 35$	$12 < P_c \leq 40$	P1
$35 < P_d \leq 80$	$40 < P_c \leq 90$	P2
$80 < P_d \leq 200$	$90 < P_c \leq 250$	P3

注：1. 在 GB/T 19292.3 中规定了测定二氧化硫的方法。

2. 由沉淀法（P_d）和容量法（P_c）测定的二氧化硫的值用于分类是等效的。用两种方法测量的值之间的关系可以近似表达为 $P_d = 0.9 P_c$。

3. 针对本部分，二氧化硫的沉积率和浓度是经至少一年的连续测量计算得到的，并且表达为年平均值。短期测量的结果与长期的平均值有很大的差别，这些结果只作为指导。

4. 在等级 P0 的二氧化硫的浓度被作为背景浓度并且对于腐蚀破坏是微不足道的。

5. 在等级 P3 的二氧化硫的污染被认为是极限。超出本部分范围是典型的作业微环境气候。

6. 在遮蔽条件下，尤其在室内空气，以二氧化硫为代表的污染物浓度与遮蔽程度呈反比关系减少。

7. P 为以二氧化硫（SO_2）水平为主的硫化物污染等级。

附表9　以氯化物为代表的空气中盐类污染物分类

氯化物的沉积率/[mg/(m²·d)]	等级
$S \leqslant 3$	S0
$3 < S \leqslant 60$	S1
$60 < S \leqslant 300$	S2
$300 < S \leqslant 1500$	S3

注：1. 在该标准空气的含盐量分析方法是根据 GB/T 19292.3 中的湿烛法。
2. 用各种方法确定大气中含盐量的结果通常是不可以直接比较和转化。
3. 在本标准中，氯化物的沉积率是年平均量。短期结果是变化无常的，并且受天气影响也很大。
4. 在 S0 级内的任何氯化物沉积率被认为是背景浓度而且对腐蚀破坏是微乎其微的。
5. 氯化物污染的极限，如以海水飞溅或喷淋为代表是超出本标准范围的。
6. 空气中盐含量受风向、风速、当地地貌、暴晒地距海洋的距离等影响。
7. S 为以空气中盐含量的污染等级。

③ 大气腐蚀性等级　大气腐蚀性等级分为 5 类，见附表 10。

附表10　大气腐蚀性分级

级别	腐蚀性	级别	腐蚀性
C1	很低	C4	高
C2	低	C5	很高
C3	中等		

注：C 为大气腐蚀性等级。

④ 按标准试样的腐蚀速率测量值进行腐蚀性分类　标准金属（碳钢、锌、铜、铝）的第一年腐蚀速率值，对应每一个腐蚀等级，列于附表 11。这些值不能外推用于估计长期的腐蚀行为。指导性的腐蚀值和附加信息在 GB/T 19292.2 中给出。

附表11　在不同腐蚀性等级下暴晒第一年的腐蚀速率

等级	金属的腐蚀速率 r_{corr}				
	单位	碳钢	锌	铜	铝
C1	g/(m²·a) μm/a	$r_{corr} \leqslant 10$ $r_{corr} \leqslant 1.3$	$r_{corr} \leqslant 0.7$ $r_{corr} \leqslant 0.1$	$r_{corr} \leqslant 0.9$ $r_{corr} \leqslant 0.1$	忽略
C2	g/(m²·a) μm/a	$10 < r_{corr} \leqslant 200$ $1.3 < r_{corr} \leqslant 25$	$0.7 < r_{corr} \leqslant 5$ $0.1 < r_{corr} \leqslant 0.7$	$0.9 < r_{corr} \leqslant 5$ $0.1 < r_{corr} \leqslant 0.6$	$r_{corr} \leqslant 0.6$ —
C3	g/(m²·a) μm/a	$200 < r_{corr} \leqslant 400$ $25 < r_{corr} \leqslant 50$	$5 < r_{corr} \leqslant 15$ $0.7 < r_{corr} \leqslant 2.1$	$5 < r_{corr} \leqslant 12$ $0.6 < r_{corr} \leqslant 1.3$	$0.6 < r_{corr} \leqslant 2$ —
C4	g/(m²·a) μm/a	$400 < r_{corr} \leqslant 650$ $50 < r_{corr} \leqslant 80$	$15 < r_{corr} \leqslant 30$ $2.1 < r_{corr} \leqslant 4.2$	$12 < r_{corr} \leqslant 25$ $1.3 < r_{corr} \leqslant 2.8$	$2 < r_{corr} \leqslant 5$ —

续表

等级	金属的腐蚀速率 r_{corr}				
	单位	碳钢	锌	铜	铝
C5	g/(m²·a) μm/a	$650<r_{corr}\leqslant1500$ $80<r_{corr}\leqslant200$	$30<r_{corr}\leqslant60$ $4.2<r_{corr}\leqslant8.4$	$25<r_{corr}\leqslant50$ $2.8<r_{corr}\leqslant5.6$	$5<r_{corr}\leqslant10$ —

注:1. 分类标准是根据用于腐蚀性评估的标准试样腐蚀速率的确定(见 GB/T 19292.4)。
2. 以克每平方米年表达的腐蚀速率已被换算为微米每年并且进行四舍五入。
3. 材料的说明见 GB/T 19292.4。
4. 铝经受局部腐蚀,但在表中所列腐蚀速率是按均匀腐蚀计算得到的。最大点蚀深度是潜在破坏性的最好指示,但这个特征不能在暴晒的一年后就用于评估。
5. 超过上限等级 C5 的腐蚀速率表明环境超出本标准的范围。
6. r_{corr}为大气暴晒第一年的腐蚀速率。

⑤ 潮湿的分类时间和污染等级所对应的腐蚀性等级　污染物等级和潮湿时间的等级用于确定单一金属腐蚀性分类。

潮湿的分类时间和污染等级所对应的腐蚀性等级列于附表12。

就潮湿时间等级 $\tau1$ 来说,腐蚀性等级通常是 C1,除非在严重污染的室内大气中。

附表12　评估大气的腐蚀性等级

碳钢															
	$\tau1$			$\tau2$			$\tau3$			$\tau4$			$\tau5$		
	S0~S1	S2	S3	S0~S1	S2	S3	S0~S1	S2	S3	S0~S1	S2	S3	S0~S1	S2	S3
P0~P1	1	1	1或2	1	2	3或4	2或3	3或4	4	5	6	5	3或4	5	5
P2	1	2	1或2	1或2	1或3	3或4	3或4	4或5	4	4	5	4或5	5	5
P3	1或2	1或2	2	2	3	4	4或5	5	5	5	5	5	5	5	5
锌和铜															
P0~P1	1	1	1	1	1或2	3	3	3或4	3	4	5	3或4	5	5
P2	1	1	1或2	1或2	2	3	3或4	4	3或4	4	5	4或5	5	5
P2	1	1或2	2	2	3	3或4	4	4	4	5	5	5	5	5	5
铝															
P0~P1	1	2	2	1	2或3	3	3	3或4	3	3或4	5	4	5	5
P2	1	2	2或3	1或2	3或4	3	3	4或5	3或4	4	4或5	5	5	5
P3	1	2或3	3或4	2	4	3或4	4或5	4或5	5	5	5	5	5	5	5

注:腐蚀性用腐蚀性等级代号的数字部分(如1代表C1)。

⑥ 碳钢、锌、铜、铝等的大气腐蚀性　根据 GB/T 19292.1—2003《金属和合金的腐蚀　大气腐蚀性　分类》所得钢、锌、铜、铝等金属的大气腐蚀性的派生分别列于附表13~附表16。

附表 13 碳钢大气腐蚀性的派生

腐蚀性分类	腐蚀速率 r_{corr} (第一年)[2] / [g/(m²·a)]	r_{lin} (稳定状态)[3] / (µm/a)	潮湿时间[1](RH>80%, θ>0℃)/(h/a)																		
			τ≤10 (τ1类) 室内空气调节				10<τ≤250 (τ2类) 室内 没有空气调节 (潮湿除外)				250<τ≤2500 (τ3类) 室外干燥、寒冷的气候 温带通风的工作间				2500<τ≤5500 (τ4类) 温带室外, 温带无通风工作间 潮湿气候通风工作间				τ>5500 (τ5类) 室外潮湿气候 潮湿、无通风工作间			
			大气含盐量[4]氯化物沉降量/[mg/(m²·d)]																		
			S0 S≤3	S1 3<S≤60	S2 60<S≤300	S3 300<S≤1500	S0 S≤3	S1 3<S≤60	S2 60<S≤300	S3 300<S≤1500	S0 S≤3	S1 3<S≤60	S2 60<S≤300	S3 300<S≤1500	S0 S≤3	S1 3<S≤60	S2 60<S≤300	S3 300<S≤1500	S0 S≤3	S1 3<S≤60	S2 60<S≤300	S3 300<S≤1500
C1	r_{corr}≤10	r_{lin}<0.1	1	1	1或2	1或2	1	1或2	2	2或3	2	3或4	3或4	4	3	4	5	5	3或4	4或5	5	5
C2	10<r_{corr}≤200	0.1<r_{lin}≤1.5	1	1	2	2	1或2	2	2	3或4	3	4	4或5	5	4	4	5	5	5	5	5	5
C3	200<r_{corr}≤400	1.5<r_{lin}≤6	1或2	1或2	2	2	2	2	3或4	4	4	4或5	5	5	5	5	5	5	5	5	5	5

二氧化硫工业大气污染[5]	分类	沉降率/[mg/(m²·d)]
P_c≤12	P0	P_d<10
12<P_c≤40	P1	10<P_d≤35
40<P_c≤90	P2	35<P_d≤80
90<P_c≤250	P3	80<P_d≤200

浓度 /(µm/m³)

① 参见附表 6。
② 参见附表 11。
③ 参见 GB/T 19292.2《长期大气暴晒得到的稳定的腐蚀速率》。
④ 参见附表 9。
⑤ 参见附表 8。

注: 腐蚀性用腐蚀类码数字部分表示（如 1 代表 C1）参见附表 12。

附表 14　锌大气腐蚀性的派生

腐蚀性分类	腐蚀速率 r_{corr}（第一年）/[g/(m²·a)]	r_{lin}（稳定状态）/(μm/a)
C1	$r_{corr}\leq 0.7$	$r_{lin}<0.05$
C2	$0.7<r_{corr}\leq 5$	$0.05<r_{lin}\leq 0.5$
C3	$5<r_{corr}\leq 15$	$0.5<r_{lin}\leq 2$
C4	$15<r_{corr}\leq 30$	$2<r_{lin}\leq 4$
C5	$30<r_{corr}\leq 60$	$4<r_{lin}\leq 10$

潮湿时间（RH>80%，θ>0℃）/(h/a)

潮湿时间分类	描述
$\tau\leq 10$（τ1类）	室内空气调节
$10<\tau\leq 250$（τ2类）	室内没有空气调节（潮湿除外）
$250<\tau\leq 2500$（τ3类）	室外干燥、寒冷的气候 温带通风的工作间
$2500<\tau\leq 5500$（τ4类）	温带室外、温带无通风工作间 潮湿气候工作间
$\tau>5500$（τ5类）	室外潮湿、潮湿、无通风工作间

二氧化硫工业大气污染

分类	浓度/(μm/m³)	沉降率/[mg/(m²·d)]
P0	$P_c\leq 12$	$P_d<10$
P1	$12<P_c\leq 40$	$10<P_d\leq 35$
P2	$40<P_c\leq 90$	$35<P_d\leq 80$
P3	$90<P_c\leq 250$	$80<P_d\leq 200$

大气含盐量氧化物沉降量 /[mg/(m²·d)]

	τ1类				τ2类				τ3类				τ4类				τ5类			
	S0	S1	S2	S3	S0	S1	S2	S3	S0	S1	S2	S3	S0	S1	S2	S3	S0	S1	S2	S3
	$S\leq 3$	$3<S\leq 60$	$60<S\leq 300$	$300<S\leq 1500$	$S\leq 3$	$3<S\leq 60$	$60<S\leq 300$	$300<S\leq 1500$	$S\leq 3$	$3<S\leq 60$	$60<S\leq 300$	$300<S\leq 1500$	$S\leq 3$	$3<S\leq 60$	$60<S\leq 300$	$300<S\leq 1500$	$S\leq 3$	$3<S\leq 60$	$60<S\leq 300$	$300<S\leq 1500$
P0	1	1	1	1	1	1	1或2	1或2	3	3	3	3或4	3	3	3或4	3或4	3或4	5	5	5
P1	1	1	1	1	1	1或2	2	2	3	3	3	4	3	3或4	4	4	4或5	5	5	5
P2	1	1	2	2	1	2	2	3	3	3	3	4	3	4	4	5	5	5	5	5
P3	1	2或3	3	3	2	3	3	4	3	3或4	4	4或5	4	4	5	5	5	5	5	5

附表 15 铜大气腐蚀性的派生

腐蚀性分类	腐蚀速率 r_{corr}（第一年）/[g/(m²·a)]	r_{lin}（稳定状态）/(μm/a)
C1	$r_{corr} \leq 0.9$	$r_{lin} < 0.01$
C2	$0.9 < r_{corr} \leq 5$	$0.01 < r_{lin} \leq 0.1$
C3	$5 < r_{corr} \leq 12$	$0.1 < r_{lin} \leq 1$
C4	$12 < r_{corr} \leq 25$	$1 < r_{lin} \leq 3$
C5	$25 < r_{corr} \leq 50$	$3 < r_{lin} \leq 5$

潮湿时间（RH>80%, θ>0℃）/(h/a)

类别	环境描述
$\tau \leq 10$（τ1类）	室内空气调节
$10 < \tau \leq 250$（τ2类）	室内没有空气调节（潮湿除外）
$250 < \tau \leq 2500$（τ3类）	室外干燥、寒冷的气候 温带通风的工作间
$2500 < \tau \leq 5500$（τ4类）	温带室外、温带无通风工作间 潮湿气候工作间
$\tau > 5500$（τ5类）	室外潮湿、无通风工作间

大气含盐量氯化物沉降量[mg/(m²·d)]

二氧化硫工业大气污染			τ1类				τ2类				τ3类				τ4类				τ5类			
浓度/(μg/m³)	分类	沉降率/[mg/(m²·d)]	S0 $S \leq 3$	S1 $3 < S \leq 60$	S2 $60 < S \leq 300$	S3 $300 < S \leq 1500$	S0 $S \leq 3$	S1 $3 < S \leq 60$	S2 $60 < S \leq 300$	S3 $300 < S \leq 1500$	S0 $S \leq 3$	S1 $3 < S \leq 60$	S2 $60 < S \leq 300$	S3 $300 < S \leq 1500$	S0 $S \leq 3$	S1 $3 < S \leq 60$	S2 $60 < S \leq 300$	S3 $300 < S \leq 1500$	S0 $S \leq 3$	S1 $3 < S \leq 60$	S2 $60 < S \leq 300$	S3 $300 < S \leq 1500$
$P_c \leq 12$	P0	$P_d < 10$	1	1	1 或 2	1 或 2	1	1 或 2	2	3	3	3	3	3 或 4	3	3 或 4	4	5	3 或 4	4	5	5
$12 < P_c \leq 40$	P1	$10 < P_d \leq 35$	1	1	1 或 2	2	1	2	2	3	3	3 或 4	3 或 4	4	3 或 4	4	4	5	4 或 5	5	5	5
$40 < P_c \leq 90$	P2	$35 < P_d \leq 80$	1	1 或 2	2	2	2	2	3	3 或 4	3	3 或 4	4	4	4	5	5	5	5	5	5	5
$90 < P_c \leq 250$	P3	$80 < P_d \leq 200$	1	2	2	3	2	3	3 或 4	4	3	4 或 5	5	5	5	5	5	5	5	5	5	5

附表16 铝大气腐蚀性的派生

腐蚀性分类	腐蚀速率 r_{corr}（第一年）/[g/(m²·a)]	r_{lin}（稳定状态）/(μm/a)	τ≤10（τ1类）室内空气调节				10<τ≤250（τ2类）室内空气调节 没有潮湿除外				250<τ≤2500（τ3类）室外干燥、寒冷的气候 温带通风的工作间				2500<τ≤5500（τ4类）温带室外，温带无通风工作间 潮湿气候工作间				τ>5500（τ5类）室外潮湿气候 潮湿、无通风工作间			
			S0 S≤3	S1 3<S≤60	S2 60<S≤300	S3 300<S≤1500	S0 S≤3	S1 3<S≤60	S2 60<S≤300	S3 300<S≤1500	S0 S≤3	S1 3<S≤60	S2 60<S≤300	S3 300<S≤1500	S0 S≤3	S1 3<S≤60	S2 60<S≤300	S3 300<S≤1500	S0 S≤3	S1 3<S≤60	S2 60<S≤300	S3 300<S≤1500
C1	r_{corr}≤0.6	忽略	1	1	2	2	1	1或2	2或3	4	3	3或4	4	4	3	3或4	4	5	3或4	4	5	5
C2	0.6<r_{corr}≤2	0.01<r_{lin}≤0.02	1	2	2或3	3	1或2	3	3或4	4	3	4	4	5	3	4	4或5	5	4	4	5	5
C3	2<r_{corr}≤5	0.02<r_{lin}≤0.2	1	2或3	3	4	2或3	3或4	4	4	3或4	4	4或5	5	3或4	4或5	5	5	4或5	5	5	5
C4	5<r_{corr}≤10		2	3	4	4	3或4	4	4或5	5	4	4或5	5	5	4	5	5	5	5	5	5	5
C5																						

二氧化硫工业大气污染

分类	浓度 P_c/(μm/m³)	沉降率 P_d/[mg/(m²·d)]
P0	P_c≤12	P_d<10
P1	12<P_c≤40	10<P_d≤35
P2	40<P_c≤90	35<P_d≤80
P3	90<P_c≤250	80<P_d≤200

欢迎订阅化学工业出版社表面技术与防腐蚀专业图书

ISBN 号	书 名	作者	定价
工具书			
9787122066824	表面处理化学品技术手册	杨丁	98
9787122053251	表面工程技术手册（上）	徐滨士	130
9787122053244	表面工程技术手册（下）	徐滨士	130
9787122110596	电镀工程师手册	谢无极	188
9787122161154	电镀故障手册	谢无极	188
9787122165145	电镀化学分析手册	戴永盛	198
9787122185693	防腐蚀涂装工程手册（第二版）	金晓鸿	88
9787122096111	粉末涂料及其原材料检验方法手册	庄爱玉	69
9787502590291	腐蚀与防护手册——腐蚀理论、试验及监测（第1卷）（二版）	组织编写	98
9787122032577	腐蚀与防护手册——工业生产装置的腐蚀与控制（第4卷）	组织编写	89
9787122027368	腐蚀与防护手册——耐蚀非金属材料及防腐施工（第3卷）	组织编写	98
9787502592646	腐蚀与防护手册——耐蚀金属材料及防蚀技术（第2卷）	组织编写	98
9787122013484	简明电镀手册	陈治良	48
9787122127327	简明涂料工业手册	张传恺	148
9787122056009	建筑涂料涂装手册	王国建	68
9787122071583	美术涂料与装饰技术手册	崔春芳	89
9787122157584	涂装车间设计手册（第二版）	王锡春	150
9787122150646	涂装工工作手册	曹京宜	39
9787122209269	涂装检查参考手册	蒋一兵	39
9787122078728	现代电镀手册	刘仁志	158
9787122061812	现代涂装手册	陈治良	148
9787122197870	英汉电化学与表面处理专业词汇	王玥	49
腐蚀与防护			
9787122211842	材料腐蚀信息学——材料腐蚀基因组工程基础与应用	李晓刚	78
9787122220622	材料腐蚀与防护	孙齐磊	48
9787122113948	电厂防腐蚀及实例精选	窦照英	60
9787122146762	电化学与腐蚀科学	[美]派雷滋	78
9787122022004	腐蚀电化学原理、方法及应用（王凤平）	王凤平	45
9787122131072	腐蚀监测技术	[美]杨列太	128

ISBN 号	书　　名	作者	定价
腐蚀与防护			
9787122046086	腐蚀控制系统工程学概论	李金桂	69
9787122034991	腐蚀失效分析案例	赵志农	78
9787122052179	过程装备腐蚀与防护（闫康平）（二版）	闫康平	32
9787122117786	海洋腐蚀与防护技术	高荣杰	35
9787122205001	航空航天腐蚀控制	[美] 贝纳维德斯	88
9787122025050	化工腐蚀与防护（段林峰）（三版）	段林峰	15
9787122171818	化工腐蚀与防护（张志宇）（第二版）	张志宇	25
9787122149947	缓蚀剂开发与应用	陈振宇	36
9787122135780	缓蚀剂配方与制备 200 例	李东光	39
9787122077325	金属表面防腐蚀工艺	陈克忠	29.8
9787122186003	金属的大气腐蚀及其实验方法	万晔	58
9787502573898	金属电化学腐蚀与防护（张宝宏）	张宝宏	29
9787122045102	金属腐蚀理论及腐蚀控制（龚敏）	龚敏	29
9787122213440	金属腐蚀与防护实验	王凤平	29
9787122133656	铝合金防腐蚀技术问答	方志刚	59
9787122094438	镁合金防腐蚀技术	薛俊峰	68
9787122113306	桥梁钢筋混凝土结构防腐蚀——耐腐蚀钢筋及阴极保护	葛燕	48
9787122018366	新领域精细化工丛书——缓蚀剂（二版）	张天胜	59
9787122173539	油气储运设施腐蚀与防护技术（徐晓刚）	徐晓刚	33
9787502586126	职业技能操作训练丛书——防腐蚀工	李丰春	16
电镀技术			
9787122020406	表面处理清洁生产技术丛书——印制电路板电镀	毛柏南	15
9787122172082	玻璃加工技术丛书——玻璃镀膜技术	宋秋芝	48
9787122094544	电镀层均匀性和镀液稳定性——问题与对策	张三元	36
9787122212108	电镀电化学原理（蔡元兴）	蔡元兴	30
9787122023995	电镀工艺及产品报价实务	谢无极	29
9787122089779	电镀工艺学（冯立明）	冯立明	38
9787122149213	电镀故障精解（二版）	谢无极	68
9787122030122	电镀件装挂技术问答	郑瑞庭	26
9787122113597	电镀实践 1000 例	郑瑞庭	68
9787122045553	电镀与化学镀技术（黄元盛）（附光盘）	黄元盛	18
9787122048738	电镀知识三十讲	袁诗璞	38
9787122136589	电镀专利：解析·申请·利用	刘仁志	48

ISBN 号	书　　名	作者	定价
电镀技术			
9787122178398	电镀装挂操作问答	郑瑞庭	38
9787122026651	电镀自动线生产技术问答	张三元	22
9787122014740	电子电镀技术	刘仁志	48
9787122113313	镀铬技术问答	王尚义	36
9787122075635	镀镍技术丛书——镀镍故障处理及实例	陈天玉	29
9787122009227	镀镍技术丛书——镀镍合金	陈天玉	38
9787122036919	镀镍技术丛书——复合镀镍和特种镀镍	陈天玉	46
9787122138293	非金属电镀与精饰：技术与实践（二版）	刘仁志	58
9787122152428	钢材热镀锌技术问答	苗立贤	39
9787122074232	钢带连续涂镀和退火疑难对策	许秀飞	58
9787122006899	钢带热镀锌技术问答	许秀飞	32
9787502540401	工人岗位培训实用技术读本——电镀技术	程秀云	27
9787122083739	滚镀工艺技术与应用	侯进	58
9787122039286	合金电镀工艺	曾祥德	38
9787122135599	就业金钥匙——电镀工上岗一路通（图解版）	组织编写	36
9787122152480	绿色环保电镀技术	屠振密	80
9787502593247	纳米电镀	［日］渡边辙	58
9787122010469	实用电镀技术丛书（2）——彩色电镀技术	何生龙	27
9787122079060	实用电镀技术丛书（2）——电镀溶液分析技术（二版）	邹群	48
9787122105691	实用电镀技术丛书（2）——电镀溶液与镀层性能测试	曹立新	25
9787122082817	实用电镀技术丛书（2）——电铸原理与工艺	陈钧武	25
9787122197559	实用电镀技术丛书（2）——防护装饰性镀层（二版）	屠振密	58
9787122039279	实用电镀技术丛书（2）——钢铁制件热浸镀与渗镀	李新华	39.8
9787122128829	实用电镀技术丛书（2）——化学镀实用技术（二版）	李宁	68
9787122136206	实用电镀技术丛书——铝镁及其合金电镀与涂饰（二版）	李异	48
9787122150981	实用电镀技术丛书——现代功能性镀层（二版）	姚素薇	48
9787122205827	实用热镀锌技术	苗立贤	128
9787122207142	涂镀钢铁选用与设计	顾宝珊	89
9787122127808	真空科学技术丛书——真空镀膜	李云奇	85
9787122215826	中国电镀史	马捷	128
涂料涂装			
9787122118356	地坪涂料与涂装技术	陈文广	39
9787122147028	防水涂料	贺行洋	48

ISBN 号	书　　名	作者	定价
涂料涂装			
9787122198792	粉末涂料与涂装技术（第三版）	南仁植	148
9787122115591	家具表面涂饰技术	朱毅	49
9787122185150	建筑涂料入行快速通道	熊茂林	29.8
9787122065919	金属表面粉末涂装	李正仁	48
9787122033055	纳米材料改性涂料	刘国杰	45
9787122134752	汽车漆、汽车修补漆与涂装技术	汪盛藻	88
9787122083586	汽车涂装（吕江毅）	吕江毅	20
9787122104267	汽车涂装技术（宋东方）	宋东方	27
9787122023087	实用涂装基础及技巧（二版）	曹京宜	36
9787122122018	涂层失效分析	[美] 韦尔登	58
9787122046031	涂料工艺（仓理）（二版）	仓理	18
9787122066763	涂料工艺（上、下）（四版）	刘登良	280
9787122144959	涂料和涂装的安全与环保（曾晋）	曾晋	24
9787122124975	涂料化学与涂装技术基础（鲁钢）	鲁钢	38
9787502567156	涂料技术导论（刘安华）	刘安华	24
9787502583996	涂料喷涂工艺与技术	梁治齐	45
9787122169402	涂料与涂装原理（郑顺兴）	郑顺兴	49
9787122155337	涂装工艺及装备（刘会成）	刘会成	21
9787122164483	涂装工艺与设备	冯立明	98
9787122146861	涂装系统分析与质量控制	齐祥安	68
9787122083753	新型建筑涂料涂装及标准化	陈作璋	89
9787122144393	新型外保温涂层技术与应用	谢义林	68
9787122178749	重防腐涂料与涂装技术	李荣俊	88
表面工程			
9787122108838	Fe-Al/Al$_2$O$_3$复合陶瓷涂层制备与性能	张景德	35
9787122126900	表面保护层设计与加工指南	李金桂	58
9787122102065	表面处理技术概论（刘光明）	刘光明	35
9787122178442	表面处理溶液分析实验指导书（郭晓斐）	郭晓斐	29
9787122075321	表面覆盖层的结构与物性	廖景娱	40
9787122171597	表面及特种表面加工	冯拉俊	48
9787122062673	表面物理化学（滕新荣）	滕新荣	29
9787122110299	材料表面工程（王兆华）	王兆华	49
9787122089793	材料表面工程技术（李慕勤）	李慕勤	35

ISBN 号	书 名	作者	定价
表面工程			
9787122068330	材料表面现代分析方法（贾贤）	贾贤	29
9787122051769	工程材料系列教材——模具材料及表面强化技术（何柏林）	何柏林	27
9787122106568	工艺饰品表面处理技术	郭文显	38
9787122209276	金属材料表面技术原理与工艺（杨川）	杨川	39
9787122126726	铝合金表面处理膜层性能及测试	朱祖芳	68
9787122185662	铝合金表面氧化问答	郑瑞庭	39
9787122069856	铝合金阳极氧化与表面处理技术（二版）	朱祖芳	68
9787122015563	模具材料及表面工程技术（张蓉）	张蓉	15
9787122195784	现代表面工程技术（姜银方）（第二版）	姜银方	36
材料延寿丛书			
9787122205322	材料延寿与可持续发展——表面耐磨损与摩擦学材料设计	高万振	49
9787122204523	材料延寿与可持续发展——表面完整性理论与应用	高玉魁	56
9787122206725	材料延寿与可持续发展——材料环境适应性工程	蔡健平	69
9787122215406	材料延寿与可持续发展——工程结构损伤和耐久性	胡少伟	59
9787122202864	材料延寿与可持续发展——管道工程保护技术	张炼	46
9787122204622	材料延寿与可持续发展——海洋工程的材料失效与防护	许立坤	69
9787122212559	材料延寿与可持续发展——核电材料老化与延寿	许维钧	49
9787122223586	材料延寿与可持续发展——火力发电工程材料失效与控制	葛红花	58
9787122207166	材料延寿与可持续发展——可再生能源工程材料失效及预防	葛红花	39
9787122214348	材料延寿与可持续发展——煤矿工程设备防护	程瑞珍	50
9787122206558	材料延寿与可持续发展——农业机械材料失效与控制	吕龙云	30
9787122207173	材料延寿与可持续发展——钛合金选用与设计	杜翠	39
9787122227140	材料延寿与可持续发展——特种合金钢选用与设计	干勇	59
9787122202659	材料延寿与可持续发展——铁道装备防护	杜存山	32
978712220714	材料延寿与可持续发展——涂镀钢铁选用与设计	顾宝珊	89
9787122206268	材料延寿与可持续发展——现代表面工程技术与应用	李金桂	78
9787122207180	材料延寿与可持续发展——现代橡胶选用设计	熊金平	46
9787122224590	材料延寿与可持续发展——油气工业的腐蚀与控制	路民旭	46
9787122223807	材料延寿与可持续发展——再制造技术与应用	徐滨士	36

以上图书由化学工业出版社出版。如要以上图书的内容简介和详细目录，或要更多的科技图书信息，请登录 www.cip.com.cn。地址：(100011) 北京市东城区青年湖南街 13 号 化学工业出版社 邮购：010-64519685，64519684，64519683，64518888，64518800

如要出版新著，请与编辑联系：010-64519271 Email：dzb@cip.com.cn